Vision Intelligence-Based Techniques for
Anti-UAV Target Perception

反无人机
目标感知技术
基于视觉智能

赵健　王刚　李佳男　林再平　李学龙 ◎ 著

化学工业出版社

·北京·

内容简介

《反无人机目标感知技术：基于视觉智能》以"威胁分析-系统构建-技术应用"为脉络，系统解析无人机目标检测、跟踪与重识别的核心方法，涵盖传统图像处理与深度学习方法，并详述反无人机专用数据集构建及评测标准。全书从YOLO、Faster R-CNN等经典检测算法，拓展至RGB-T多模态跟踪、对抗环境模型优化等创新方向，着力解决复杂场景下的感知难题。本书特色在于"技术纵深与行业应用双轮驱动"：纵向从机器视觉、神经网络等理论切入，深度剖析算法原理与优化策略；横向结合安防、军事、民航等场景需求，构建"数据采集-算法训练-系统部署"全链路技术体系。书中系统性整合反无人机视觉感知技术框架，助力跨学科知识融合，兼具学术创新性与工程实践价值。

本书适合人工智能与计算机视觉领域的研究人员、反无人机系统开发工程师，以及安防、国防科技领域的从业者阅读，同时可作为高等院校相关专业研究生教材。

图书在版编目（CIP）数据

反无人机目标感知技术 ： 基于视觉智能 / 赵健等著.
北京 ： 化学工业出版社，2025. 6. -- ISBN 978-7-122
-48051-4

Ⅰ．V279-39

中国国家版本馆CIP数据核字第2025H8X477号

责任编辑：雷桐辉
文字编辑：侯俊杰　温潇潇
责任校对：李雨晴
装帧设计：王晓宇

出版发行：化学工业出版社
　　　　　（北京市东城区青年湖南街 13 号　邮政编码 100011）
印　　装：河北尚唐印刷包装有限公司
710mm×1000mm　1/16　印张 13¾　字数 231 千字
2025 年 8 月北京第 1 版第 1 次印刷

购书咨询：010-64518888　　　　售后服务：010-64518899
网　　址：http://www.cip.com.cn
凡购买本书，如有缺损质量问题，本社销售中心负责调换。

定　　价：108.00元　　　　　　　版权所有　违者必究

视觉反无人机技术论证委员会

陈诗迪　北京交通大学

崔亚文　香港理工大学

代广昭　南京理工大学

范肇心　北京航空航天大学

高华伟　北京理工大学

胡　凯　天津大学

何如玢　西北工业大学

何　志　中国民用航空飞行学院

金　磊　北京邮电大学

贾梦溪　中国电信人工智能研究院

李昱儿　中国电信人工智能研究院

李　淼　国防科技大学

闵　称　中国科学院计算技术研究所

涂晓光　中国民用航空飞行学院

王　硕　中国人民大学

夏坚强　上海交通大学

谢海洋　武汉大学

许静宇　中国电信人工智能研究院

杨泽鹏　北京理工大学

应昕怡　国防科技大学

张　俊　中国科学院信息工程研究所

张　欣　中国电信人工智能研究院

张志豪　哈尔滨工业大学

周晖林　中国电信人工智能研究院

序

无人机技术及系统的快速发展和广泛应用，深刻改变了国防、工业和交通等多领域格局，但由此也带来了日益严峻的安全挑战，国家和社会对智能化反无人机技术需求迫切。在此背景下，《反无人机目标感知技术：基于视觉智能》应运而生，构建起兼具理论深度与工程实践价值的技术体系，响应学术界和产业界的现实需求。

以视觉智能为代表的人工智能正在快速迭代发展，智能化反无人机技术概念的内涵和外延也需要不断拓展，以技术创新应对难题挑战。本书遵循"威胁分析-系统构建-技术应用"的逻辑主线，辩证分析了当前反无人机领域面临的瓶颈难题和技术突破方向，详细阐述了反无人机视觉感知在低空目标检测、跟踪、识别及系统通信等方面的前沿进展，系统性构建了反无人机视觉感知的基础理论和技术应用创新体系。

反无人机视觉感知在反无人机体系中具有重要的应用价值。本书突破了纯理论层面的探讨，结合国家安全、公共安防、民航保障等场景，厘清了前沿技术的场景部署策略与工程落地路径。例如，针对应用部门需求提出的多传感器融合方案、对抗学习模型优化方法和轻量化网络设计等策略，就是践行"场景定义需求、需求驱动创新"理念的重要体现。

着眼"四个面向"，反无人机视觉感知技术对保障国家安全和低空经济发展意义重大。本书的出版有望为业内科研人员提供理论依据，为产业界技术研发与产品落地提供指导。期待反无人机视觉感知技术在催生新质生产力和助力国家安全产业变革方面发挥更大作用。

中国科学院院士
南方科技大学校长

薛其坤

2025 年 6 月 20 日

随着无人机技术的迅猛发展和广泛应用，无人机在商业领域的作用日益凸显。然而，无人机的普及也带来了诸多安全和隐私方面的挑战。无人机可能会被用来进行非法活动，如非法监视、走私、极端组织行为等，给社会安全稳定带来严重威胁。因此，反无人机技术应运而生，成为保护公共安全和隐私的重要手段。反无人机技术包括一系列检测、跟踪、识别和干扰无人机的手段和技术，这些技术的目标是及时发现和应对潜在的无人机威胁，确保重要设施、公共场所和个人隐私的安全。

随着无人机技术的进一步发展，反无人机技术的重要性也日益凸显。本书将系统地介绍反无人机技术的各个方面，包括现有的反无人机技术手段、技术原理、应用场景及未来的发展趋势。通过深入研究和分析，为读者提供全面的反无人机技术知识，为相关领域的研究和应用提供参考。我们希望通过本书，能够为社会各界提供有价值的信息和指导，共同推动反无人机技术的发展，保障公共安全和社会秩序。

全书主要内容如下：

● 第1章　绪论

本章作为本书的开篇，介绍了低空无人机技术的现状和发展趋势，探讨了无人机在各个领域的广泛应用和潜在问题，概述了反无人机技术的重要性、反无人机目标检测和跟踪，以及相关技术的未来发展趋势。

● 第2章　低空无人机系统

本章主要对低空无人机系统进行了全面介绍。首先从低空无人机的概念出发，明确了其定义和范畴，为后续内容的展开奠定了基础。接着对低空无人机系统进行了分类，详细阐述了不同类型低空无人机的特点和应用场景。此外，还深入分析了低空无人机的研究现状，总结了当前该领域的技术进展和研究成果，展现了低空无人机技术的快速发展态势。最后，聚焦于低空无人机的行业应用，探讨了其在不同领域的实际应用情况和潜在价值。

● 第3章 反无人机系统

本章全面深入地剖析了反无人机系统。首先从无人机威胁概念入手，详细梳理了其威胁类别，为后续反制措施的制定奠定了基础。接着明确了反无人机的概念与意义，并对反无人机技术进行了简要介绍。随后，对反无人机的预防、预警、处置，以及国内外相关产品现状进行了系统阐述，展现了当前该领域的整体发展态势。最后，聚焦于反无人机技术面临的多维度挑战，并对其未来发展与应用前景进行了前瞻性展望，为后续研究与实践指明了方向。

● 第4章 机器视觉智能感知技术

本章聚焦于视觉智能感知技术。首先介绍了机器视觉智能感知的基本概念和特性，为后续内容的展开奠定基础。接着深入探讨了基于机器学习的视觉技术，涵盖分类、聚类和降维任务，阐述了其在视觉感知中的关键作用。随后转向基于深度学习的视觉感知，从视觉感知定义出发，详细讲解了前馈神经网络、卷积神经网络在无人机检测中的应用以及序列模型等内容。此外，还对视觉增强技术进行了全面剖析，包括传统图像增强方法、基于深度学习的增强方法、发展趋势及应用，进一步拓展了视觉智能感知技术的边界。最后，将视觉感知技术应用于无人机和反无人机领域，具体分析了其在不同场景下的实际应用情况，充分展示了视觉智能感知技术的广泛前景和重要价值。

● 第5章 反无人机目标检测

本章围绕反无人机目标检测展开深入探讨。首先从通用目标检测入手，介绍了目标检测的基本概念，回顾了传统目标检测方法，并重点阐述了基于深度学习的目标检测技术，为后续反无人机目标检测的研究提供了理论基础和技术借鉴。接着聚焦于反无人机目标检测，分别从基于传统图像处理方法和基于深度学习的检测方法两个方面进行详细分析，对比了不同方法的优缺点及适用场景，展现了反无人机目标检测领域的技术演进路径。最后，深入剖析了反无人机目标检测所面临的挑战，如目标小、背景复杂、干扰多等，并探讨了相应的应对策略，同时对其未来发展前景进行了展望，指出了技术融合、智能化等发展趋势，为后续研究和实践提供了方向指引。

- 第 6 章　反无人机视觉目标跟踪

本章深入探讨了反无人机视觉目标跟踪技术。首先介绍了通用目标跟踪的基本概念和典型算法，为后续反无人机视觉目标跟踪的研究奠定了基础。接着聚焦于反无人机视觉目标跟踪，从概念入手，详细阐述了单模态全局、单模态局部 - 全局，以及通用 RGB-T 融合视觉目标跟踪方法，探讨了不同跟踪策略在反无人机场景下的应用效果和优缺点，展现了反无人机视觉目标跟踪技术的多样性和复杂性。此外，还专门探讨了反无人机视觉目标重识别，包括其概念、面临的挑战，以及在反无人机领域的应用，进一步拓展了视觉目标跟踪技术在复杂场景下的应用能力。

- 第 7 章　反无人机数据集与评测标准

本章介绍了用于反无人机研究的感知基准数据集，分析了不同数据集的特点和适用范围。同时，讨论了反无人机技术的评测标准，包括检测精度和跟踪稳定性等，并介绍了国际上常用的评测方法和指标。

著　者

Contents

ANTI-UAV

第 **5** 章
反无人机目标检测　　　　　　　　　　　　　079

第 **6** 章
反无人机视觉目标跟踪　　　　　　　　　130

第 **1** 章

绪论

Vision Intelligence-Based Techniques for Anti-UAV Target Perception

反无人机目标感知技术：基于视觉智能

无人机（unmanned aerial vehicle，UAV）技术近年来发展迅猛，推动了各行各业的变革与进步：在军事领域，无人机被广泛用于侦察、监视和打击任务；在物流领域，物流公司利用无人机进行包裹配送；在娱乐领域，消费者级无人机成为了摄影和拍摄视频的热门工具；在农业领域，无人机用于农作物监测、农药喷洒和土地勘测。无人机技术的进步促进了低空经济的发展，低空经济不仅在个人消费、地理测绘和影视航拍等领域得到应用，还开发了应急救援、通信中继和气象探测等新场景。中国的低空经济近年来发展迅速，2023 年规模已超过 5000 亿元，预计到 2030 年将达到 2 万亿元。低空经济不仅成为国民经济的新增长点，还为社会公共服务提供了新的手段，展现出其特殊的、不可替代的作用。

然而，随着无人机的普及，其带来的潜在安全威胁也日益引起人们的重视，例如：无人机可以被用于非法拍摄，侵犯个人隐私；通过无人机进行走私，避开传统的安检措施；甚至可能被极端分子利用进行极端组织行为，对公共安全构成严重威胁。在未来冲突和战争中，无人机将成为世界各国必须应对的重要挑战，推进反无人机作战理论研究、武器系统研制、试验演练演习已成为世界各国军事领域的热点课题。必须正视无人机潜在的安全威胁，并采取有效措施加以防范，确保无人机技术在安全、有序的环境中得到发展和应用。

1.1
反无人机技术的兴起

面对日益严峻的安全威胁，反无人机技术应运而生，如图 1-1 所示，旨在检测、识别和对抗非法或敌对的无人机活动。反无人机技术的研发和应用成为保障公共安全和国家安全的重要手段之一。其主要目标是在无人机进入敏感区域之前，及时发现并采取适当措施予以干预。

目前，国内外的反无人机系统主要采用四种方法：

① 干扰阻断类：通过干扰目标无人机的通信和导航信号，使其失控或迫降；

② 直接摧毁类：利用高能激光或定向能武器摧毁目标无人机；

③ 拦截捕获类：通过发射网枪或使用拦截无人机捕获目标无人机；

④ 诱骗控制类：通过发送虚假信号，诱导目标无人机偏离预定轨迹或迫降。

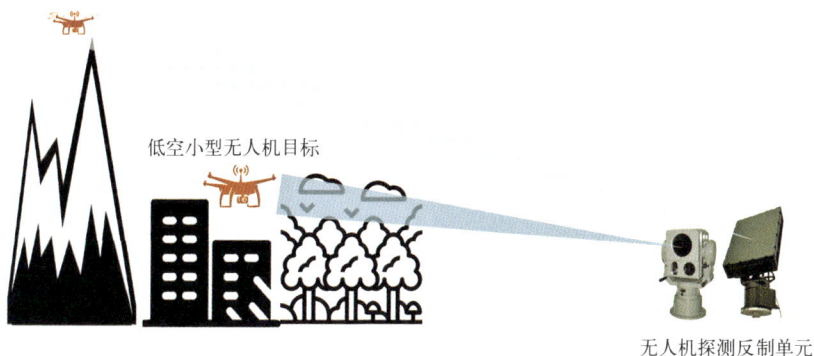

低空小型无人机目标

无人机探测反制单元

图 1-1　反无人机系统工作示意图

随着无人机技术的不断发展，反无人机技术也需要不断更新和完善，以应对日益复杂的无人机威胁。这不仅要求技术上的进步，还需要法律、政策和管理机制的完善，以确保反无人机技术的有效应用和推广。

1.2
反无人机技术的意义

反无人机技术在现代社会中具有重要意义，涵盖多个关键领域并提供广泛的保护和监管能力。

首先，在保障公共安全方面，反无人机技术能够有效监测和拦截非法和恶意使用无人机的行为，例如极端组织行为、走私和非法拍摄等，从而保护公共场所、重要设施和人员的安全。其对国家安全的维护也至关重要，能够检测并消除敌对势力和不法分子利用无人机进行侦察、情报收集和攻击的威胁，确保国家安全和军事设施的隐秘性和安全性。此外，反无人机技术在保护个人隐私方面不可或缺，能够防止无人机进入私人领空，保护个人隐私不被侵犯。

随着无人机数量的增加和应用范围的扩展，反无人机技术在航空安全方面也发挥着关键作用，通过检测并干扰未经许可的无人机飞行，确保民航飞机的正常运行，避免潜在的空中碰撞事故，保障航空安全。

在环境保护方面，反无人机技术能够监控和阻止无人机对野生动物栖息地和自然保护区的干扰，防止无人机对环境造成不良影响，维护生态环境的平衡。

在应急响应领域，反无人机系统可以在自然灾害、重大事故等突发事件中保障救援人员的安全，防止无人机干扰救援工作，提高应急响应的效率和效果。

反无人机技术在工业应用中同样重要，特别是在保护关键基础设施方面，如电力设施、通信塔和化工厂。反无人机系统可以防止无人机对这些重要设施的潜在威胁，确保其正常运行，避免因无人机干扰而导致重大安全事故。

此外，反无人机技术的发展促进了无人机相关法律和监管体系的完善，通过技术手段的配合，更有效地执行无人机管理法规，规范无人机的使用行为，提升社会整体的安全管理水平。

1.3
反无人机视觉感知

随着无人机技术的快速发展，其潜在的安全威胁也日益增加。为了有效应对这些挑战，视觉目标感知技术成为了反无人机系统中不可或缺的一部分。这种技术利用先进的计算机视觉和人工智能算法，通过摄像头和其他光学传感器捕捉并分析图像或视频数据，以实现对环境中目标的识别、跟踪及行为理解。

视觉目标感知技术首先帮助构建一个全面的环境感知系统。通过部署多角度、多光谱（如可见光、红外和热成像）摄像头网络，可以实现对特定区域的全天候监控。这些传感器能够在各种条件下（包括白天、夜晚以及恶劣天气）捕捉图像信息，为后续处理提供丰富的原始数据。借助图像增强技术和多帧融合方法，即使在光照不足或存在干扰的情况下，也能获得清晰稳定的视图。基于收集到的数据，视觉目标感知技术运用深度学习模型进行高效的目标识别。卷积神经网络（convolutional neural network，CNN）等先进架构能够从大量样本中学习特征，并自动区分出背景中的目标。不仅如此，该技术还能进一步细化分类，识别出更细粒度的类别，如不同类型的无人机及其可能携带的有效载荷，从而评估其潜在威胁等级。成功识别目标后需要对目标进行持续监视，这一步骤要求系统能够在复杂多变的环境中保持对目标的锁定能力，即便在存在遮挡物或极端气候条件下也不例外。为此，需要采用一系列先进的算法和技术手段来提高跟踪精度与稳定性，例如卡尔曼滤波器和粒子滤波器被广泛应用于预测目标的运动轨迹，同时，结合深度学习的方法来适应目标形状的变化，确保即使在快速移动或突然转向时也能保持准确的跟踪。为了确保对无人机的有效监控和响应，反无人机系统必须具备先进的目标感知能力，涵盖目标检测与目标跟踪两大核心环节。

目标检测是反无人机系统的首要步骤，它涉及使用多种先进的传感器（如雷达、红外相机、可见光相机等）来探测并识别空域中的无人机。为了克服单一传感器的局限性，现代反无人机系统通常采用多传感器融合技术，包括但不限于雷达系统、光电摄像头、红外热成像、声学传感器，以及无线电信号侦测。通过综合处理来自不同传感器的数据，可以显著提升目标检测的精度和可靠性，例如：雷达提供远距离探测和初步定位信息；光电摄像头提供高分辨率图像，用于进一步确认目标；红外热成像在夜间或低光照条件下捕捉热源信号；声学传感器监听无人机发出的声音特征，辅助定位；无线电信号侦测则分析无人机与控制器之间的通信信号，帮助识别和定位。由于无人机可以在不同高度和速度下飞行，并且往往具有复杂的外形和涂装，因此目标检测系统必须能够在各种天气和光照条件下保持高水平的性能。这不仅要求系统需要结合多传感器数据融合技术，还要拥有强大的图像处理能力，以提高检测的可靠性和准确性。

一旦成功检测到无人机，接下来的任务便是对其进行持续监视，即目标跟踪。这一步骤要求系统即使在存在遮挡或在环境条件恶劣的情况下，也能够在动态变化的场景中保持对目标的锁定能力。为了实现这一目标，目标跟踪技术必须在复杂背景和多变环境下展现出高水平的稳定性和精度，以便有效应对无人机的高速移动和快速转向。无论是在城市环境中密集的建筑物之间穿梭，还是在开阔的野外空间内飞行，目标跟踪系统都必须能够实时更新无人机的位置信息，并且具备预测其未来移动轨迹的能力。为达到这样的性能标准，系统通常会采用先进的算法和技术手段，如光流法分析连续帧之间的像素移动、基于卷积神经网络的深度学习跟踪器、Siamese 网络进行相似性度量、多目标跟踪（multiple object tracking MOT）结合数据关联算法、自适应滤波器动态调整参数，以及利用长短期记忆（long short-term memory，LSTM）网络进行轨迹预测等方法，来提高跟踪精度与稳定性。目标跟踪不仅是实现即时防御的关键步骤之一，也是提升整个反无人机体系效能不可或缺的一环。

随着技术的进步，未来的反无人机系统还需要面对更加复杂的威胁，例如群体无人机攻击和隐身无人机入侵：群体无人机攻击通过协同工作的方式对目标发起攻击，需要开发更为智能的群体行为分析算法；而隐身无人机设计得难以被传统传感器发现，因此需要探索新型的探测手段和技术。通过不断的技术创新和发展，反无人机系统将变得更加智能化和自适应，能够更好地应对日益严峻的无人机威胁，这不仅有助于提升国家安全水平，还将为军事、执法及民用领域提供强有力的支持。随着技术的进步，反无人机系统将能够更好地应对多种复杂的场景和威胁，从而为社会的安全与发展贡献力量。

1.4
反无人机未来发展趋势

总体看来，反无人机系统正在不断进步和创新，逐渐呈现出集成化、体系化、小型化、智能化、多维化的发展趋势。未来的反无人机系统将以智能化武器平台为中心，形成体系融合、智能决策、全域多维的智能一体化体系。

未来战争是技术与技术的交锋、体系与体系的较量。反无人机系统的发展应以体系构建为目标，实现探测预警信息互联互通、情报实时共享、功能融合集成，提高体系作战能力。通过破除行业壁垒，实现体系融合，最终构筑攻防一体的反无人机系统。随着无人机系统朝着小型化、隐形化的方向发展，反无人机系统也需向轻便携行、集成小巧、灵活机动的方向迈进，满足多域防空和城市作战的需求。随着人工智能技术的发展，反无人机系统将与人工智能有效结合，具备自主探测、分析、判断、决策的能力，实现"无人反无人""智能对智能"的功能，成为真正的反无人机智能机器人。未来反无人机作战的空间不仅局限于地理空间和电磁空间，还将扩展到时间空间、网络空间甚至认知空间。在多个维度和空间发展反无人机技术，并进行多维度融合，构建立体、全域、多维的反无人机综合系统。通过高维度复合式反无人机系统打击低维度单一式无人机系统，实现"降维打击"，以较小代价获得巨大作战收益。

　　对立统一规律揭示了事物的矛盾是事物发展的基本动力。无人机与反无人机之间的矛盾关系推动了双方的不断发展和完善。当无人机和反无人机技术竞相发展到一定程度，将会使科技水平实现质的飞跃，最终导致战争形态的演变。随着无人机技术和反无人机技术的不断进步，未来的无人机管理和控制将更加智能化。各国政府和企业正在加大对反无人机技术的投资和研发力度，以应对日益复杂的无人机威胁。通过建立完善的法律法规和技术手段，能够有效防范和打击非法无人机活动，保障社会公共安全和国家安全。

第 2 章

低空无人机系统

Vision Intelligence-Based Techniques for Anti-UAV Target Perception

反无人机目标感知技术：基于视觉智能

2.1

低空无人机

2.1.1　低空无人机的概念

无人机也被称为无人航空器，是指没有机载驾驶员操控（但可以有乘员）的航空器，主要依靠空气动力提供升力和推力，能够携带多种任务设备执行特定任务，可一次性或多次重复使用[1]。由于无人机在执行任务时需要配套起降平台、仪器载荷、测控通信、指挥控制、维护保障、数据处理等必要的设备，因此无人机与各类配套设备组成的系统也被称为无人机系统（unmanned aircraft system，UAS）[2]。低空无人机通常指主要在真高 1000m（典型低空为 300m）以下空域飞行的微型、轻型、小型和部分中大型无人机[3]。

典型低空无人机系统由飞行平台、任务载荷、地面综合单元等部分组成。飞行平台是无人机的主体部分，包括动力系统、导航系统、飞控系统、能源系统、通信系统等，常见的飞行平台包括固定翼、单/双旋翼、多旋翼、扑翼、浮空等，采用的动力装置包括涡喷发动机、涡桨发动机、涡轴发动机、电动机等。导航系统一般采用自主导航、非自主导航或组合式导航等，其中自主导航可不依赖外部信息完成自身定位，非自主导航通常采用无线电信号完成定位。飞控系统主要包含传感器、飞控计算机和伺服设备等。任务载荷是为了完成特定任务而挂载于飞行平台的部分，例如光电镜头、电磁装置、通信中继等。地面综合单元主要用于保障无人机的起降、通信、指挥、检修、补给等[4]。

2.1.2　低空无人机系统分类

当前广泛使用的低空无人机系统种类繁多、任务多样，在尺寸、质量、航程、航时、飞行高度、飞行速度等多方面都有较大差异。按照不同的指标侧重点，低空无人机系统具有多样化的分类方式。

按应用领域，无人机可分为军用与民用。在军用方面，无人机可作为靶机，也可执行侦察、导引、通信、打击、联勤、评估等任务。在民用方面，无人机在安全管控、资源勘探、农业遥感、快递运输、灾难救援、环境保护、地理测绘、电力巡检、新闻报道、影视拍摄等领域获得成功应用，促进了无人机行业和市场的快速发展。

无人机按照性能指标一般可分为微型、轻型、小型、中型和大型。

① 微型无人机：是指空机重量小于 0.25kg，最大飞行真高不超过 50m，最大平飞速度不超过 40km/h，无线电发射设备符合微功率短距离技术要求，全程可以随时人工介入操控的无人机。

② 轻型无人机：是指空机重量不超过 4kg 且最大起飞重量不超过 7kg，最大平飞速度不超过 100km/h，具备符合空域管理要求的空域保持能力和可靠被监视能力，全程可以随时人工介入操控的无人机，但不包括微型无人机。

③ 小型无人机：是指空机重量不超过 15kg 且最大起飞重量不超过 25kg，具备符合空域管理要求的空域保持能力和可靠被监视能力，全程可以随时人工介入操控的无人机，但不包括微型、轻型无人机。

④ 中型无人机：是指最大起飞重量不超过 150kg 的无人机，但不包括微型、轻型、小型无人机。

⑤ 大型无人机：是指最大起飞重量超过 150kg 的无人机。

低空无人机一般为小型及以下级别的无人机，以及部分主要用于物流运输的中大型无人机。

无人机按飞行平台构型主要分为固定翼无人机、旋翼无人机、扑翼无人机等。固定翼无人机具有相对固定位置的机翼，机翼外端后掠角可随速度自动或手动调整，一般能达到较高的飞行速度、飞行高度和有效载荷。旋翼无人机依靠电机转动带动旋翼产生的升推力来飞行，在中低速区间内能够灵活控制飞行速度、高度和角度。图 2-1 所示为多旋翼无人机。扑翼无人机一般通过模拟鸟类振翅来产生升推力，具有噪声小和隐蔽性强等特点。

图 2-1　多旋翼无人机

此外，无人机按照飞行速度可分为低速无人机、亚声速无人机、跨声速无人机、超声速无人机和高超声速无人机等，其中低速无人机的马赫数（Ma）一般小于 0.4。无人机按照航程可分为超近程无人机、近程无人机、短程无人机、中程无人机和远程无人机，其中超近程无人机的活动半径一般为 5 ～ 15km，近程无人机活动半径为 15 ～ 50km。

2.2
低空无人机研究现状

无人机技术的发展始于20世纪初，英国最初将其用作军事人员的训练靶机，美国工程师设计了能够将炸药载荷运送到预定目标的航空器。二战期间德国生产和使用了带有喷气发动机的 V-1 飞行炸弹。图 2-2 为二战期间纳粹德国研发的无人机。二战后，美国及欧洲等发达国家和地区研发了大量军用无人机，能够广泛执行侦察测绘、电磁干扰等多种军事任务。20 世纪 90 年代起，无人机在现代高技术局部战争中参与实战，深刻改变了战争面貌。近年来，随着无人机的体积、成本和操控难度的不断降低，商用无人机市场发展迅速，特别是低空无人机被广泛用于巡检、航拍、通信、安管等，为经济和社会发展带来巨大的便利。低空无人机的研究领域主要包括无人机性能改进研究、新概念无人机研究和行业无人机研究等。

图 2-2　二战期间纳粹德国研发的无人机

如前所述，典型低空无人机系统由飞行平台、任务载荷、地面综合单元等部分组成，通过气动布局改进、新材料应用、新型载荷搭载、能效比提升等，可以进一步提升无人机的关键参数指标。例如，国内科研人员通过采用全碳纤维复合材料结构和氢燃料动力电池，有效提升了无人机的续航时间和载荷能力。

图 2-3 为美国研发的太阳能超长续航小型无人机。

新概念无人机研究不满足于在传统无人机基础上进行改进升级，而是期望通过颠覆性设计实现传统无人机难以具备的功能。例如，国内科研人员学设计了一款跨介质无人机，通过机翼后掠变体，结合流线型的机头机身，可根据需求转换作业介质，从而拓展增强其功能多样性、突防隐蔽性。

图 2-3　美国研发的太阳能超长续航小型无人机

行业无人机则根据人们在生产和生活中的实际需求，通过定制飞行平台、设计任务载荷、提高特定环境适应性等手段，研发特定行业任务的无人机。例如，国内企业根据油气田生产的实际需求，通过搭载高性能可见光相机，对管线主体上空进行常态化巡查，对管线安全管控线进行风险巡查，可按照指定路径执行拍摄任务，实时识别风险和事故。

就目前无人机技术发展趋势来看，低空无人机发展方向包括以下几个方面：

① 智能化水平不断提高，结合先进人工智能技术，提高无人机飞行控制和决策的自主性、实时性、鲁棒性、隐身能力和抗干扰能力，在不依赖外部信息的情况下更好地完成指定任务。

② 多模态感知能力不断增强，现有无人机多数采用单一或双模传感器载荷，随着信息融合技术的发展，未来或采用红外、可见光、雷达、超声、脉冲相机等多类型多模态感知手段，提高无人机感知环境和目标的综合能力。

③ 多机协同效率不断优化，现有蜂群无人机在通信容量、博弈配合等方面还存在局限性，未来或结合脑机接口、异构无人机编队、脑机混合智能等技术，显著提升多机协同效率。

④ 可靠续航能力不断增加，当前消费级无人机的有效滞空时间和续航里程

相对较短，未来或结合新材料、新能源和新概念飞行器设计等技术，以有效提升可靠续航能力。

2.3
低空无人机行业应用

目前，我国形成了较为完善的无人机产业链，涵盖设计、关键原材料供应、制造、应用服务及售后维护等多个环节[5]。代表性企业主要分布在广东、江苏、北京等地，这些地区成为无人机产业发展的聚集地。随着各国政府普遍加强对无人机行业的政策支持与管理，通过制定暂行条例、实施实名登记制度等措施，确保无人机飞行的安全性和合法性。我国自 2017 年起对民用无人机开始实施统一管理，不断完善相关政策法规，尤其是由国务院和中央军委联合颁布，自 2024 年 1 月 1 日起正式施行的一部重要法规《无人驾驶航空器飞行管理暂行条例》。该条例旨在规范无人驾驶航空器（即无人机）的飞行及相关活动，促进无人机产业的健康发展，同时确保航空安全、公共安全和国家安全。随着无人机的应用进入到规范管理阶段，无人机已广泛应用于多个领域，包括但不限于航拍摄影、农业植保、地理测绘、物流配送、警务监控、电力巡检、环境监测和应急救援等。根据应用行业的不同，将无人机的行业应用进行细分，以下是几个主要行业及其具体应用实例，并概述了无人机在这些行业中完成任务的优势：

（1）在农业方面

无人机可以用于精准喷洒农药、化肥，进行作物健康监测以及种子播种。相比传统方法，无人机可以更均匀、精确地施药，减少化学物质使用量，降低成本，同时减少对环境的影响。通过高空监测，能够快速识别作物病虫害和生长情况，提高农作物管理效率。图 2-4 为利用无人机在农业领域进行生产作用的应用示例。

（2）在物流与运输方面

无人机可被用于在偏远地区或城市交通拥堵区域进行快递、药品、紧急物资的快速配送。图 2-5 为无人机在交通运输领域的应用示例。无人机能够在复杂地形或交通不便的情况下提供即时配送服务，缩短物流时间，提高效率，尤其是在紧急情况下，能迅速响应需求。

图 2-4　无人机在农业领域的应用示例

图 2-5　无人机在交通运输领域的应用示例

（3）在地理测绘与勘探方面

可以使用无人机进行地形测绘、矿产资源勘探、灾害区域评估。如图 2-6 所示，无人机可以进入人难以到达或危险的区域，快速收集高精度的地理空间数据，提供实时的地形变化信息，提高测绘和勘探工作的安全性和准确性。

（4）在影视制作与航拍方面

无人机可以用于电影、电视剧的空中拍摄，旅游景点宣传，大型活动记录。无人机能够提供独特的视角，拍摄出震撼人心的画面，操作灵活，成本低于传统的直升机航拍，且不受场地限制，易于部署。图 2-7 为无人机在影视制作与航拍领域的应用示例。

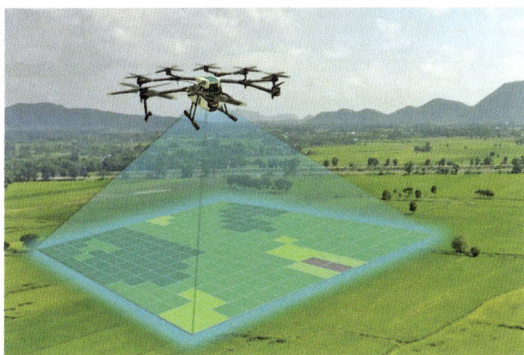

图 2-6　基于无人机的地理测绘示例

图 2-7　无人机在影视制作与航拍领域的应用示例

（5）在公共安全与监控方面

图 2-8 为无人机在公共安全与监控方面的应用示例。无人机可以用于交通监控、犯罪现场勘查、大型活动安全保障、搜救行动。无人机能够快速响应，提供实时监控画面，帮助警方迅速掌握现场情况，有效调度资源。同时在搜救行动中，能够进入狭窄或危险地带寻找失踪人员。

图 2-8　无人机在公共安全与监控方面的应用示例

（6）在环保与生态监测方面

无人机可以用于监测森林火灾、污染排放、野生动物栖息地，以及植被覆盖变化。图 2-9 为无人机在环保与生态监测领域的应用示例。无人机可以覆盖广大的监测区域，收集地面难以获取的数据，对环境变化作出及时反应，有助于环境保护和生态研究。

图 2-9   无人机在环保与生态监测领域的应用示例

（7）在灾害应急响应方面

无人机可以在地震、洪水、火灾等灾害发生后进行初步灾情评估，寻找被困人员，辅助救援物资投放。无人机用于灾害应急响应的示意图如图 2-10 所示。无人机能够快速抵达灾区，提供第一手的高清影像资料，帮助救援队伍评估受灾情况，规划救援路径，有效提高救援效率和安全性。

图 2-10   无人机用于灾害应急响应的示意图

（8）在军事方面

无人机在侦察和情报收集、打击敌方目标、直接支援地面部队、防空和反侦察、快速部署和灵活运用等方面起到重要作用。

无人机技术在不同行业的成功应用展现了其在提高工作效率、降低成本、增强安全性和灵活性方面的显著优势，正逐步成为推动各行业发展的重要力量。随着科技的不断发展，无人机在未来将继续发挥重要作用，并呈现出以下几个发展趋势：

① 市场规模持续扩大：根据赛迪研究院发布的《2024 年中国无人机产业发展形势展望》，据不完全统计，2023 年全国无人机相关企业已超 1.6 万家，其中，处于中游环节的企业超过 1.2 万家。目前，中国工业无人机产业链上游零部件及分系统研制商主要有欣旺达、德赛电池、鹏辉能源、格瑞普等。中游工业无人机整机制造商主要包括大疆、极飞科技、零度智控、易瓦特等。下游应用领域主要包括地理测绘、巡检、农林植保、快递物流、气象观测等。

② 应用场景不断拓展：低空经济的快速发展，将为无人机拓展更多应用场景。专家认为，无人机将从狭窄的"会飞的相机"进入到更多场景，从消费市场进入到工业市场。目前，无人机在农业、工业、防火、物流、公共安全等领域已全面应用。

③ 技术不断创新：无人机技术将不断创新，实现功能多样化和性能更优化。例如，无人机将具备更加精准的定位和导航能力，能够在复杂环境中自主飞行。同时，无人机将与其他技术融合，如人工智能、大数据等，提高其智能化水平。

④ 行业监管不断加强：随着无人机应用的不断普及，相关的法律法规和监管政策也将不断完善。政府将加强对无人机的管理，保障公众安全和隐私。

⑤ 无人机的反制措施和手段将不断被丰富和加强，从而确保将无人机大规模普及，将社会生产和运行以及人民人身财产安全的不利影响降到最低[6]。

然而，人们也应该意识到无人机入侵对公众存在潜在威胁。无人机可用于物理攻击（例如使用炸药攻击关键基础设施），也可用于网络攻击。此外，未经授权的无人机对民用飞机也会构成威胁。国内外已报道多起无人机入侵事件导致空中交通中断，给航空公司带来了重大经济损失。因此无人机的潜在威胁会严重影响社会的安全生产和民众的生命安全[7]。除此之外，无人机在战争中所带来的威胁是最大的，主要表现在以下几个方面：

① 目标精确打击和误伤：无人机可以进行高精度打击，但操作失误或情报错误可能导致误伤平民或非军事目标；

② 心理威胁：无人机长时间监视和侦察，给敌方带来巨大心理压力，可能导致士兵和民众的恐慌和不安；

③ 战争模式转变：无人机降低了作战风险，导致军事行动频率增加，技术扩散也增加了全球不稳定性；

④ 技术滥用与无人机战：极端组织或不法分子可能利用无人机发动极端行为，各国之间的无人机战也可能引发意外冲突；

⑤ 伦理和道德问题：远程操作可能会降低决策杀戮的道德约束；

⑥ 后勤和技术依赖：无人机依赖复杂的后勤和技术系统，若受干扰或攻击，可能失效或失控。

总之，无人机在战争中的优势显著，但其带来的危害和挑战同样不容忽视[8]。

为了应对上述威胁，反无人机逐渐成为一个全新且迫切需要研究和发展的热点方向。反无人机措施主要针对几个主要方面：

① 安全保障：为了保护重要设施和公共场所，如机场、军事基地、政府大楼和大型活动现场，反无人机系统能够检测、追踪并干扰或击落非法入侵的无人机，确保安全；

② 隐私保护：反无人机技术可以帮助个人和企业保护隐私，防止无人机进行非法拍摄或监视，特别是在私人住所、企业园区和高层住宅区等地方；

③ 犯罪防范：反无人机技术在防止无人机用于走私、间谍活动和极端组织行为等犯罪行为中起着关键作用，它可以帮助执法部门识别和应对潜在的无人机威胁；

④ 监管需求：随着无人机数量的增加，政府和监管机构需要反无人机技术来监督和管理空域，确保无人机运营符合法律法规，并防止未经授权的飞行；

⑤ 环境保护：在野生动物保护区和自然保护区，反无人机系统可以防止无人机对野生动物和生态环境造成干扰，确保生态系统的稳定；

⑥ 技术竞争：随着反无人机市场的需求增长，各国和企业纷纷投入研发和生产，推动了技术的快速发展和创新，形成了一个竞争激烈的市场。

总之，反无人机市场需求的增长反映了无人机技术带来的多重挑战和威胁。通过发展和应用先进的反无人机技术，我们可以更好地应对这些挑战，保障安全、隐私和环境的保护。同时，反无人机技术的市场前景也为相关企业和研发机构提供了巨大的商业机会[9]。

本章参考文献

[1] 于坤林，唐毅. 无人机结构与系统 [M]. 西安：西北工业大学出版社，2021.

[2] Fahlstrom P G，Gleason T J，Sadraey M H. Introduction to UAV Systems[M]. Hoboken：John Wiley & Sons，2022.

[3] Arjomandi M，Agostino S，Mammone M，et al. Classification of Unmanned Aerial Vehicles[J].

Report for Mechanical Engineering class，University of Adelaide，Adelaide，Australia，2006：1-48.

［4］Vergouw B，Nagel H，Bondt G，et al. Drone technology：Types，Payloads，Applications，Frequency Spectrum Issues and Future Developments［J］. The Future of Drone Use：Opportunities and Threats from Ethical and Legal Perspectives，2016：21-45.

［5］柏艺琴，于敬磊，狄娟，等.我国无人机发展现状分析与建议［J］.综合运输，2024，46（06）：30-33.

［6］张静，张科，王靖宇，等.低空反无人机技术现状与发展趋势［J］.航空工程进展，2018，9（01）：1-8+34.

［7］Mohsan S A H，Othman N Q H，Li Y，et al. Unmanned Aerial Vehicles（UAVs）：Practical Aspects，Applications Open Challenges，Security Issues，and Future Trends［J］. Intelligent Service Robotics，2023，16（1）：109-137.

［8］Wang J，Liu Y，Song H. Counter-Unmanned Aircraft System（s）（C-UAS）：State of the Art，Challenges，and Future Trends［J］. IEEE Aerospace and Electronic Systems Magazine，2021，36（3）：4-29.

［9］Bendiab G，Hameurlaine A，Germanos G，et al. Autonomous Vehicles Security：Challenges and Solutions Using Blockchain and Artificial Intelligence［J］. IEEE Transactions on Intelligent Transportation Systems，2023，24（4）：3614-3637.

第 3 章
反无人机系统

ANTI-UAV

Vision Intelligence-Based Techniques for Anti-UAV Target Perception
反无人机目标感知技术：基于视觉智能

3.1
无人机威胁分析

3.1.1 无人机威胁概念

随着无人机技术的不断发展和应用，无人机的威胁也在发生变化。目前，有关部门对无人机威胁的定义主要包括以下 6 个方面：

① 物理伤害：无人机的活动可能对人造成身体上的伤害，这种伤害可能是直接的（如无人机失控导致的撞击）或间接的（如无人机携带的有害物质释放）。

② 财产和设施破坏：无人机可能损坏财产、资产、设施或系统，包括但不限于建筑物、交通工具、关键基础设施等。

③ 干扰和妨碍：无人机构成非预期干扰源，对需维持高度隐蔽性的设施或资产作业构成显著风险，危及动态调配能力、安防屏障效能及整体防护状态；同时，此类系统也会扰乱政府部门依法执行的关键活动作业全周期，涵盖从周密预案制定至具体战术实施阶段，特别影响如战术级协同演练及高等级安防响应等行动效能。

④ 非法活动支持：无人机可能被用于协助或构成非法活动，如走私、极端组织行为、间谍活动等。

⑤ 未经授权的监视和侦察：无人机可能进行未经授权的监视或侦察活动，侵犯个人隐私或国家安全。

⑥ 信息安全威胁：无人机系统存在非许可访问受法律保护的机密或敏感数据资产的风险，可能导致未授权信息暴露；同时，此类平台可被改造为实施网络入侵的工具载体，引发关键数字服务的运行中断与数据完整性破坏，或促成针对信息系统资源的非法访问行为。

无人机在全球各地区被广泛使用，对主权国家的军事攻防能力、冲突地区的战争形态和重要目标的安全防控等方面均产生了重要影响。近年来，针对全球各地区重要目标的无人机极端行为事件迅速增多。例如，中东地区的极端组织利用改装后的无人机进行无人机极端组织行为、美国和委内瑞拉等国家在大型集会期间遭受无人机炸弹威胁、民用无人机的非法飞行（黑飞）、偷拍测绘或干扰飞机飞行安全等无人机威胁事件频发。尤其在俄乌冲突等局部地区武装冲突中，无人机的广泛运用更是凸显了其在现代战争中的巨大威胁。

在现代战争中，所使用的无人机类型众多，层次多样。不仅包括类型众多的军用无人机，还有大量的消费级无人机参战，包括高端、中端和低端无人机。冲突初期，双方多使用军用级无人机，随着冲突的持续，双方开始大量使用消费级无人机，前期主要用于侦察和监视，后期通过改装使无人机成为小型轰炸机。之后，双方开始使用远程自杀式无人机攻击对方领土纵深高价值目标。主要无人机装备如图 3-1 所示。

(a) "海鹰"无人侦察机　　　　　　　(b) UJ-22无人机

(c) "天竺葵-2"自杀式无人机

图 3-1　俄乌冲突中主要无人机装备

无人机未来发展有两个方向：一方面大型无人机逐渐向隐身化、综合化、智能化发展；另一方面，小型无人机向微型化、集群化、自主化发展。然而，随着这些无人机技术的迅猛发展，恶意使用无人机的威胁也日益凸显。无人机的先进性能如果被用于非法或敌对目的，将直接危及国家安全基座、社会运行秩序、人员生命保障与关键设施防护体系等。因此，必须高度重视这一威胁，并采取有效措施加以防范和应对，确保无人机技术的健康发展。

3.1.2　无人机威胁类别

通过梳理无人机安全极端事件和作战使用情况，发现当前无人机存在以下三个方面的威胁：高端无人机侦察打击威胁、改装民用无人机极端组织行为威胁，以及民用无人机黑飞威胁。

（1）高端无人机侦察打击威胁

高端无人机是指利用航空航天技术、材料技术、电子控制技术等先进技术研制而成的无人机，利用其先进性能对国家、军队等核心战略目标实施精准侦察和打击。高端无人机主要包括察打一体无人机、集群型无人机、仿生型特种无人机以及其他具备先进性能的无人机。

察打一体无人机是指无人作战平台集成侦测载荷与攻击单元的无人机系统，实现侦察-打击闭环功能。具备持续区域监视、目标捕获及实时火力打击能力，可执行战场压制与高价值、时间敏感目标精确清除任务，显著压缩"探测-打击"周期，满足信息化战争瞬时响应需求。系统特性包括：广域覆盖能力、长航时战场存在、高效任务响应性，支撑非接触、低损伤率作战模式，体现现代战争体系化作战效能优势。如今世界各主要大国均对察打一体无人机进行了深入的研究，见表3-1。

表 3-1　各国主力察打一体无人机

序号	生产国	无人机名称	重点性能指标			
			最高速度/(km/h)	巡航范围/km	巡航时间/h	爬升高度/m
1	美国	MQ-9 无人机	444	7500	40	15850
2	以色列	苍鹭 TP 无人机	407	7400	30	14000
3	土耳其	Bayraktar TB2 无人机	220	150	27	8200
4	俄罗斯	"猎户座"无人机	200	250	24	8000
5	中国	彩虹-4型无人机	250	5000	30	7000

集群无人机是指具备网络化集群智能，通过去中心化架构实现协同作战的分布式无人机系统。依托动态自组网拓扑与群体智能算法，显著提升系统抗毁性、故障自愈能力及战场信息共享效率。典型案例如浙江大学 Gao 团队在 *Science Robotics* 发表的《野外微型飞行机器人集群》（图3-2），仅凭机载视觉、计算模块，即在复杂林地环境完成实时避障、自主定位与轨迹规划。作战应用层面可实现：智能集群编队控制、分布式目标搜索定位、协同自主攻击，能有效规避传统防空体系，而群体电子压制、自杀式突防能力正重构现代防空对抗范式。

图 3-2 野外微型飞行机器人集群飞行情况

仿生无人机因其类生物外形设计、隐蔽性及便携优势受到广泛关注。该类飞行器普遍具备徒手抛飞能力与自主滑翔着陆特性，大幅降低对起降场地的要求。在飞行性能方面，其高速爬升与远距巡航能力接近微小型固定翼飞行器水准。西北工业大学宋笔锋课题组研制的"云鸮"仿生扑翼无人机（图 3-3）创下单次持续飞行超过 2 小时纪录，在集成昼夜 / 红外双光谱观测仪及激光定位装置后，可执行隐蔽目标追踪与威胁源探测任务。该机型兼具对核心目标实施无感监视、坐标实时标定及终端精准销毁等多重功能。

图 3-3 "云鸮"仿生扑翼无人机

（2）改装民用无人机极端组织行为威胁

该威胁涉及利用自行组装的无人机或改装原有功能的民用无人机，以实现爆炸自毁、投放宣传资料和进行位置导引等功能。部分类型改装民用无人机如图 3-4。

通过模块化扩容方案（电池组／药箱增量配置、任务载荷挂载）即可实现无人机系统载重提升与功能重构，使敌对分子具备对高价值战略设施实施低空突袭的非对称威胁能力。

图 3-4　部分类型改装民用无人机

同时民用无人机自带的摄像、喷洒农药等功能经战术重构，可实现战场监视、弹药精准投射及认知域攻击，针对人员／装甲目标／营地设施形成低成本高效费比打击链。此类威胁在国际冲突地区经常出现，能够起到改变敌对双方在综合国力和军队实力不对称情况下作战结果的效果。近年来，全球各地区使用改装民用无人机开展侦察、攻击和战略传播情况见表 3-2。民用无人机用于作战的时间虽短，但应用方式多样。

表 3-2　全球各地区使用改装民用无人机情况

时间	地区	国家或组织	具体情况
2013 年 6 月	中东地区	伊拉克	使用遥控直升机散布沙林毒气和荞子气
2016 年 3 月	中东地区	极端组织"伊斯兰国"（IS）	利用民用无人机对敌方的新军事基地开展侦察，不久即向其中一个基地发射了一枚火箭
2018 年 1 月	中东地区	俄罗斯、叙利亚	实施攻击计划的无人机分别被部队截获、被防空系统摧毁
2018 年 8 月	南美洲	委内瑞拉	抵御改装无人机炸弹极端攻击时，一架爆炸成功，另一架受干扰偏离目标
2019 年 9 月	中东地区	沙特阿拉伯	无人机和导弹突然开展极端攻击，被攻击地相关设施发生连环爆炸，近 20 处目标受损

时间	地区	国家或组织	具体情况
2022 年 3 月	中东地区	沙特阿拉伯	防空部队成功击落有爆炸物的无人机
2023 年 5 月	东欧地区	俄罗斯	通过电子战系统使无人机失效，没有造成人员伤亡或财产损失
2023 年 10 月	中东地区	叙利亚	遭遇无人机"极端组织行为"，造成包括妇女和儿童在内数十名平民和军人死亡、多人受伤

改装民用无人机极端组织行为威胁主要有三种方式：

① 民用无人机搭载能力：利用无人机的机动能力和搭载能力运输物品，可开展极端组织宣传或投毒操作。

② 民用无人机侦察能力：利用无人机自带图像及音视频处理功能或加以改装，对攻击目标实施侦察、监控，搜集情报，或利用无人机进行远程无线目标指引，发动火力打击。

③ 无人机打击能力：利用无人机平台加装武器载荷，可直接对密集人群、特定人员和重点目标发动极端攻击。甚至可能加装核生化等大规模杀伤性武器，造成更加严重的伤亡后果。

以上三种方式可以通过简单改装进行组合使用，增强威胁的效果。

（3）民用无人机黑飞威胁

当前存在的无人机黑飞威胁主要源于两方面：其一，民用小型及微型无人机操作者因认知局限、操控失误、设备失效、电磁环境干扰或气象条件突变，可能危及人身、信息及财产安全；其二，不法分子则利用其广域覆盖、高度机动、隐蔽突防等特性，实施敏感区域侦察、非法测绘、窃密拍摄以及违禁品运输、危险物质投送等犯罪行为，具体威胁分类情况见表 3-3。

表 3-3　无人机黑飞威胁分类情况

序号	威胁类型	威胁内容
1	扰航	无人机非法飞行会造成多架次民航飞机避让、延误，对乘机旅客造成巨大的生命安全威胁
2	扰民和侵犯公民隐私权	多旋翼无人机飞行时的较大噪声，会严重影响居民生活；同时具有摄像功能的无人机还会侵犯居民隐私权
3	非法运输或投放	无人机模块化扩容方案使走私运输成为可能

序号	威胁类型	威胁内容
4	间谍行为	利用具备空间感知与信息获取能力的小型无人机，可对涉密机构及要害区域实施抵近侦测、地理信息采集、影像窃取等活动，构成获取核心要害区域关键敏感信息的重大泄密风险
5	撞击危害	无人机在起降或悬停作业期间，易与地面动态目标（人员、车辆、动物）及电力基础设施发生碰撞，引发直接损害与次生事故；其高空巡航阶段则存在与有人驾驶航空器、高层建筑顶部结构发生空间冲突的风险；此外，飞行中关键部件解体坠落亦构成重大安全隐患
6	衍生危害	无人机系统在非运行存放期间，其平台主体、能源单元（含推进剂）及有效载荷均潜藏安全风险。鉴于主流消费级型号能量储备有限，典型持续作业时间普遍低于半小时，操作规范通常配置三组锂离子电芯进行轮替。此类电化学储能单元于存储环节若暴露于高温环境，极易诱发内部热失控，进而导致剧烈燃烧或爆燃事故

同时，无人机在使用中具备以下特点：

① 成本门槛比较低。无人机不需要昂贵的人员训练费用和维护费用，获取无人机的途径较为方便，可以通过网络平台等渠道轻松获得各种款式的民用级无人机，加改装方式也可从网络进行搜索查找。

② 约束条件比较少。无人机的尺寸小，设计过程中不需考虑驾驶员等外部条件的影响限制，可以完成很多高强度的工作。

③ 保障要求比较低。无人机对保障要求低，检修和维护简单。同时无人机对于起降的场地要求很低，很多小型的无人机甚至可以手持或者抛投进行起飞。

④ 操作人员心理负担比较小。操作人员无须亲临现场就可对无人机进行控制，杀伤攻击、偷拍测绘等操作更加随意。

这些特点不仅决定了无人机不易被侦察发现的特性，而且加剧了无人机带来的侦察打击威胁、极端组织行为威胁，以及黑飞威胁等多重安全风险。

3.2
反无人机的需求

3.2.1　反无人机概念

反无人机技术是指采用各种手段，防止无人机对设施、人员等造成危害的一种技术，其主要目的是对无人机进行监测、定位、干扰、拦截和摧毁等操作，以保障公共安全。目前，国内外都在积极展开对军民两用无人机的反无人机作战技术的研究，比如探测、跟踪、预警、干扰、控制、俘获、击落等技术。

3.2.2 反无人机意义

无人机市场在过去几年中持续增长，并预计在未来几年内仍将保持较高的增长率，增长情况如图 3-5 所示。截至 2024 年底，全国无人机运营单位总数超过 2 万家，全国无人机企业数量已突破 7.1 万家。2024 年新增实名登记无人机 110.3 万架。2023 年底拥有无人机操控员执照的人数达到 19.44 万人，随着无人机行业的快速发展，2024 年持证人数也相应增加。2024 年，中国无人机累计飞行时长 2666 万小时，同比增长 15%。2024 年，中国无人机行业市场规模达到 1737 亿元。

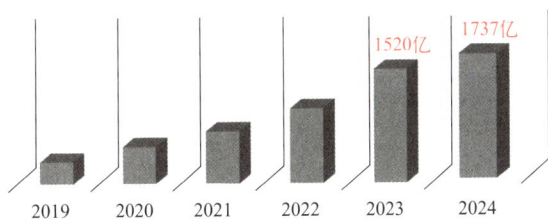

图 3-5　无人机市场规模增长情况

然而，随着无人机技术的普及和应用领域的扩展，反无人机技术的需求也日益增加。根据 Verified Market Research® 发布的新报告，2024 年全球反无人机技术市场销售额达到了 17.3 亿美元，预计 2031 年将达到 238.2 亿美元，2024—2031 年的复合年增长率为 38.8%。而根据 Mordor Intelligence 公司《反无人机市场规模和份额分析——增长趋势和预测（2024—2029）》报告预测，2024 年反无人机市场规模为 19.3 亿美元，到 2029 年将达到近 60 亿美元，在预测期内（2024—2029 年）复合年增长率为 24.41%。虽然不同机构对反无人机市场预测结果不同，但都认为未来反无人机需求将继续保持增长态势。不难看出，反无人机的出现主要是满足以下几个方面的需求。

（1）无人机威胁产生的需求

结合 3.1 节提到的安全威胁，无人机对主权国家间的军事攻防能力、冲突地区的作战形态与作战烈度，以及国家内部的安全治理能力等方面均产生了重要影响。无人机的恶意使用对军事安全和公共安全构成了严重威胁，因此，反无人机技术成为了保护这些领域安全的关键手段。在所有无人机威胁中，军事领域面临的威胁尤为突出，这也使得反无人机技术的军事需求增长异常迅速。以俄乌冲突中反无人机需求增长为例。自双方 2022 年冲突开始以来，小型无人机和改装无人机作战已成为俄乌冲突的重要部分。这一趋势不仅推动了俄乌双方对反无人机的需求增长，而且在全球范围内，各国家和地区的军队或武装组织对反无人机的需求也急剧上升。可以预见，在未来的地区冲突中，无人机系统与反无人机系统之间的攻防作战将变得更加频繁。

乌军所装备的"天空清理者"EDM4S 反无人机步枪（图 3-6）及其相似设备，主要通过干扰射频信号和全球导航卫星系统（如 GPS 信号），来切断无人机与其导航卫星之间的通信链路。这款装备具备 3 ~ 5km 的有效作用范围，并且轻便（仅为 6.5kg），便于携带和操作。其主要功能在于干扰无人机的射频控制及导航系统，导致无人机失去与操作者的指令连接，使其失去控制。不过，值得注意的是，此装备主要对依赖 GPS 进行导航的无人机有效。尽管 EDM4S 反无人机步枪携带方便、操作简便，但其应用存在一定的局限性。它要求目标无人机必须处于使用者的视线范围内，以确保对其进行准确的识别和定位。此外，对于飞行轨迹多变、机动性强的无人机，该装备在追踪和干扰时可能面临较大的挑战。

图 3-6 "天空清理者"EDM4S 反无人机步枪

俄罗斯所采用的"镰刀 -VS6"反无人机系统（图 3-7）具有的显著特点在于其高度灵活性和强大的干扰能力。该系统能够生成定向的抑制信号，并根据战场实际情况进行灵活配置，达到既可以精准打击无人机群，也能对单个目标实施有效干扰的效果。其干扰范围广泛，可同时作用于半径 5km 内的多个通信信道，有效保护关键目标免受来自多个方向、多架无人机的潜在威胁。但在实际应用中，该系统仍面临一些局限和挑战，主要表现在：频段针对性强，应对不同无人机受限；电磁环境复杂时干扰效果减弱，误报率上升；干扰范围有限；依赖专业操作；软杀伤效果限制战术运用灵活性等方面。

随着无人机技术的飞速发展，更快、更灵活、更隐蔽的无人机系统不断涌现，给现有的反无人机系统带来了前所未有的挑战。更为关键的是，与无人机系统相比，反无人机系统的生产和使用成本普遍偏高。高昂的成本不仅限制了反无人机系统的普及和应用，也使得在战场上的持续部署和维护变得困难。正是由于当前反无人机装备所面临的诸多挑战，各国对于反无人机系统的需求也在不断增加，纷纷寻求更高效、更经济、更可靠的反无人机解决方案。未来，随着技术的不断进步和创新，反无人机系统将会得到进一步的升级和完善，以更好地应对无人机带来的威胁。

图 3-7 "镰刀-VS6"反无人机系统

（2）法律法规的要求

随着无人机技术的广泛应用，许多国家和地区已经颁布了规定和法律，以限制无人机的使用。这些规定和法律要求企业和个人采取适当的安全措施来减少无人机的潜在威胁，推动了反无人机系统市场的需求。截至 2024 年 1 月，全球主要国家和地区民用无人机安全飞行法规要求（部分）见表 3-4。

这些政策显示了各国政府为了保障国家安全和公共安全而对无人机进行管控的决心，从侧面推动了反无人机市场的发展。同时，各国纷纷出台相关政策，支持反无人机技术的研发和应用，为反无人机市场提供了良好的发展环境。

表 3-4　民用无人机安全飞行法规要求（部分）

地区	国家或地区、组织	法规名称	法规内容
亚太地区	中国内地	《无人驾驶航空器飞行管理暂行条例》（2024 年 1 月 1 日起正式施行，是中国内地无人驾驶航空器管理的首部专门行政法规）	①实名登记：民用无人机驾驶航空器所有者都需进行实名登记，不区分类型。 ②驾驶员要求：操作人员须接受安全操控无人机培训，并经民用航空管理部门考核（操控微型、轻型民用无人驾驶航空器飞行的人员无须考核）。 ③飞行限制：根据飞行器的类型和大小，设定了不同的飞行高度限制（大型和中型无人驾驶航空器在特定条件下飞行高度不超过真高 300m，微型、轻型无人驾驶航空器飞行高度不超过真高 120m）；微型、轻型无人驾驶航空器在适飞空域内的飞行或常规农用无人驾驶航空器作业飞行活动，无须向空中交通管理机构提出飞行活动申请。 ④设备要求：无人驾驶航空器应具备符合空域管理要求的空域保持能力和可靠被监视能力（民用无人驾驶航空器应按照国家有关规定自动向无人驾驶航空器一体化综合监管服务平台报送识别信息）
亚太地区	中国香港	《小型无人机令（第 448G 章）》	①实名登记：除重量不超过 250g 的甲 1 类小型无人机外，所有无人机、遥控飞机和遥控驾驶员均须注册登记。 ②飞行限制：无人机飞行限高 90m 限速 50km/h，仅可在白昼飞行（日出前 0.5h 和日落后 0.5h），设有禁飞和限飞区域，并且应与人群至少 30m 距离，保持无人机在视野内飞行。 ③飞行操作规定：无人机不得在没有涉及该次操作的人员和不受遥控驾驶员控制的车辆 / 船只 / 构筑物的上空放飞
北美地区	美国	《联邦航空规则》（FAR，*Federal Aviation Regulations*）以及联邦航空管理局（FAA）的《Part 107 规则》等针对无人机运行和使用的具体规定	①适用范围：《Part 107 规则》主要适用于小型无人机（重量在 55lb 以下，即约 25kg）的商业运营。 ②驾驶员要求：驾驶员需通过 FAA 的无人机飞行员知识测试（UAG Test）以获得远程飞行员证书。 ③飞行限制：无人机飞行需保持在视距内（VLOS），除非获得特殊授权；飞行高度通常不得超过 400ft（约 122m）；无人机不能在禁飞区（如机场周围）或限制区（如城市核心区域）内飞行；无人机飞行时不得干扰其他航空器或地面交通。 ④飞行许可：对于某些特定类型的飞行，如超出视距的飞行、夜间飞行或在人口稠密地区飞行，驾驶员可能需要获得 FAA 的特殊许可或授权。 ⑤设备要求：无人机需具备标识号码（如 FAA 注册号码），并须遵守 FAA 对设备性能和安全性的要求

地区	国家或地区、组织	法规名称	法规内容
欧洲地区	俄罗斯	《俄罗斯联邦航空法》《航空规则法典》	①注册和批准：在运行无人机前，需要注册和申请使用无人机批准。 ②飞行规则：无人机在飞行期间必须遵守 aviation code of rules（航空规则代码）。 ③飞行资质：除飞行器许可证外，无人机运营者还需要具备资质证件。 ④飞行限制：具体的飞行高度和速度限制取决于无人机的类型和用途；存在禁飞区域。 目前因俄乌冲突的原因，俄罗斯对无人机使用进行了严格管控
欧洲地区	欧盟（德国）	《无人机系统轻松访问规则》	①适用范围：规则适用于民用无人机系统，不包括军用或特殊用途的无人机。 ②驾驶员要求：驾驶员需要通过指定的培训或考试取得相应的驾驶资格。 ③飞行限制：设置禁飞区域或限制飞行区域；在人口密集区、重要设施周边或交通要道等区域受到额外的飞行限制。 ④设备要求：无人机系统应具备符合安全标准的设备；无人机应配备传感器和监控设备，使驾驶员能够实时了解飞行状态和周围环境；无人机系统应具备通信能力，确保飞行过程中的信息传输和指令执行。 ⑤公共隐私：无人机在飞行过程中应尊重他人的隐私权和隐私权。 以德国为例，无人机飞行有高度限制100m、视野内飞行、250g 以上的无人机需附铭牌、远离人群以及必须购买责任险等法规要求
亚太地区	日本	《航空法》《无人机管制法》	①适用范围：超过 100g 的无人机在日本飞行均需注册。 ②驾驶员要求：操作人员均需监管，在飞行时要严格遵守当地的规范。 ③飞行限制：飞行高度限制150m，机场周边及住宅密集地区为禁飞区域，禁止威胁飞行、限白天飞行、限目视范围内飞行并应保持30m 的安全距离。 ④设备要求：无人机需要进行注册，并在机身上标明相关信息。 ⑤隐私和安全：不得在未经他人同意的情况下进行拍摄或录像

地区	国家或地区、组织	法规名称	法规内容
南美地区	巴西	《巴西航空法》	①注册标识：规定无人机需要进行注册并在机身上标识相关信息。 ②驾驶员要求：无人机驾驶员需要通过考试或培训获得驾驶许可或证书。 ③飞行限制：规定无人机飞行的区域和高度限制，禁止或限制在特定区域（如机场周边、人口稠密区等）进行无人机飞行
大洋洲地区	澳大利亚	《澳大利亚民航安全局（CASA）的规定》	①适用范围：在澳大利亚境内所有的无人机飞行活动。 ②驾驶员要求：驾驶员需要通过指定考试取得相应的驾驶资格。 ③飞行限制：行高度≤120m（400ft）以下的飞行高度；操作无人机时必须确保无人机始终在视线范围内；无人机应远离人群、密集区域以及任何可能导致伤害的地方；某些区域如机场、军事设施等是禁飞区域；夜间飞行需要特殊的许可；不得同时操控多架无人机。 ④设备要求：无人机需进行注册和标记，并记录飞行活动。 ⑤公共隐私：无人机不得在未经他人同意的情况下拍摄或录像

（3）技术发展的需求

一方面，针对反无人机的技术难点取得的突破性进展，不断推动该技术的发展。反无人机技术是指采用一切手段对无人机进行监测定位、干扰拦截和打击摧毁等操作，以消除无人机威胁。目前反无人机技术依旧是一项巨大的挑战，其主要集中在两大部分：对无人机探测技术和对无人机毁伤技术。高性能无人机飞行高度高、续航能力强、飞行灵活性高（能在复杂环境中自主飞行和进行各种动作，如垂直起降、悬停、穿越狭隘空间等），不易被发现且处置困难。中小型无人机因其显著的低空、低速与微小体积特征，对探测系统构成独特挑战。飞行高度低使得回波极易受到地面杂波等干扰的严重污染；运动速度缓慢则要求探测设备必须具备优异的低速目标分辨与捕获能力；而其物理尺寸微小的特性，直接对探测器的灵敏度和测量稳定性提出了极高的要求。这些固有的特性，共同导致了针对此类目标实施有效探测与识别的技术复杂性显著增加。因此，对无人机的探测识别存在众多技术难点。

同时即使在无人机被探测之后，打击毁伤等反制手段依然存在很多技术难点：电磁压制手段受限于特定环境条件，易引发周边电磁兼容性问题；定向能武器（如激光）实施硬摧毁时，易引发地面次生安全风险，城市场景适用性受限；无线信号接管策略则依赖目标无人机通信协议的成功解析，适用范围有限。上述固有缺陷共同驱动着反无人机系统技术的持续演进与升级。

另一方面，技术创新是推动反无人机市场增长的关键因素之一。随着人工智能技术的不断发展，反无人机技术将变得更加智能化、精准化。无人机在各个领域的应用越来越广泛（包括军事、商业、民用）的现实情况也为反无人机市场提供了广阔的市场空间。同时随着技术的不断进步和应用场景的不断拓展，反无人机技术将更加成熟和完善。

3.2.3 反无人机技术简介

基于丰富的反无人机作战经验，美国认为针对不同类型的无人机，需采用多元化的反制策略。无人机反制技术大致可分为主动和被动两类。主动反制涉及对目标无人机的探测跟踪、预警，并根据具体情况实施干扰阻断、直接摧毁、拦截捕获和诱骗控制等手段。被动防护则涉及伪装欺骗等措施，以降低敌方无人机侦察和打击的效果。

（1）无人机探测关键技术

无人机探测与识别是一项跨学科的综合性技术，它结合了雷达探测、无线电监测、光电识别和声音监测等多种探测识别手段。当前国内外已知的主要技术手段见表 3-5。

表 3-5　无人机探测主要技术手段

探测手段	作用距离	作用方式	优点	缺点	成熟度
雷达探测	10km	雷达探测通过发射电磁波，利用无人机机身对电磁波的反射原理，实现无人机的检测和位置测量	①目标探测距离远。②主动探测，可靠性高。③可对目标进行航迹跟踪。④受天气影响较小	①难以探测低慢小目标。②受背景噪声影响大。③无法分辨无人机和其他空中异物	高

探测手段	作用距离	作用方式	优点	缺点	成熟度
无线电信号监测	6km	无人机在飞行中，其飞控系统和图传系统会发射无线电信号。无线电信号监测通过分析这些信号的频谱特征，实现对无人机的探测和识别（单站测向技术估算方位和距离；多站时差定位技术解算位置）	①能够对无人机机型进行识别。②被动监测，隐蔽性好	①无法监测"无线电静默"无人机。②受电磁环境影响大，城市环境受限严重	高
光电识别跟踪	5km	光电识别跟踪技术主要有两类：可见光识别跟踪以及红外识别跟踪。①可见光识别跟踪是利用可见光设备对目标无人机的视频图像进行检测，从而识别确认目标，并对目标进行跟踪。②红外识别跟踪是利用红外摄像机对目标无人机的红外图像进行检测，进而对无人机进行识别跟踪	①高精度跟踪，可引导精确打击。②可对目标进行图像识别。③具备目标视频储存提取功能	①主动搜索能力差，需要其他手段引导。②受天气影响较大	中
声音监测	200m	无人机在飞行时螺旋桨的高速转动会产生一定程度的噪声，不同的无人机具有不同的声纹特征。声音监测就是对这一噪声进行接收、采集、分析，实现对无人机的监测发现和型号识别	可探测目标种类不受限制	①监测距离近。②受环境噪声影响大。③无法识别未知无人机	低

现代战争中无人机与地面各类传感器的协同探测已经成为提升侦察效率和精度的重要手段。这种协同探测可以增强环境感知能力，提高侦察效率，以下是几种主要的手段和方法：

① 数据融合：无人机的空中视角数据与地面传感器的数据相结合，形成更加完整和精确的目标图像。

② 目标跟踪：结合地面传感器提供近距离的详细信息，利用无人机的高空视野优势，持续监视和跟踪目标。

③ 协同定位：结合两种不同平台的优势，实现更精准的目标定位，尤其是

在复杂地形条件下。

无人机与地面传感器的协同探测在军事领域已有广泛应用，具体案例情况见表3-6。

表3-6 无人机与地面传感器的协同探测的应用案例

国家	无人机名称	协同方式	主要战果
美国	MQ-1"捕食者"、MQ-9"收割者"无人机	装备先进的光电/红外传感器，能够从高空提供高分辨率图像和视频，与地面部队的传感器协同，用于侦察、目标定位和战斗损害评估	在国际地区冲突中，无人机执行了大量的侦察任务，帮助一国识别并追踪武装分子，为精确打击提供了情报支持
英国	"哨兵"R1侦察机	配备合成孔径雷达和地面运动目标指示系统，可以与地面光电传感器协同，提供全天候、全天时的战场监视能力	为国际冲突地区提供了广泛的战场监视，帮助盟军部队实时了解敌人的位置和动向
俄罗斯	"海鹰"系列无人机	与地面的光电传感器和其他侦察装置协同工作，提供对地面目标的详细图像和视频	在国际地区冲突中提供了情报支持，帮助一国了解另一方的部署情况
以色列	"苍鹭"（Heron）无人机系统	携带多种传感器，包括光电和红外摄像机，与地面部队的传感器协同工作，提供实时情报	在国际地区冲突中，无人机提供了重要的战场情报，帮助另一国军方识别并打击敌方目标

在实际作战中，无人机与地面光电传感器协同探测也面临难点和挑战，主要包括：

① 探测精度与鲁棒性：协同感知需要解决探测系统的鲁棒性问题，确保在复杂环境下仍能保持稳定的探测性能。

② 动态数据融合：协同探测地面机动目标的过程中，涉及动态数据融合过程，以完成对地面机动目标的自主协同跟踪。

③ 传感器资源动态分配：协同探测识别多目标的过程中，多传感器资源的动态分配需要构建目标识别模型，实现对传感器资源的优化分配。

（2）无人机反制关键技术

通过探测与识别技术成功发现无人机后，需要运用反制手段进行处置。目前，世界各国的反无人机方法主要集中于以下 4 种。

① 干扰阻断类：其核心机制是基于电磁或声学原理，对目标无人机的通信链路或关键硬件施加干扰，诱发其自主返航或迫降。电磁压制旨在阻断飞行器与地面控制单元间的数据链，实现迫降或驱离；导航信号压制则聚焦于目标的定位与导航系统，致使其丧失空间基准；声学干扰则利用特定频率声波诱发无人机微机电惯性器件的共振效应，引致姿态失控。然而，声学干扰方案实施成本显著增加，且有效作用范围受限。

② 直接摧毁类：该类手段依托导弹或定向能武器（如激光、高功率微波）对目标实施物理性毁伤。该方案虽毁伤效果明确，但需极高火控精度，资源消耗显著，且目标解体或未爆弹药坠落可能引发次生灾害。

③ 拦截捕获类：拦截捕获类方法通过物理手段直接拦截或捕获无人机（捕捉网、无人机捕捉、生物 - 老鹰捕捉等方式均属于此类）。然而，这些方法对操作要求较高，且适用距离有限。随着无人机避障技术的发展，拦截捕获的难度将越来越大。

④ 诱骗控制类：诱骗控制类方法通过欺骗手段控制无人机。导航信号诱骗通过发射虚假导航信号，使无人机定位在虚假位置。无线电信号劫持则通过破解无人机通信协议，发送更强信号获得控制权。黑客技术则利用无人机的 Wi-Fi 通信漏洞进行劫持。这些方法隐蔽性强，但破解难度大，成本较高，且需要定期更新适配库和通信协议。

各种反无人机手段各有利弊，在实际应用中需要根据无人机类型、威胁程度、使用场景等因素综合考虑，选择最合适的反制手段。

以上介绍的几类反制技术在成熟度、应用场景、作用效果、成本代价等方面各有特点，表 3-7 对主要无人机反制技术进行了对比分析。

表 3-7　主要无人机反制技术对比

反制类型	主要方式	优点	缺点
干扰阻断类	电磁干扰、导航信号干扰、声波干扰	①成本低廉：相对于其他反无人机手段，干扰阻断类设备通常成本较低，适合大规模部署。 ②作用范围广：能够同时处理多架无人机，对无人机集群威胁尤为有效。 ③技术成熟：干扰阻断技术已经相对成熟，应用广泛	①效果有限：仅能使无人机失去控制或返回起飞点，不能实现物理摧毁。 ②依赖环境条件：某些干扰手段可能受到环境因素的限制，如电磁环境复杂或干扰信号被屏蔽。 ③对操作人员技能要求低，但也可能导致误操作或误判

反制类型	主要方式	优点	缺点
直接摧毁类	激光、导弹、高能微波	①效果显著：能够直接摧毁无人机，达到立即消除威胁的目的。 ②适应性强：无论无人机类型或威胁程度，均可通过高精度武器系统实现摧毁	①成本高昂：高精度武器系统通常价格昂贵，不适合大规模部署。 ②附带损伤风险：无人机被摧毁时可能产生碎片或爆炸，对周围环境造成附带损伤。 ③技术要求高：对操作人员的技术水平和专业知识要求较高
拦截捕获类	无人机捕捉、捕捉网、生物-老鹰捕捉	①可控性强：通过物理手段捕获无人机，可以获取无人机的控制权或进行进一步分析。 ②灵活性高：可根据无人机类型和威胁程度选择不同的拦截手段	①作用距离有限：拦截捕获通常需要在无人机可视范围内进行，作用距离受限。 ②操作难度大：对操作技术要求较高，且需要快速准确地判断无人机的飞行轨迹。 ③受无人机性能影响：某些高性能无人机可能难以通过拦截捕获方式进行有效处置
诱骗控制类	导航信号诱骗、无线电信号劫持、黑客技术	①隐蔽性强：通过欺骗手段控制无人机，不易被无人机操作员察觉。 ②风险低：无须直接摧毁或拦截无人机，避免了对周围环境的附带损伤	①技术要求高：需要深入了解无人机的通信协议和加密技术，技术门槛较高。 ②破解难度大：随着无人机通信技术和加密技术的提升，破解难度越来越大。 ③成本较高：需要定期更新适配库和通信协议，成本较高。 ④依赖性高：一旦破解被无人机厂商或黑客组织察觉并采取应对措施，诱骗控制效果将大打折扣

（3）无人机伪装欺骗技术

无人机虽然已成为现代战争中执行侦察、监视等作战任务的重要工具，但由于高度依赖机载光电设备，其在实时识别真假目标的能力上存在局限性。针对无人机这一特性，可以采取针对性的伪装欺骗措施。具体而言，就是基于无人机目标信号暴露特性及敌方空基侦察平台的探测识别机理，实施涵盖光学、红外、声学与电磁谱段的系统性伪装设计。此类多谱段兼容性伪装方案可有效削弱敌方无人机探测识别效能，压制其对我方高价值设施与部署的态势感知能力。

3.3
反无人机国内外现状

一般来说，典型的反无人机技术解决方案通常采用分层防御架构实现全域防护：

第一层为预防层（空域管制）：依托法规体系建立并完善空域准入规则，明确划定禁飞区与敏感空域边界，预先阻断非授权无人机侵入通道。

第二层为探测层（态势感知）：实现对入侵无人机的有效侦测、精确定位，并完成目标属性辨识与意图判定。

第三层为对抗层（响应处置）：由授权指挥单元决策，运用技术手段对确认威胁实施分级反制，涵盖信号拒止（干扰）、航路欺骗（诱控）及硬摧毁打击等模式。

3.3.1　反无人机预防

构建完善的法规体系是构成防范民用无人机非法活动的核心制度基础。我国持续完善低空空域管理规范，逐步形成层级化监管框架：

① 处罚依据构建（2017 年）：公安部《治安管理处罚法（修订公开征求意见稿）》首次将非法操作无人机纳入处罚范畴，确立危害公共秩序行为的法律追责机制；

② 动态监控要求确立（2020 年）：民航局《轻小型民用无人机飞行动态数据管理规定（民航局）》强制要求操作者接入国家空管信息服务系统，实现飞行活动全流程可溯监管；

③ 系统性管理机制形成（2023 年）：《无人驾驶航空器飞行管理暂行条例》针对小型低空无人机实施运行约束与分类管制，显著提升空域管理效能的规范性与严谨度。

3.3.2　反无人机预警

无人机探测识别技术融合多学科原理，构成复合化感知体系。其核心在于综合利用电磁波探测（雷达）、频谱感知（无线电信号）、光学特征捕获与追踪

（光电）、声纹特征分析（声学）等异构传感器数据，完成目标发现、轨迹追踪与身份辨识的闭环功能。当前主流探测识别手段涵盖以下技术类别。

（1）常见的无人机探测手段

当今常见的无人机探测手段包含如下几种：光电、声学、雷达、射频以及多源融合探测。其相关原理、优缺点和代表性产品如表3-8所示。

表3-8 常见的"低小慢"类无人机目标探测方法

探测方法	技术原理	优点	缺点	代表性产品
光电探测	利用光学传感器捕捉无人机发出的可见光或红外光信号	高分辨率、实时性强、适用于白天和夜晚	受到遮挡的影响	DJI AeroScope
声学探测	利用声波传感器捕捉无人机发出的声音信号	适用于恶劣天气、能够探测无人机隐藏在遮挡物后的位置	对于远距离探测能力有限	Elta Systems Scepter 声呐系统
雷达探测	利用电磁波进行无人机的探测和跟踪	远距离探测、可穿透云层和雾霾	成本较高、需要专业设备和人员操作	SRC Inc. Gryphon X波段雷达系统
射频探测	利用射频接收器捕捉无人机发出的射频信号，如通信信号、导航信号等	可在远距离识别无人机、适用于复杂电磁环境	难以区分无人机与其他电子设备的射频信号	Blighter Surveillance Systems 射频探测系统
多源融合探测	将多种探测手段的数据进行整合和分析，提高对无人机的探测和识别能力	综合利用不同传感器的优势、提高探测准确性	需要复杂的数据处理和算法	RadarWatch 综合监测系统

① 光电探测。光电探测主要有两类：可见光识别跟踪以及红外识别跟踪。

a. 可见光识别跟踪技术适合在白天使用，其设备成本较低，应用较为普遍[1]。

b. 红外识别跟踪。事实上，一切温度高于绝对零度的物体都在辐射红外线，无人机在飞行过程中电池和电机会产生热量，为红外识别跟踪技术的应用提供了机会。该技术可以全天候使用，但因其设备成本较高，应用有一定限制。

光电识别跟踪一般需要探测发现手段的引导，作为一种跟踪确认手段，它可以可视化跟踪目标，使用户能直观地进行观察。此外，光电识别跟踪通过图像手段对目标进行自动识别，因而可以进行视频取证[2]。

② 声学探测。无人机螺旋桨高速旋转产生的特征性噪声构成声学监测的物理基础。不同机型呈现独特的声学指纹（声纹特征）。声学探测技术通过捕获目标噪声信号、提取关键声学特征，并与预设声纹数据库进行模式匹配，实现目标探测与型号鉴别。作为被动无源监测手段，该技术具备天然隐蔽性优势，其设备部署成本相对较低，在特定应用场景中展现出显著的经济性与实用性。

③ 雷达探测。雷达探测作为空域监视的传统核心手段，其技术原理基于电磁波后向散射机制。雷达系统向监测空域发射特定频段电磁波，当电磁波与无人机目标相互作用时，部分能量形成回波信号。通过对回波信号的时频域分析，可解析出目标的距离信息、空间方位、径向速度、微动调制谱特征及轮廓参数。该技术历经数十年发展，具备成熟度高、探测距离远、定位精度优、响应速度快等显著优势。在目标雷达散射截面积（RCS）符合系统分辨率阈值时，可实现高效精准探测。

作为大型活动安保等关键场景的无人机侦测手段，雷达技术仍存在以下局限性：

a.低可观测性目标探测失效：微型无人机 RCS 显著降低，目标回波易湮没于环境噪声；

b.材质与空域探测盲区：非导电复合材料及透波金属材质目标难以识别，同时存在低空近距及顶空扫描盲区；

c.低速目标识别瓶颈：悬停及低速目标的多普勒频移低于检测门限，导致跟踪失效；

d.复杂环境适应性不足：密集建筑群及植被遮挡引发的多径效应，叠加无线电干扰，严重劣化探测效能；

e.虚假目标辨识困难：鸟群、风筝等动态干扰源引发虚警率激增。

当前技术突破聚焦于三大核心方向：

a.复杂背景下的弱目标提取：研发强杂波抑制算法，提升低空复杂环境中的信噪比；

b.多径效应补偿技术：通过波束形成优化与信号重构技术抑制角闪烁效应；

c.微动特征分类识别：基于微多普勒谱特征构建目标分类模型，实现鸟类等非威胁目标的智能筛除。

上述研究推动新型专用探测雷达的工程化应用，在低慢小目标侦测领域取得实质性突破。

④ 射频监测。基于无人机飞控与图传系统的无线电辐射特性构建探测体系。其核心实现路径包含：

a. 单站无源定位：通过信号到达角（AOA）测量解算目标方位，结合接收信号强度指示（RSSI）实现距离粗估；

b. 多站时差定位：依据信号到达时间差（TDOA）构建双曲面方程组，解算目标三维空间坐标；

c. 射频指纹识别：提取目标信号调制特征、频谱包络等独有标识，构建无人机特征库，实现精准身份鉴别与分级预警。该技术具备电磁静默优势，可同步完成目标探测、轨迹追踪与敌我辨识，形成全流程管控能力。

（2）无人机探测技术分析

国际研究机构对全球反无人机市场进行了广泛调研，涉及 38 个国家的 277 家供应商及 527 款产品。分析指出，在具备无人机探测能力的 323 套设备中，无线电频谱侦测与雷达技术占据主导地位，分别应用于 159 套和 147 套系统，各自占比接近五成。基于可见光或红外成像的光电传感技术紧随其后，常以组合形式部署。可见光传感器集成于 113 套系统，红外传感器则用于 111 套系统。声学探测技术的应用范围最窄，仅见于 34 套设备。

如表 3-8 所示，每种探测方式均存在局限性。单独依赖任一传感技术，其效能均受显著制约，难以有效应对现实复杂场景中的无人机探测挑战。提升探测可靠性的关键策略在于融合两种或多种互补技术，以平衡核心探测能力与覆盖范围、日间与夜间作业需求，以及性能与成本因素[3]。当前市场已有产品采用此多种技术集成路径增强探测能力。在上述具备探测功能的 323 套系统中，仅 190 套采用单一传感模式，而在采用组合探测的方案中，42 套系统整合了多达 4～5 种不同的传感机制。

双技术协同探测的主流组合模式包括雷达与红外、雷达与可见光，以及可见光与红外。其中，可见光与红外的组合可实现全天候不间断监测。雷达与可见光的协同则充分利用了前者在大范围、远距离、多目标探测方面的优势，以及后者在近距离成像无盲区的特点。典型工作流程为：雷达首先识别潜在威胁目标，引导可见光设备进行精确扫描与确认，通过信息协同处理，最终达成全域覆盖、快速响应与高精度跟踪的探测目标。

3.3.3 反无人机处置

为确保特定空域安全，在侦测到未经授权的无人机活动后，须实施有效反制措施，促使其迫降、返航或丧失功能。当前反制技术体系多样，典型手段涵盖物理捕捉装置（如捕网发射器、机载拦截网）、定向能武器（如激光炮、微波发射器）、声波干扰设备、控制链路压制装置、无线通信协议破解工具、卫星导航诱骗系统及网络渗透技术等。

为优化资源利用效率，避免效能与成本不匹配的情形，应依据具体环境和目标特性，甄选适宜的反制方案。现有技术可归纳为三大类别：

① 干扰阻断类：向目标无人机定向发射高强度干扰信号，通过电磁压制，有效扰乱其通信链路、飞行控制系统或动力单元，导致目标失控或失联，显著削弱其执行任务能力；

② 直接捕捉类：运用生物拦截手段（如训练猛禽）或机械装置（如无人机挂载捕获网、地面发射拦截网）实施物理抓捕；

③ 打击毁伤类：部署传统武器系统（如高射炮、防空导弹）、新概念武器（如激光、微波定向能装备）或抵近攻击型无人机，对目标实施物理毁伤。

（1）干扰阻断类

无人机普遍依赖无线通信链路实现卫星导航接收与飞行控制指令传输。若相应频段受到强干扰，其内部安全协议将激活，导致无人机被迫降落、空中悬停或返回起始点。干扰阻断技术即基于此原理，通过定向辐射高强度射频能量，扰乱无人机的定位接收装置和遥控指令通道，切断其与操控终端及导航卫星的连接，致使导航与飞控系统失效，最终实现驱离或压制无人机的目的。

① 卫星定位信号干扰：无人机的导航定位功能依赖于卫星信号，不同机型配备的导航接收模块各异。消费级产品多采用单一 GPS 模块，而专业级设备则常集成 GPS 与北斗（BD2）的双模或多模接收单元。这些导航系统普遍应用扩频通信技术，信号强度有限。若在其工作频段实施全频带压制干扰，即可隔绝无人机与卫星的通信链路。丧失导航信号后，无人机方向判定能力受损，飞行控制系统异常，整体运行陷入瘫痪。此方法实施门槛较低，但干扰覆盖区域内其他设备的导航功能亦受波及，甚至可能引发无人机失控坠毁等安全事件。

② 飞控信号干扰：飞控系统通过空地指令链路指挥无人机执行任务。若能中断遥控、数据及图像传输通道，使无人机脱离操控终端，其预设安全程序将被触发，执行返航、悬停或迫降动作。当前的无人机多采用自适应跳频、扩频等技术提升抗扰性。反制方通常采用大功率宽带阻塞干扰技术，覆盖 2.4GHz、5.8GHz 等常用遥控频段。此方式辐射强度高，不仅干扰周边 Wi-Fi、蓝牙等设备，长期暴露亦存在健康隐患，故难以持久运行。若干扰设备响应速度足够快，可实施跟踪式干扰，实时捕捉跳变信号，快速完成瞬时频谱捕获、分析、识别，并发射干扰脉冲。该手段对设备实时处理能力及瞬时带宽要求较高，以应对宽范围跳频。

③ 声波干扰：为维持飞行姿态稳定，无人机须内置陀螺仪，感知机体旋转与倾角变化，实时反馈数据以调整平衡。作为核心控制部件，陀螺仪的正常运作是目标稳定飞行的前提。声波干扰的原理是通过向无人机发射特定频率的声波，激发其内部陀螺仪结构谐振，导致功能失常，最终使无人机失衡坠落。此技术存在显著局限：难以实现对运动中的无人机进行精确瞄准与持续追踪，通常需配合雷达系统协同工作，部署成本显著增加，故当前应用范围有限。

（2）直接捕捉类

当前主流的捕捉类反制手段包含网捕式和鸟捕式两类，可通过空基或陆基平台实施对目标无人机的拘捕及定向转移。空基作业中，多旋翼无人机可加装网枪和抓捕网，目标锁定后实施网状投射抓捕，或可在大型的 8 轴无人机下悬吊扩展型抓捕网直接捕捉小型无人机，亦可驯化猛禽类生物（如老鹰）实施空中擒获。陆基作业则依托车载系统或单兵背负式网弹发射装置完成捕捉任务。

网捕式弹射捕捉网具备安全回收目标无人机的能力，其影像单元可实施近距影像取证。该技术体系存在以下核心局限：

① 需维持目标无人机持续处于可视范围内；

② 有效作用半径受物理约束显著；

③ 无人机机动性强，且具备环境感知能力，将大幅降低捕获成功率。

鸟捕式存在以下显著缺陷：

① 需投入较长的训练周期；

② 高速旋翼与鸟禽接触易导致两败俱伤；

③ 面对集群化无人机攻势时效能急剧衰减。

（3）打击毁伤类

打击毁伤类手段是指采用高射机枪炮、防空导弹等常规火力，采用激光、微波技术的新型武器，以及暴力竞速无人机、格斗型无人机等多种方式对目标无人机进行拦截或摧毁。导弹、经过训练的鹰隼、格斗型无人机等均可直接摧毁目标无人机。激光武器可集中瞄准并烧毁无人机的通信模块、电调模块或控制线路等关键部件。微波武器通过倒锥形波束发射射频，利用突然爆发的巨大能量脉冲，干扰或烧毁无人机的电路元器件，继而达到摧毁无人机的目的。激光武器需要聚焦在一个目标点上，对功率要求较高，有时需多次出光。激光武器体积较大，需搭配运载设备和冷却设备使用。微波武器的应用受限于发射功率，打击距离有待提升，但可对抗无人机集群。摧毁类反制手段的打击效果好，直接快速，且对干扰不敏感，但在实战中对瞄准精度有较高要求，且费用开销大，另外还可能引起无人机坠落，从而带来其他安全隐患，常见于国防领域。

全球主要军事国家将反无人机能力建设列为国防科技优先方向。以法国为例，该国在筹办 2024 年奥运会期间遭遇低空小型无人机管控难题，投入大量资源构建低空安防体系。其代表性装备包括："米拉德"联合反无人机系统，具备 2500m 半径内对小型、微型无人机的电磁压制与导航诱骗能力；基于轻型机动车的 Helma-P 激光反无人机系统，有效毁伤距离达千米级；NerodMC2 手持式反无人机装置，可与 12 号霰弹枪协同部署于城市巡防单元。该系列装备有力保障了赛事安防，据法国空天军参谋长斯蒂芬·米勒披露，安防周期内累计实施两万小时空域监控，成功处置禁飞区违规无人机 355 架，拘捕涉事人员 81 名，为国际大型活动低空防御提供了重要实践范本。

美国持续推进反无人机体系化建设。自 2012 年启动专项战略规划，着力构建具备敌我识别能力的防空网络，实现威胁快速响应与友军单位零误伤。该战略核心在于通过技术代差确立领域主导权。以波音公司研发的反无人机激光武器为例，其反无人机激光炮可实现飞行器任意部位锁定，对低慢小目标达成秒级硬毁伤。2016 年 8 月发布的反无人机激光武器系统（LWS）具有以下战术特性：10kW 级能量输出、35km 有效射程、四模块化分体设计，支持双人携行及野战条件下 15min 快速部署。区别于传统的动能和化学能武器，该系统通过光速粒子束流实施能量杀伤，试验数据表明被照射无人机的规避成功率显著降低。其精确打击、低成本交战及瞬时毁伤优势备受关注。

2015 年 10 月，美国非营利研发机构巴特尔推出 Drone Defender 反无人机设备。该步枪构型设备前端装有一根白色的杆状天线，系全球首款可移动非致命对抗装置。操作者通过光学瞄准触发压制机制，有效作用半径为 400m，专攻 GPS 导航及遥控信号依赖型旋翼平台（如四轴和六轴机型）。

美国诺格公司开发的移动端声学识别系统（MAUI）适配安卓平台，利用移动设备内置音频采集模块识别质量 9kg 以下、飞行高度低于 360m 且速度不超过 185km/h 的低慢小无人机。该系统在复杂声学环境中具备超视距目标辨识能力。该公司同步研发的无线电频率阻断系统（DRAKE）基于电子对抗技术，为美军提供非动能选择性打击能力，已在友军通信防护及反无人机作战中展示了可行性。黑睿技术公司则通过人工智能架构提升识别精度，其 UAVX 系统整合探测距离 500m 的小型雷达、36 倍光学变焦白光摄像机、15 ～ 100mm 连续变焦红外摄像机，以及运行神经网络智能算法的移动计算机。工作流程包含目标探测、情报生成、机型判别及自动告警四个阶段，探测数据与数千种机型数据库实时比对，并通过集成安防系统实现多平台联动告警。

美军持续强化实战能力建设，在中东及东欧地区开展定向能武器部署，五角大楼设立联合反小型无人机系统办公室，并在锡尔堡建立专项培训学院。2024年，美国防部组建作战装备快速集成部门，显著提升红海区域对无人机的预警拦截成功率，自2023年第四季度起，多次有效防御针对海上舰艇的袭击。

俄罗斯通过国家战略规划推进无人机攻防体系发展，2020年前投入130亿美元建立科研体系。其PY12M7型机动指挥平台基于BRT-80装甲底盘，集成通信控制、能源保障及生命支持系统，具备120个空中目标同步追踪能力，单车探测半径25km，最大联合侦查范围200km，最高探测高度50km，主要支撑旅团级防空单元实施区域协同作战，如图3-8所示。单兵装备SkyWall 100采用压缩气体驱动网状捕获器，内置磁力装置与降落伞模块，可实现目标无损回收。俄乌冲突验证了其防空体系效能，在应对"前哨-R""海雕-10""副翼-3"等微型战术无人机方面展现出较高费效比。

图 3-8　PY12M7 型反无人机侦察指挥车

英国在2016年将反无人机纳入国家安全战略，成立COI4反无人机信息中心，应对恐怖袭击及违禁品运输风险。2015年6月，英国研发了一种反无人机防御系统，采用光学干扰器与四频段抑制/屏蔽系统组合，有效防御半径8km内的旋翼及固定翼无人机，通过雷达和光学仪器定位无人机后，实施定向射频阻断。2016年9月，英国无人机防务公司发布了新型反无人机装备无人机防御者，该装备整合便携式干扰器（输出功率＞100W，含5频段GPS干扰模块）与射网枪形成软硬杀伤组合。英国威能公司研发的全息相控阵雷达配合光电系统，可识别 7km 内 27kg 级小型无人机，试验中成功探测 6.4km 处四轴飞行器。

以色列国防企业技术发达，以色列航空工业公司（IAI）推出的无人机警卫系统融合自适应三维雷达、光电传感器及专用电子干扰系统，实现探测、识别、干扰全流程处理。以色列拉斐尔先进防御系统公司的无人机穹系统创新采用卫星导航信号干扰模式，配备 MEOS 光电单元、RPS-42 战术雷达及 C-Guard 宽频干扰器，使目标丧失定位能力。阿波罗盾系统通过声、光及无线传感器复合探测，配合掌上指挥终端，实现赛博阻断与物理捕获双模拦截。

中国多个企业协同推进技术研发，2014 年，中国工程物理研究院成功研制万瓦级激光拦截反无人机系统——"低空卫士"激光防御系统（图 3-9）。该装置专为小型航空器设计，防护范围 12km²，响应时间低于 5s，可对 2km 半径空域实施 360° 全域防护，显著提升重点区域低空安防能力。

图 3-9 "低空卫士"激光防御系统

2018 年 5 月，北斗开放实验室推出全新的反无人机系统 ADS2000，这是国内首套采用干扰诱骗方式的民用反无人机系统。该系统通过全面干扰、压制、欺骗甚至接管无人机核心导航系统，有效管控并捕获"黑飞"无人机。该系统运用非接触式欺骗式干扰技术，为特定区域提供全天候的电子防护且不产生辐射污染，驱离或迫降入侵无人机。它集成了无人机侦测与反制功能，能够追踪目标无人机，切断其通信，干扰操控，迫使其降落。该系统可静态部署、动态使用或随身携带，对于防范无人机袭击和保护信息安全具有重要意义。成都空御科技开发的侦查与反制一体化的无人机反制系统，融合了多源探测与主动压制能力。该系统采用雷达主动扫描与无源射频监测协同机制，完成远距目标的实时侦测及高精度定位。通过光电跟踪单元联动，执行目标验证、特征识别、持续追踪及电子取证流程。判定威胁目标后，依托导航诱骗与频谱压制双模对抗模块，实施多组合策略快速响应，具备定向驱离、强制悬停、坐标诱捕及航向重编程等处置功能。

2024 年，中国电信在 2024 中国互联网大会上发布"云猎"无人机侦测反制系统。该系统包括无人机识别设备与无人机侦测设备、TDOA 无人机侦测定位设备、无人机反制设备等。系统首先对 10km 范围内的无人机信号进行侦测与分析，结合深度学习技术进行实时识别与预警，确保及时发现潜在威胁。一旦确认入侵，TDOA 定位设备通过无线电测向技术精确确定无人机位置，并进行持续跟踪。同时，系统会启动反制设备，通过发射定向电磁波切断无人机的通信链路、图传链路及导航链路，迫使其原地降落或强制返航，保障空域安全。反制设备还可与管控平台联网，实时回传设备位置与状态数据。该系统具有隐蔽性强、抗干扰能力高等特点，特别适用于复杂电磁环境与多样化场景，为低空安全提供全方位的保障。

在武器展览会上，我国航天科工集团曾发布过国产"天网"车载 UAV 防控体系，如图 3-10 所示。该系统采取了一种基于网格的高级阻截方法，对 UAV 进行了有效的阻截。这套装置安装在货车上，并配备了一个可以停放大型无人飞机的起降台，方便迅速展开与操作。它的底部是一个整体的弹出装置，里面有一个高强度、重量轻的捕捉网。一旦被系统定位，它就会立刻起飞，将捕获网精准地撒在目标身上，以达到最快的速度进行拦截。"天网"车载式无人机防控系统具备全天候的作业能力，集成了预警探测、拦截和指挥控制功能，能够有效应对低空威胁，并提供最远达 3km 的拦截范围，为低空安全提供有力保障。

"天穹"反无人机系统是由中国电子科技集团公司研制的一款先进防护技术，旨在应对无人机带来的安全威胁。该系统结合了雷达探测、光电监控、信号干扰、数据分析等多种核心技术，通过智能化算法对目标无人机进行精确识别、定位与干扰。系统利用高精度雷达进行全天候扫描，对防护区域内的空域进行实时监控，并通过光电探测设备进一步确认目标的性质与威胁等级。随后的定位与追踪环节，系统采用多传感器融合技术，精确确定无人机的位置，并动态更新其飞行轨迹，确保对目标的持续跟踪。一旦识别到潜在威胁，系统通过电子干扰设备对无人机的导航、通信链路实施干扰，干扰方式包括 GPS 信号干扰、无线电频率干扰等，从而迫使无人机失去控制，偏离预定航线或迫降。

若干扰措施无效，系统还可以通过物理拦截手段摧毁无人机。天穹反无人机系统通过集成多种防御技术，能够在复杂环境下提供高效的防护，确保目标区域的安全性。

图 3-10 "天网"车载式无人机防控系统

3.4
反无人机挑战及发展前景

3.4.1 反无人机技术面临的多维度挑战

反无人机面临着多样性与复杂性的问题。无人机飞行高度的不稳定性、拍摄图像场景的广阔性、物体尺度的多样性、小物体众多以及遮挡现象的存在，大大降低了无人机检测的准确度。无人机飞行高度的不稳定性使得监测任务更加困难，飞行高度的变化对准确检测构成了挑战。此外，无人机在拍摄图像时覆盖的场景广阔，从林地到城市，单一算法很难适应多种场景。物体的尺度多样性意味着无人机需要能够有效地识别从小型无人机到大型飞机等各种尺寸的目标。同时，由于飞行距离较远，目标尺寸一般较小，也会经常出现遮挡等现象，这些因素都进一步增加了检测算法的复杂性和误识别的可能性。

在检测到无人机后，如何对其进行干扰与捕获也是一个技术挑战。一个难题在于，如何在不影响其他电子设备的情况下，精确干扰目标无人机的控制信号，以及如何安全、有效地捕获非法无人机。要进行精确干扰需要开发先进的频谱管理和信号分析技术，以确保干扰的精准性和可靠性，同时避免对周围通信设备的干扰。如果要采用物理捕获的手段，则涉及研发专用的捕获设备，如捕网无人机、激光系统等，确保在捕获过程中不对周围环境和人群造成伤害。

由于无人机成本较低，因此无人机可能会以无人机群的形式出现，情况会更加复杂多变，传统的单一目标干扰技术难以有效应对。此外，反无人机系统必须具备高度的实时响应能力，能够在短时间内迅速识别并处理多个无人机威胁，以避免安全漏洞。这要求系统具备强大的计算能力和先进的算法支持，能够在动态环境中实时调整应对策略，从而确保在多目标威胁下的安全防护效果。

反无人机领域还面临的一个现实挑战是如何平衡成本与效益。无人机价格往往较为低廉，但是反无人机系统开发和部署费用相对而言比较昂贵。先进的反无人机技术，如多传感器融合、人工智能算法和高精度干扰设备，通常需要大量资金投入，这使得中小型机构难以承担。因此，需要建立有效的成本效益分析模型，以衡量技术投资与安全防护效果之间的平衡，确保有限资源能够最大化地提升安全水平。

3.4.2 反无人机技术的未来发展与应用前景

（1）智能城市建设

反无人机技术在智能城市建设中具有重要的应用前景。

首先，反无人机技术可以集成到城市监控系统和应急响应系统中，形成综合性的城市安全管理平台。通过与城市的摄像头网络、传感器系统和通信基础设施相结合，反无人机技术能够实时监测和识别低空飞行的无人机，及时预警并采取应对措施，保障公共场所、重要设施和居民区的安全。

其次，反无人机技术在智能城市中的应用还具有显著的经济效益和社会效益。通过提高城市的整体安全水平，可以减少由于无人机带来的安全隐患和潜在损失，提升居民的安全感和生活质量。

最后，反无人机技术的发展和应用也推动了相关产业的进步，带动了技术创新和市场需求的增长。随着智能城市建设的推进，反无人机技术将成为城市安全管理的重要组成部分，为构建安全、稳定、智慧的城市环境提供有力支持。

（2）军民融合

反无人机技术在军民融合方面的发展前景广阔。

首先，军用反无人机技术向民用领域的转移，将大大提升民用反无人机系统的性能和可靠性。军用技术通常具有更高的技术标准和更严格的性能要求，通过技术转移和改进，民用反无人机系统可以实现更高的检测精度、更强的干扰能力和更可靠的操作稳定性，从而更有效地保护关键基础设施、公共安全和私人领域的安全。

其次，民用领域的广泛应用将促进反无人机技术的创新和进步。民用市场的多样化需求推动着技术的不断创新和迭代，例如在城市环境、边境管控、机场安全等不同场景中，反无人机技术需要适应各种复杂的环境和使用条件。这种需求驱动下的技术创新反过来也会对军用技术产生积极影响，通过军民融合，军用反无人机技术可以借鉴民用领域的先进成果，提升技术的整体水平。

最后，军民融合可以实现资源共享和成本分摊，推动反无人机技术的可持续发展。军用和民用领域的合作不仅可以共享技术资源、数据资源，还可以共同承担研发和部署的高昂成本。通过协同研发、联合测试和共同标准制定，可以提高资源利用效率，降低研发成本。同时，广泛的市场应用将带动反无人机产业链的发展，促进相关企业的成长和市场的扩大，为反无人机技术的发展提供坚实的经济基础和持续的创新动力。

（3）低空经济

2021年，国务院印发的《国家综合立体交通网规划纲要》中，首次将低空经济列入，领域内学者普遍认为低空经济以航空载运与作业装备技术为主要工具，以低空空域为主要活动场域，以低空飞行活动为最终产出形式。低空经济是全球竞逐的战略性新兴产业，也是我国及多省区重点布局的未来产业重点方向。

但是目前低空经济的发展仍然受制于基础配套设施建设不足的难题。低空经济场景运用过程中，由于低空与地面之间交互联动具有高度复杂性较高，需要完备的基础设施体系支撑，如机场、航空器起降站、空域管理信息系统、高速无线网络等。为了保障低空经济的健康发展和维护广大人民群众的合法权益，对反无人机系统的研发、应用和部署的重要性越来越凸显出来。未来随着低空经济的进一步发展，反无人机系统的应用前景将更加广阔。

本章参考文献

［1］张秀再，沈涛，许岱 . 基于改进 YOLOv8 算法的遥感图像目标检测［J］. 激光与光电子学进展，
     2024，61（10）：298-308.

［2］史姝姝，陈永强，王樱洁，等 . 基于深度学习的高分辨率遥感影像飞机掩体检测方法［J］. 激光
     与光电子学进展，2024 61（04）：436-447.

［3］王友伟，郭颖，邵香迎 . 基于改进级联算法的遥感图像目标检测［J］. 光学学报，2022，42（24）：
     203-211.

［4］雷童尧 . 我国低空经济发展现状、制约因素及对策建议［J］. 新西部，2024（05）：87-90.

第 **4** 章

机器视觉智能感知技术

Vision Intelligence-Based Techniques for Anti-UAV Target Perception

反无人机目标感知技术：基于视觉智能

4.1
机器视觉智能感知的基本概念

基于机器视觉的反无人机技术是目前反无人机领域的重要手段，并且随着深度学习的发展，机器视觉智能感知逐渐成为感知技术中的关键。本书后续将对基于机器视觉的反无人机技术进行介绍。

机器视觉是用计算机来模拟生物视觉功能的科学和技术[1]。机器视觉系统的首要目标是利用图像创建或恢复现实世界模型，从而认知现实世界。

机器视觉的研究内容主要包含低层视觉、中层视觉、高层视觉。

低层视觉（low-level vision）主要是对输入的原始图像进行处理。这一过程中借用了大量的图像处理技术和算法，如图像滤波、图像增强、边缘检测等，以便从图像中抽取诸如角点、边缘、线条、边界以及色彩等关于场景的基本特征。这一过程还包含了各种图像变换（如校正）、图像纹理检测、图像运动检测等。

中层视觉（middle-level vision）的主要任务是恢复场景的深度、表面法线方向、轮廓等有关场景的 2.5 维信息，实现的途径有立体视觉（stereo vision）、测距成像、运动估计（motion estimation）、明暗特征、纹理特征等。系统标定、系统成像模型等研究内容一般也是在这个层次上进行的。

高层视觉（high-level vision）的主要任务是在以物体为中心的坐标系中，在原始输入图像、图像基本特征、2.5 维图的基础上，恢复物体的完整三维图，建立物体三维描述，识别三维物体并确定物体的位置和方向。

4.2
机器视觉智能感知的特性

机器视觉智能感知具备以下特性。

① 处理信息量大：机器视觉系统能够快速处理大量的图像信息，这是其核心优势之一。在工业自动化领域，例如，机器视觉系统可以实时监测生产线，快速准确地识别出产品的缺陷和问题，极大地提高了生产效率。

② 应用领域广：机器视觉技术已广泛应用于工业自动化、安防、医疗、交通等领域。这些应用的成功依赖于机器视觉系统的准确性和可靠性，但同时也面临着适应各种复杂环境和条件下的稳定性问题。

③ 算法实时性要求高：现代机器视觉系统能够实现对大规模图像和视频数据的实时处理，这对于需要即时响应的应用场景至关重要。例如，在安防监控领域，机器视觉系统可以实时分析视频流，及时发现并响应安全威胁。

④ 自动化与智能化程度高：机器视觉技术的发展推动了工业和其他行业的自动化和智能化进程。它不仅改善了生产流程，优化了资源配置，还提供了数据驱动的决策支持，促进了产业升级和经济增长。

然而，机器视觉智能感知也面临着以下挑战。

① 复杂环境：机器视觉系统在不同光照条件、物体遮挡和动态环境下的可靠性和稳定性面临着严峻挑战。这要求系统不仅要在特定条件下表现良好，还必须能够适应各种复杂和变化的外部环境。

② 精度与速度的要求：随着应用场景的不断扩大和深入，对机器视觉系统的精度和处理速度提出了更高的要求。这包括更准确地识别微小或复杂目标，以及更快速地处理大量图像数据，以满足实时性的需求。

③ 成本控制与效率提升：尽管技术性能重要，但在实际应用中还需要考虑成本效益比。如何通过技术创新降低硬件成本，优化算法以减少计算资源消耗，是推动机器视觉技术更广泛应用的关键因素。

④ 多模态联合：随着技术的多样化发展，如何有效整合不同的感知技术，如结合视觉、听觉、触觉等多种感知方式，提高机器视觉的整体感知能力，是亟须解决的问题。

4.3
基于机器学习的视觉技术

机器学习和视觉感知是模式识别的一个组成部分[2]，在计算机和自动化领域已经广泛流行，并成为主要的研究领域。随着越来越多的行业应用机器学习来解决问题，视觉作为最重要的信息获取方式，逐渐成为最重要的研究领域之一。本节介绍了机器学习的主要原理和方法，并对当前的研究动态进行了综述。

4.3.1　机器学习分类任务

在机器学习中，分类任务是一种监督学习方法，旨在根据输入数据的特征将数据点分配到预定义的类别或标签中。在计算机视觉中，分类任务主要包括图像分类、物体检测等。常见的图像分类任务包括手写数字识别（如 MNIST 数据集）、物体分类（如 CIFAR-10、ImageNet 数据集）等。下面将介绍传统机器学习中分类任务的常见方法。

4.3.1.1　贝叶斯决策理论

贝叶斯决策理论是一种基于贝叶斯定理的统计推断方法，用于模式分类和决策制定。该理论的核心思想是通过综合考虑各种可能性及其相关的概率，以期望损失最小化为目标来选择最优的决策。这种分类方法通常假定各类别总体的概率分布已知，但并不要求一定要提前知道要决策分类的类别数。如果类别数未知，可以通过估计的方法来进行处理。

贝叶斯公式由一个先验概率、一个全概率和两个条件概率构成，它提供了一种更新概率的方法，当新的观测出现时，可以更新先验概率以得到后验概率。贝叶斯决策就是在贝叶斯公式计算出后验概率的基础上，进一步做归属的决定——分类，即通过最大化后验概率或最小化决策风险来做分类决策。在分类任务中，决策根据计算的后验概率，将观测到的样本（比如抽到的橙子）归于 A 组（类）还是归于 B 组（类），以获得最优决策效果。其主要包括两种决策方式，即最小错误贝叶斯决策和最小风险贝叶斯决策。前者是在比较理想或者各类类别地位均等的情况下的决策，而后者则要考虑决策本身带来的代价和各类别地位不均等带来的问题。

（1）最小错误贝叶斯决策

最小错误贝叶斯决策的核心思想是选择使分类错误概率最小的决策规则。以下是简单的解释和例子。

最小错误贝叶斯决策的目标是选择能够最小化分类错误概率的分类器。具体来说，对于一个观察到的数据点 x，我们要选择一个类别 w_i 使得该类别的后验概率 P 最大，即：

$$w_i = \mathrm{argmax} P(w_j \mid x) \tag{4-1}$$

（2）最小风险贝叶斯决策

选择决策风险最小的分组或者类，当不同的决策所带来的代价不相同时，我们会为每个决策添加不同的权重。在贝叶斯决策理论中，当不同决策带来的代价（或损失）不同时，为每个决策赋予不同的权重，以最小化总体决策的风险。

4.3.1.2 决策树与随机森林

决策树（decision tree）是基于已知各种情况（特征取值）的基础上，通过构建树型决策结构来进行分析的一种方式，是常用的有监督的分类算法。决策树学习使用自顶向下的递归方法，每一层的每一个节点都根据某个属性值细分为子节点，并在每个节点将被分类的实例与该节点相关的属性值进行比较，根据比较结果扩展到相应的子节点。这个过程在到达决策树的叶节点时结束，此时得出结论。从根节点到叶节点的每一条路径都对应一个合理的规则，并且规则的各部分之间（每层的条件）是合取关系。整个决策树在集合概念中被视为析取规则。

决策树算法的主要优点是其自学习能力。在学习过程中，用户只需提供标注良好的训练样本，无须了解足够的背景知识。在实际应用中，如果现有规则被打破，程序会向用户询问正确的标签，根据这些标签生成新的分支和叶子，进而添加到决策树中。

随机森林是一种集成学习方法，它通过构建多个决策树并结合它们的预测结果来提高模型的准确性和鲁棒性。

4.3.1.3 支持向量机

支持向量机（support vector machines，SVM）是一种二分类模型，它通过在特征空间中寻找一个最佳超平面，使得不同类别的样本之间的间隔（也称为边界或间隔）最大化，最终转化为一个凸二次规划问题来求解，从而实现分类目的，如图 4-1 所示。

在线性可分情况下对于一个二分类问题，假设有一个训练数据集 $\{(x_i, y_i)\}$，其中 x_i 是特征向量，y_i 是类别标签（$y_i \in \{-1, 1\}$）。SVM 的目标是找到一个超平面将两个类别分开，并使两类之间的间隔（margin）最大化。

- 超平面：在特征空间中的一个线性决策边界，可以表示为 $w^T x_i + w_0$。
- 间隔 γ_i：到最近数据点的最小距离。

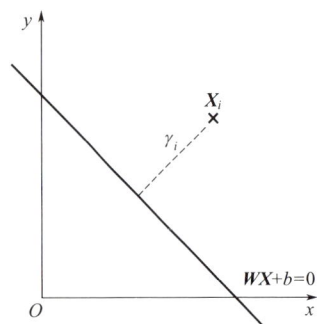

图 4-1　SVM 模型

SVM 旨在寻找最优分类面，从而最大化这个间隔。

找到的最佳超平面满足以下两个条件：

① 正确分类所有训练样本 $z_i(\boldsymbol{w}^{\mathrm{T}}\boldsymbol{x}_i + w_0) \geqslant 1$

② 最大化间隔，即最小化 $\|\boldsymbol{w}\|$，我们将最小化准则函数表示为：

$$J_{\mathrm{SVM}} = \frac{1}{2}\|\boldsymbol{w}\|^2$$

由此构造 Lagrange 函数 $L(\boldsymbol{w}, w_0, \boldsymbol{\alpha}) = \frac{1}{2}\|\boldsymbol{w}\|^2 - \sum_{i=1}^{n}\alpha_i[z_i(\boldsymbol{w}^{\mathrm{T}}\boldsymbol{x}_i + w_0) - 1]$，其中 $\alpha_i \geqslant 0$，针对 $\boldsymbol{w}$、w_0 的最小值问题，分别对参数 $\boldsymbol{w}$ 和 w_0 求导，令导数为 0：

$$\frac{\partial L(\boldsymbol{w}, w_0, \boldsymbol{\alpha})}{\partial \boldsymbol{w}} = \boldsymbol{w} - \sum_{i=1}^{n}z_i\alpha_i\boldsymbol{x}_i = 0, \quad \boldsymbol{w} = \sum_{i=1}^{n}z_i\alpha_i\boldsymbol{x}_i$$

$$\frac{\partial L(\boldsymbol{w}, w_0, \boldsymbol{\alpha})}{\partial w_0} = \sum_{i=1}^{n}z_i\alpha_i = 0, \quad \sum_{i=1}^{n}z_i\alpha_i = 0 \tag{4-2}$$

为了简化问题求解，将原问题转换为对偶问题，不直接优化权值矢量，而转换成优化 $L(\boldsymbol{\alpha})$。针对 $\boldsymbol{\alpha}$ 的最大值问题，将式（4-2）代入 Lagrange 函数，经过化简，得：

$$L(\boldsymbol{\alpha}) = \sum_{i=1}^{n}\alpha_i - \frac{1}{2}\sum_{i,j=1}^{n}\alpha_i\alpha_j z_i z_j \boldsymbol{x}_i^{\mathrm{T}}\boldsymbol{x}_j \tag{4-3}$$

进一步地，我们的目标转换为最大化 $L(\boldsymbol{\alpha})$：

$$\max_{\boldsymbol{\alpha}} L(\boldsymbol{\alpha}) = \sum_{i=1}^{n}\alpha_i - \frac{1}{2}\sum_{i,j=1}^{n}\alpha_i\alpha_j z_i z_j \boldsymbol{x}_i^{\mathrm{T}}\boldsymbol{x}_j,$$
$$\text{s.t.} \sum_{i=1}^{n}z_i\alpha_i = 0, \quad \alpha_i \geqslant 0, i = 1, \cdots, n \tag{4-4}$$

解出 $\boldsymbol{\alpha}$ 之后，根据公式可以求得权矢量和偏置，从而得到最佳超平面。

对于原始样本空间不是线性可分的情况，可将样本从原始空间映射到一个更高维的特征空间，使得样本在这个特征空间内线性可分。如果原始空间是有限维，即属性数有限，那么一定存在一个高维特征空间使样本可分。令 $\boldsymbol{\phi}(\boldsymbol{x})$ 表示将 $\boldsymbol{x}$ 映射后的特征向量，将其转换为对偶问题后，得到：

$$\max_{\boldsymbol{\alpha}} \sum_{i=1}^{n}\alpha_i - \frac{1}{2}\sum_{i=1}^{n}\sum_{j=1}^{n}\alpha_i\alpha_j z_i z_j \boldsymbol{\phi}(\boldsymbol{x}_i)^{\mathrm{T}}\boldsymbol{\phi}(\boldsymbol{x}_j)$$
$$\text{s.t.} \quad \sum_{i=1}^{n}\alpha_i z_i = 0, \quad \alpha_i \geqslant 0, i = 1, 2, \cdots, n \tag{4-5}$$

若遇到高维或无穷维问题，求解 $\boldsymbol{\phi}(\boldsymbol{x}_i)^{\mathrm{T}}\boldsymbol{\phi}(\boldsymbol{x}_j)$ 会很困难，可利用核函数，直

接在输入空间中完成非线性映射：$\kappa(\boldsymbol{x}_i\boldsymbol{x}_j)=\langle\boldsymbol{\phi}(\boldsymbol{x}_i)\boldsymbol{\phi}(\boldsymbol{x}_j)\rangle=\boldsymbol{\phi}(\boldsymbol{x}_i)^{\mathrm{T}}\boldsymbol{\phi}(\boldsymbol{x}_j)$。

4.3.2 机器学习聚类任务

聚类算法是一种无监督学习方法，旨在将数据集中的样本划分为若干组（簇），使得同一组中的样本在某种意义上更加相似，而不同组之间的样本相对较不相似。聚类广泛应用于数据挖掘、图像处理、生物信息学等领域。例如可将图像分割任务看作图像中所有像素点的聚类过程。

4.3.2.1 K- 均值聚类

1957 年，贝尔实验室给出标准 K- 均值算法，并于 1982 年发表于 *IEEE Transactions on Information Theory*。其算法实现简单，计算复杂度和存储复杂度低，对很多简单的聚类问题可以得到令人满意的结果，是最著名和最常用的样本聚类算法之一。

K- 均值聚类算法旨在将 n 个样本点 $\{x_1,x_2,\cdots,x_n\}$，分成 k 个簇，即 $\{C_1,C_2,\cdots,C_k\}$ 使得每个簇内的样本点在某种意义上更加相似。通常来说，K- 均值聚类的目标是最小化每个样本点到其所属簇中心的距离平方和。目标函数可以表示为 $J=\sum_{i=1}^{k}\sum_{x_j\in C_i}\left\|x_j-\mu_i\right\|^2$，下面详细介绍了 K- 均值聚类的算法步骤：

① 随机选择 k 个点作为初始簇中心 $\{\mu_1,\mu_2,\ldots,\mu_k\}$。

② 对于每个样本点 x_j，计算它到每个簇中心的距离，并将其分配到最近的簇中心所属的簇。

$$C_i=\left\{x_j:\left\|x_j-\mu_i\right\|^2\leqslant\left\|x_j-\mu_l\right\|^2\ \ \forall l,1\leqslant l\leqslant k\right\} \tag{4-6}$$

③ 对每个簇 C_i，重新计算簇中心 μ_i。

$$\mu_i=\frac{1}{|C_i|}\sum_{x_j\in C_i}x_j \tag{4-7}$$

④ 重复步骤②和③，直到簇中心不再发生变化或达到预定的迭代次数。

4.3.2.2 层次聚类

层次聚类（hierarchical clustering）是一种将数据进行分层次聚类的方法，根据层次分解的顺序分为自下向上和自上向下，即凝聚的层次聚类算法和分裂的层次聚类算法（agglomerative 和 divisive），也可以理解为自下而上法和自上而下法。

① 自下而上法：凝聚型层次聚类，就是一开始每个个体（object）都是一个类，然后根据距离寻找同类，最后形成一个"类"。

② 自上而下法：分裂型层次聚类，与凝聚型层次聚类相反，一开始所有个体都属于一个"类"，然后根据距离排除异己，最后每个个体都成为一个"类"。

4.3.3 机器学习降维任务

降维（dimensionality reduction）是机器学习和数据分析中的一种重要技术，其主要目的是在保持数据特征和结构的情况下，将高维数据映射到低维空间。

4.3.3.1 主成分分析

主成分分析（principal component analysis，PCA）是一种统计技术，通过正交变换将一组可能存在相关性的高维数据转换为一组线性不相关的变量，这些新变量称为主成分。PCA 的主要目的是减少数据的维度，同时尽可能保留数据中的重要信息和变异性。

假设有一个数据集 X（大小为 $n \times d$，其中 n 是样本数量，d 是特征的维度），PCA 算法的具体步骤可表示为如下：

① 数据去中心化：将数据集中的每个特征减去其均值，使得每个特征的均值为零。这一步消除了特征间的尺度差异，有助于更好地分析数据的协方差。

② 计算协方差矩阵：计算中心化后的数据的协方差矩阵，协方差矩阵反映了特征之间的线性关系。

③ 特征值分解：对协方差矩阵进行特征值分解，得到特征值和对应的特征向量。特征向量代表数据的主成分方向，特征值表示这些方向上的变异程度。

④ 选择主成分：根据特征值的大小排序，选择前 k 个最大的特征值对应的特征向量作为主成分。一般选择累计方差贡献率达到某个阈值（如 95%）的前几个主成分。

⑤ 转换数据：使用选择的主成分特征向量将原始数据转换到新的低维空间。转换后的数据是原始数据在主成分方向上的投影。

主成分分析能有效减少数据维度，保留重要信息，且计算简单，易于实现，可以解释主成分的方向和重要性。但只能捕捉线性关系，无法处理复杂的非线性关系，且结果依赖于数据的缩放和中心化。

4.3.3.2 等度量映射算法

等度量映射（isometric mapping，isomap）是一种非线性降维技术，是流形学习的一种，如图 4-2 所示，通过保留数据在高维空间中的几何结构，将其嵌入到低维空间。在实践中，isomap 可以用于人脸识别、聚类分析等任务。

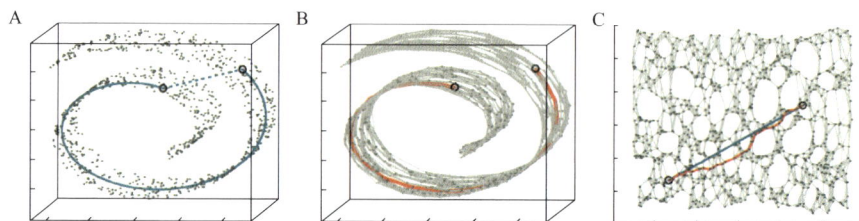

图 4-2 流形学习距离度量

在非线性数据结构中，流形上距离很远［测地距离，即在曲面上（不允许离开曲面）从 A 点走到 B 点的最短距离］的两个数据点，在高维空间中的距离（欧氏距离）可能非常近。等度量映射算法通常包含构建邻接图、计算最短路径、降维映射三个步骤。

① 构建邻接图：根据欧氏距离选择每个数据点的 k 个最近邻，或使用距离阈值 ε 构建邻接图。邻接图中的节点表示数据点，边表示邻接数据点之间的距离。

② 计算最短路径：使用图算法（如 Dijkstra 算法或 Floyd-Warshall 算法）计算邻接图中所有节点对之间的最短路径距离。最短路径距离矩阵 D 反映了数据点在流形结构上的距离。

③ 降维映射：使用经典多维缩放（MDS）方法对最短路径距离矩阵 D 进行降维，保留主要的低维嵌入。

4.3.3.3 局部线性嵌入算法

局部线性嵌入（locally linear embedding，LLE）的基本思想是通过保持数据点及其邻居的局部线性关系，将高维数据映射到低维空间。其核心步骤包括找到每个数据点的最近邻、通过线性组合表示每个数据点，然后在低维空间中找到保持这些线性组合关系的嵌入。它被广泛应用于图像识别、高维数据可视化等领域。

LLE 首先假设数据在较小的局部是线性的，也就是说，某一个数据可以由它邻域中的几个样本来线性表示。比如我们有一个样本 x_1，在它的原始高维邻域里用 K- 近邻思想找到和它最近的三个样本 x_2、x_3、x_4，然后我们假设 x_1 可由 x_2、x_3、x_4 线性表示，即 $x_1 = w_{12}x_2 + w_{13}x_3 + w_{14}x_4$。在我们通过 LLE 降维后，希望 x_1 在低维空间对应的投影和 x_2、x_3、x_4 对应的投影也尽量保持同样的线性关系，即 $x_1' \approx w_{12}x_2' + w_{13}x_3' + w_{14}x_4'$。在具体求解时，可以使用特征值分解或其他优化方法将原特征空间映射到低维特征空间中。

4.4
基于深度学习的视觉感知

深度学习作为机器学习的一个重要分支 [4]，基于人工神经网络，通过模拟人脑的视觉处理机制，展现了强大的图像分析能力。在视觉感知领域，深度学习通过多层神经网络自动提取图像特征，解决了传统方法中依赖人工设计特征的局限性。近年来，深度学习在目标检测、图像分割、目标跟踪等视觉感知任务中取得了显著成果，特别是在反无人机应用中，通过深度学习可以实现对复杂环境下无人机目标的高效检测与识别。

4.4.1　视觉感知的定义

视觉感知是指通过传感器获取图像或视频数据，并通过图像处理、机器学习等技术，提取、分析和理解场景中的物体及其特征。

图像感知主要依赖于图像获取与特征提取的两个阶段。假设有输入图像 $I(x, y)$，通过一系列滤波和特征提取技术，得到特征表示 $F(I)$。

$$F(I) = \sum_{x=1}^{M} \sum_{y=1}^{N} G(x, y)I(x, y) \qquad (4-8)$$

式中，$G(x, y)$ 表示滤波器函数。

4.4.2　前馈神经网络

神经网络可以看作是以人工神经元为节点的有向图和有向加权弧。如图 4-3 所示，在该图中，人工神经元和有向弧分别是对生物神经元和轴突 - 突触 - 树突相互作用的模拟。有向弧的权重表示两个相连神经元之间相互作用的强度指数。

前馈过程中的神经元接收前一级的输入并将其输出到下一级，且没有反馈，这可以用有向无环图来表示。图的节点分为两种类型：输入节点和计算单元。每个计算单元可以有任何输入，但只能有一个输出。前馈过程通常分为不同的层，层的输入仅与层的输出相连。如果输入节点是第一层，那么具有单层计算单元的网络实际上是一个双层网络。向最终用户开放的输入和输出节点直接受到环境的影响，称为可见层，其他中间层称为隐藏层。如图 4-3 所示，有输入特征 x_1、x_2、x_3，它们被竖直地堆叠起来，这叫作神经网络的输入层，它包含了神经网络的输入，然后这里有另外一层我们称之为隐藏层（如图 4-3 中间的四个节点）。在图 4-3 中最后一层只由一个结点构成，而这个只有一个结点的层被称为输出层，它负责产生预测值。

神经网络的本质是用线性组合来拟合复杂的函数表示，为了增加非线性变换，一般会在隐藏层加入非线性激活函数，如图 4-4 所示。在这里引入几个符号来表示神经网络，用向量 $x = (x_1, x_2, x_3)$ 表示输入特征 这里的隐藏层将拥有两个参数 W 和 b。

在这个例子中 W 是一个 4×3 的矩阵，b 是一个 4×1 的向量，第一个数字 4 源自有四个结点或隐藏层单元，然后数字 3 源自这里有三个输入特征。

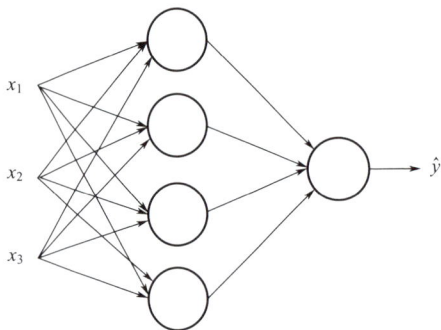

图 4-3　前馈神经网络

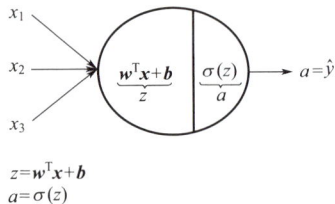

$z = w^{\mathrm{T}}x + b$
$a = \sigma(z)$

图 4-4　神经网络隐藏层

从图 4-4 可以看出，这个神经元的计算分为两步，小圆圈代表了计算的两个步骤：

① 第一步，计算 $z_1^{[1]}$，$z_1^{[1]} = w_1^{[1]\mathrm{T}}x + b_1^{[1]}$。

② 第二步，通过激活函数计算 $a_1^{[1]}$，$a_1^{[1]} = \sigma(z_1^{[1]})$。

隐藏层的第二个以及后面两个神经元的计算过程一样，最终分别得到 $a_1^{[1]}$、$a_2^{[1]}$、$a_3^{[1]}$ 和 $a_4^{[1]}$。将整个计算过程表示为矩阵形式得到如下公式：

$$z_1^{[1]} = \boldsymbol{w}_1^{[1]T} \boldsymbol{x} + \boldsymbol{b}_1^{[1]}, \quad a_1^{[1]} = \sigma(z_1^{[1]})$$
$$z_2^{[1]} = \boldsymbol{w}_2^{[1]T} \boldsymbol{x} + \boldsymbol{b}_2^{[1]}, \quad a_2^{[1]} = \sigma(z_2^{[1]})$$
$$z_3^{[1]} = \boldsymbol{w}_3^{[1]T} \boldsymbol{x} + \boldsymbol{b}_3^{[1]}, \quad a_3^{[1]} = \sigma(z_3^{[1]}) \tag{4-9}$$
$$z_4^{[1]} = \boldsymbol{w}_4^{[1]T} \boldsymbol{x} + \boldsymbol{b}_4^{[1]}, \quad a_4^{[1]} = \sigma(z_4^{[1]})$$

$$\boldsymbol{z}^{[1]} = \boldsymbol{W}^{[1]} x + \boldsymbol{b}^{[1]}$$
$$\boldsymbol{a}^{[1]} = \sigma(\boldsymbol{z}^{[1]})$$
$$\boldsymbol{z}^{[2]} = \boldsymbol{W}^{[2]} \boldsymbol{a}^{[1]} + \boldsymbol{b}^{[2]} \tag{4-10}$$
$$\boldsymbol{a}^{[2]} = \sigma(\boldsymbol{z}^{[2]})$$

4.4.3 卷积神经网络在无人机检测中的应用

卷积神经网络是一种常用于图像识别、语音识别等领域的深度学习模型[5]。CNN 的核心思想是通过卷积操作来提取图像等数据的特征，从而实现对数据的分类[6]、识别[7] 等任务。

CNN 的基本结构由卷积层、池化层和全连接层组成。其中，卷积层是 CNN 的核心，它通过滑动一个卷积核在输入数据上进行卷积操作，从而提取出数据的局部特征，如图 4-5 所示。卷积操作可以看作是一种特殊的加权求和操作，其中卷积核中的权重参数是通过训练学习得到的。卷积的主要作用是通过滑动一个卷积核（也称为滤波器，通常是一个正方形或矩形的二维数组，它的值是需要学习的参数）在图像或特征上进行操作，从而生成一组新的特征。当一幅图像经过卷积操作后，生成的结果被称为特征图（feature map）。特征图可以看作是输入图像在卷积核的作用下提取出的图像局部特征的表示。通过卷积操作，

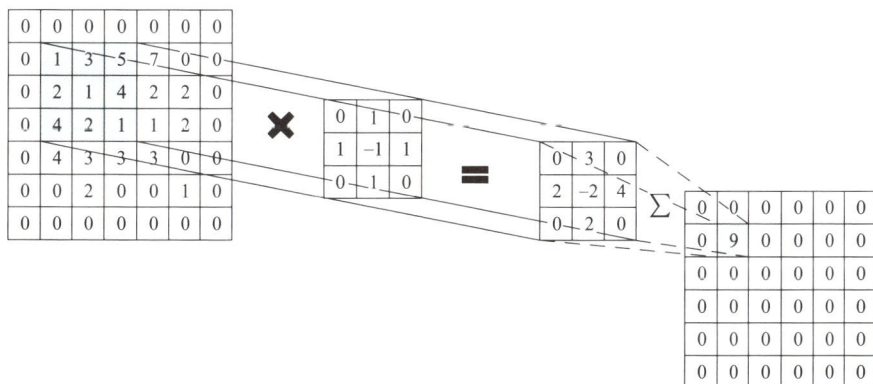

图 4-5 卷积层示意图

可以有效地捕获图像中的结构信息和重要特征，为后续的任务提供更加有效的输入数据。此外，把图像矩阵简写为 I，把卷积核 Kernal 简写为 K，则目标图片的第 (i,j) 个像素的卷积值为：

$$h(i,j) = (I * K)(i,j) = \sum_m \sum_n I(m,n) K(i-m, j-n) \tag{4-11}$$

① 填充 Padding：假设用一个 3×3 的滤波器去卷积一个 6×6 的图像，最后会得到一个 4×4 的输出。因为 3×3 过滤器在 6×6 矩阵中只可能有 4×4 种可能的位置。通常来讲，如果有一个 $n\times n$ 的图像，用 $f\times f$ 的滤波器做卷积，那么输出的维度就是 $(n-f+1)\times(n-f+1)$。在这个例子里是 6-3+1=4，因此得到了一个 4×4 的输出。如果一直如此操作，输出的图像就会逐步缩小，最终可能会缩小到只有 1×1 的大小。但这并不是想要的结果，不希望图像在每次识别边缘或其他特征时都缩小。其次，如果注意角落边缘的像素，这个像素点只被一个输出所触碰或者使用，因为它位于这个 3×3 的区域的一角。但如果是在中间的像素点，就会有许多 3×3 的区域与之重叠。所以那些在角落或者边缘区域的像素点在输出中采用较少，意味着丢掉了图像边缘位置的许多信息。为了解决这些问题，可以在卷积操作之前填充这幅图像。可以沿着图像边缘再填充一层像素。如果这样操作了，那么 6×6 的图像就被填充成了一个 8×8 的图像。如果用 3×3 的图像对这个 8×8 的图像卷积，得到的输出就不是 4×4 的，而是 6×6 的图像，就得到了一个尺寸和原始图像 6×6 的图像。习惯上，可以用 0 去填充，用 p 来表示填充的数量，如果 $p=1$，表示在图像的边缘都填充了一个像素点，输出为 $(n+2p-f+1)\times(n+2p-f+1)$。

② 步长 Stride：在卷积操作中，卷积核通常从图像的左上角开始，按照从左到右、从上到下的顺序进行扫描。默认情况下，步长为 1，即每次移动一个像素。然而，通过设置不同的步长，卷积核可以跳过一定数量的像素，从而改变输出特征图的尺寸。例如，当步长为 2 时，卷积核每次移动 2 个像素，相当于在水平和垂直方向上都跳过了 1 个像素。这种操作可以有效地减少输出特征图的尺寸。如果用一个 $f\times f$ 的过滤器卷积一个 $n\times n$ 的图像，Padding 为 p，步长为 s，输出的尺寸为 $\left\lfloor \dfrac{(n+2p-f+1)}{s}+1 \right\rfloor \times \left\lfloor \dfrac{(n+2p-f+1)}{s}+1 \right\rfloor$。如果在除以步长 s 时发现无法整除，一般采用向下取整的方式来保证正确的输出维度。

除了卷积层，卷积神经网络往往也包含池化层，其用于对卷积层输出的特征图进行降维处理，从而减少模型参数和计算量。池化层的结构与卷积层类似，它也由多个滤波器组成，每个滤波器对输入数据进行卷积操作，得到一个输出特征图。不同的是，池化层的卷积操作通常不使用权重参数，而是使用一种固定的池化函数，其基本思想是将特征图划分为若干个子区域（一般为矩形），并对每个子区域进行统计汇总。池化操作的方式可以有很多种，比如最大池化（max pooling）、平均池化（average pooling）等。其中，最大池化操作会选取每个子区域内的最大值作为输出，而平均池化操作则会计算每个子区域内的平均值作为输出。

在卷积神经网络最后，通常会加入全连接层来进行输出。全连接层用于将池化层输出的特征向量映射到输出类别上，从而实现对输入数据的分类或识别。如在分类任务中，全连接层负责将得到的特征转换为每个类别的概率。图 4-6 展示了手写数字识别任务中图像经过卷积层、池化层、全连接层，最终得到一个 1×10 的向量，用于计算图片属于哪个类别的概率。

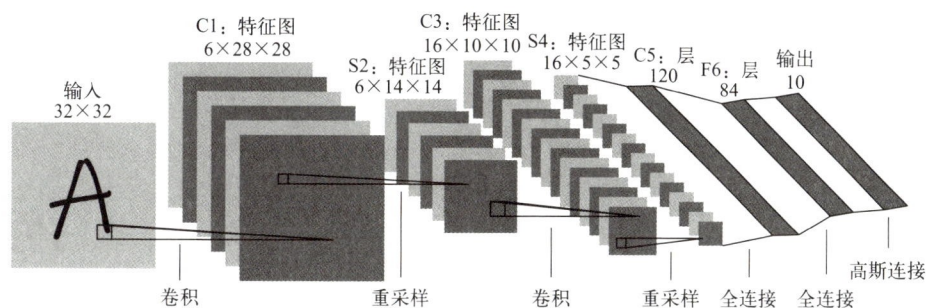

图 4-6 卷积神经网络

4.4.4 序列模型

在实际生活中我们常常要处理序列数据（具有先后顺序的数据），比如视频、语音、文本、DNA、音乐、动作等。这些数据都是有顺序、连续的。序列的特点在于某一时刻的数据不仅和现在有关，而且和过去、未来有关。

目前在视频编辑、视频理解、目标跟踪等领域，序列模型都得到了广泛应用，下面介绍几种常见的序列模型，如 RNN 和它的变体 LSTM，以及 LSTM 的简化 GRU。

① 循环神经网络（recurrent neural network，RNN）是一类用于处理序列数据的神经网络模型。与传统的前馈神经网络不同，RNN 具有循环连接，使得它能够捕捉序列数据中的时间依赖关系。如图 4-7 所示，蓝色圆形表示序列中的输

入向量，黄色矩形表示序列中的输出向量，中间的绿色矩形表示循环处理单元。RNN 的每个单元在处理当前时间步的输入时，不仅依赖当前的输入数据，还依赖于前一个时间步的隐藏状态。

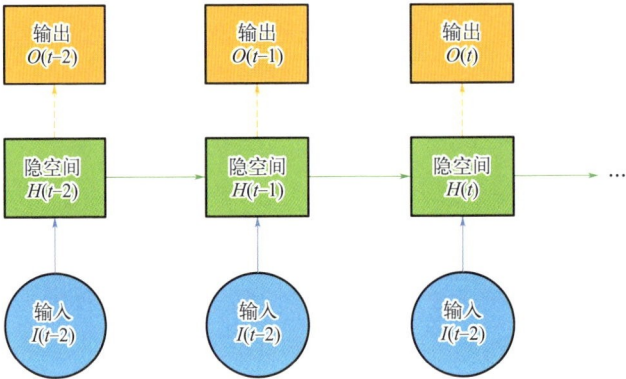

图 4-7　循环神经网络

对于输入序列 $\{x_1, x_2, \cdots, x_T\}$，RNN 在每个时间步 t 计算隐藏状态 h_t 和输出 y_t 的过程如下。

a. 隐藏状态更新：

$$h_t = \sigma(\boldsymbol{W}_{hx} x_t + \boldsymbol{W}_{hh} h_{t-1} + b_h) \tag{4-12}$$

式中，$\boldsymbol{W}_{hx}$ 是输入到隐藏状态的权重矩阵；$\boldsymbol{W}_{hh}$ 是前一个隐藏状态到当前隐藏状态的权重矩阵；b_h 是偏置项；σ 是激活函数（如 tanh 或 ReLU）。

b. 输出计算：

$$y_t = \phi(\boldsymbol{W}_{hy} h_t + b_y) \tag{4-13}$$

式中，$\boldsymbol{W}_{hy}$ 是隐藏状态到输出的权重矩阵；b_y 是输出层的偏置项；ϕ 是输出层的激活函数（如 softmax）。

② 长短期记忆网络（long short-term memory，LSTM）是一种特殊的 RNN 结构，如图 4-8 所示，通过引入门控机制，解决了传统 RNN 在处理长序列数据时的梯度消失和梯度爆炸问题。LSTM 能够更好地捕捉和保留长时间依赖关系，在自然语言处理、语音识别和时间序列预测等领域表现出色。LSTM 的核心是其独特的单元结构，每个 LSTM 单元包含三个门：输入门、遗忘门和输出门。这些门通过不同的方式控制信息流，使得 LSTM 能够在长时间步上有效地传递和保留信息。

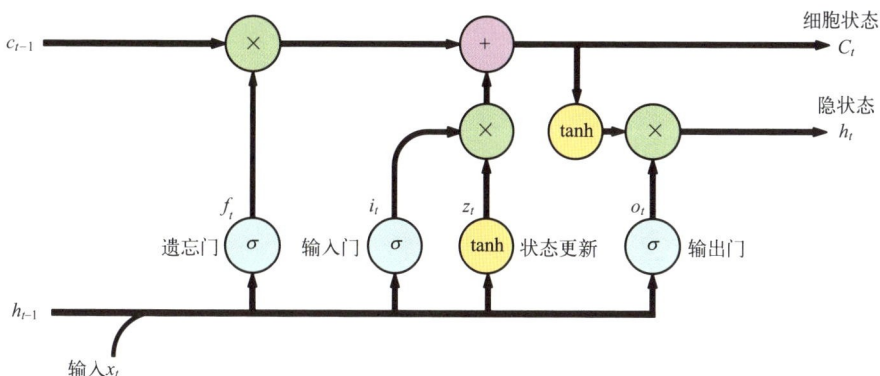

图 4-8　长短期记忆网络

对于输入序列 $\{x_1, x_2, \cdots, x_T\}$，LSTM 在每个时间步 t 的计算如下：

a. 遗忘门：$f_t = \sigma\{W_f[h_{t-1}, x_t] + b_f\}$

b. 输入门：$i_t = \sigma\{W_i[h_{t-1}, x_t] + b_i\}$

c. 候选细胞状态：$\tilde{C}_t = \tanh\{W_C[h_{t-1}, x_t] + b_C\}$

d. 细胞状态更新：$C_t = f_t C_{t-1} + i_t \tilde{C}_t$

e. 输出门：$o_t = \sigma\{W_o \cdot [h_{t-1}, x_t] + b_o\}$

f. 隐藏状态更新：$h_t = o_t \tanh(C_t)$

③ 门控循环单元（gated recurrent unit，GRU）是 RNN 的另一种变体，由 Cho 等人在 2014 年提出。GRU 结合了 LSTM 的部分优点，以更简单的结构实现了对长时间依赖关系的捕捉和保留，计算效率更高。GRU 通过引入更新门和重置门，有效地解决了传统 RNN 的梯度消失和梯度爆炸问题，适用于处理序列数据。

GRU 包含两个主要的门：更新门（update gate）和重置门（reset gate）。这些门通过控制信息的流动，使得 GRU 能够有效地捕捉和保留长时间步的依赖关系。其中更新门决定前一个隐藏状态的信息有多少需要传递到当前时间步，重置门控制前一个隐藏状态的信息有多少需要被忽略。

4.5
视觉增强技术

视觉增强技术[8]（visual enhancement technology）是一类用于改善图像和

视频质量的技术集合。其目的是通过一系列算法和处理手段，提升图像的视觉效果，使得图像更加清晰、细节更加丰富、对比度更高、噪声更少。这些技术在许多领域都有广泛应用，包括但不限于安防监控、医疗成像、自动驾驶、虚拟现实、增强现实，以及军事应用等。随着深度学习和人工智能技术的发展，视觉增强技术取得了长足进步，尤其在复杂环境下的图像处理方面表现出色。

4.5.1　传统图像增强方法

（1）直方图均衡化

直方图均衡化是一种经典的图像增强方法，通过重新分配图像的灰度值，使得灰度值在整个范围内分布得更加均匀，从而提升图像的整体对比度。这种方法特别适用于图像对比度低、亮度分布不均的情况，如夜间拍摄的图像或逆光条件下的图像。通过直方图均衡化，暗部细节和亮部细节都能够得到一定程度的增强，使得图像更加清晰，如图 4-9 所示。

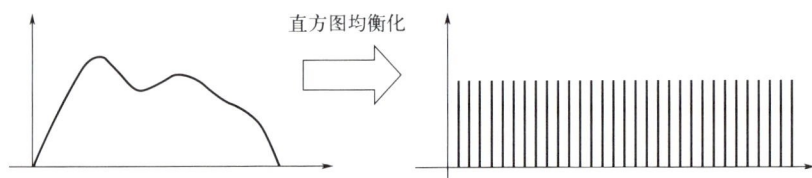

直方图均衡化

图 4-9　均衡效果

（2）滤波去噪

图像噪声是视觉质量的主要影响因素之一，常见的噪声包括高斯噪声、椒盐噪声和泊松噪声等。滤波去噪是通过对图像进行平滑处理，减小或消除噪声影响。常见的滤波器包括均值滤波、中值滤波和高斯滤波。

（3）锐化处理

锐化处理旨在增强图像的边缘和细节，使得图像看起来更加清晰。常用的方法包括拉普拉斯算子、Sobel 算子等。通过这些算子对图像进行边缘检测，再结合原图像进行叠加，能够有效增强图像的清晰度。然而，过度锐化可能会引入伪影或增加噪声，因此需要在增强效果与图像质量之间进行权衡，如图 4-10 所示为过冲影响。

（4）伽马校正

伽马校正是一种通过非线性变换来调整图像亮度和对比度的方法。伽马值的调整，能够使得图像的暗部和亮部细节更为突出，尤其适用于处理亮度范围较广的图像。在数字图像处理中，伽马校正不仅用于增强视觉效果，还用于纠正摄像设备或显示设备引入的亮度失真。

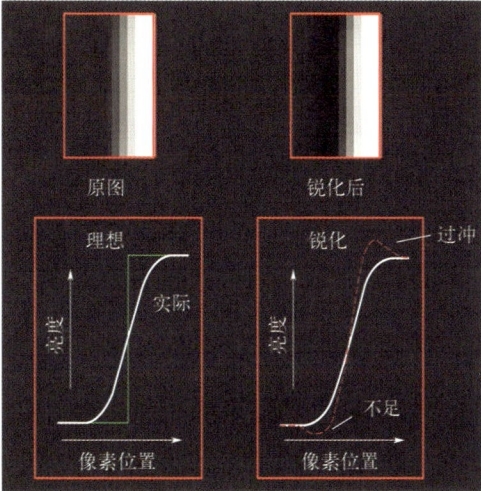

图 4-10　过冲影响

4.5.2　基于深度学习的增强方法

随着人工智能和深度学习技术的兴起，传统的图像增强方法逐渐被更加智能化的技术所取代。这些基于深度学习的增强方法具有自适应性强、效果显著的特点，能够满足更为复杂的图像增强需求。

（1）卷积神经网络

卷积神经网络在图像增强中得到了广泛应用，尤其是在图像超分辨率、去模糊和去噪等任务中。卷积神经网络通过层层卷积操作，能够从图像中提取不同层次的特征，并利用这些特征对图像进行增强处理。

（2）生成对抗网络

生成对抗网络是一种新兴的深度学习模型，通过生成器和判别器的对抗训练，实现图像的高质量生成和增强[9]。生成对抗网络在图像去模糊、去噪和图像修复方面表现尤为出色。

$$\min_G \max_D V(D,G) = \mathbb{E}_{x \sim p_{\text{data}}(x)}[\log D(x)] + \mathbb{E}_{z \sim p_z(z)}\{\log\{1 - D[G(z)]\}\} \tag{4-14}$$

式中，G 是生成器；D 是判别器；z 是随机噪声。

使用生成对抗网络可以从模糊或有噪声的图像中生成清晰、无噪声的高质量图像，使得原本不可用的图像重新具有使用价值。生成对抗网络的自适应学习能力，使其在处理复杂的图像增强任务时具有显著优势。

4.5.3 视觉增强技术的发展趋势

随着技术的发展，视觉增强技术正朝着更加智能化和自适应化的方向演进。未来，融合多种传感器数据，结合实时处理能力的视觉增强系统将成为主流。这些系统不仅能在各种环境下提供优质的视觉效果，还能根据不同应用场景自适应地调整增强策略。特别是在复杂环境下，如低光、雾霾、强光等条件下，视觉增强技术将发挥更加重要的作用，进一步提升图像处理系统的性能和鲁棒性。

这种技术的进步将推动其在包括无人驾驶、智能监控、医疗成像、军事侦察等领域的广泛应用，使得视觉系统能够在更加多变和复杂的环境中提供稳定可靠的图像信息。

4.5.4 视觉增强技术应用

随着无人机技术的飞速发展，越来越多的无人机被应用于民用和军事领域。然而，随着无人机的广泛使用，其带来的安全风险也日益凸显，如非法入侵、极端组织活动和隐私泄露等。反无人机技术因此成为了现代安防和军事的重要组成部分。在反无人机系统中，快速、精准地检测、识别和跟踪无人机至关重要，而这一过程高度依赖于图像和视频的质量。视觉增强技术通过提升图像的清晰度、对比度和细节，显著提高了反无人机系统在各种复杂环境下的性能。

4.5.4.1 低光和复杂天气条件下的目标检测

无人机在夜间、黄昏、清晨或恶劣天气条件下进行飞行时，低光照和复杂天气对传统的光学传感器提出了严峻挑战。视觉增强技术在这些环境下的应用主要集中在以下几个方面。

（1）低光增强

通过直方图均衡化、伽马校正和基于深度学习的低光增强算法，反无人机系统可以显著提升低光环境下捕获图像的亮度和对比度，使得隐藏在黑暗中的无人机目标更加显眼。这种增强技术尤其适用于夜间监控任务，有助于提升无人机检测的成功率。

（2）雾霾天气下的图像增强

雾霾、雨雪等天气条件会导致图像模糊，目标与背景的对比度降低，从而影响无人机的检测和识别。视觉增强技术通过去雾、去噪和锐化处理，能够有效提高在这些恶劣条件下图像的清晰度和对比度，使得无人机目标在复杂背景中更加突出，减少误报和漏报的概率。如图 4-11 所示为晴天和雾霾天直方图对比。

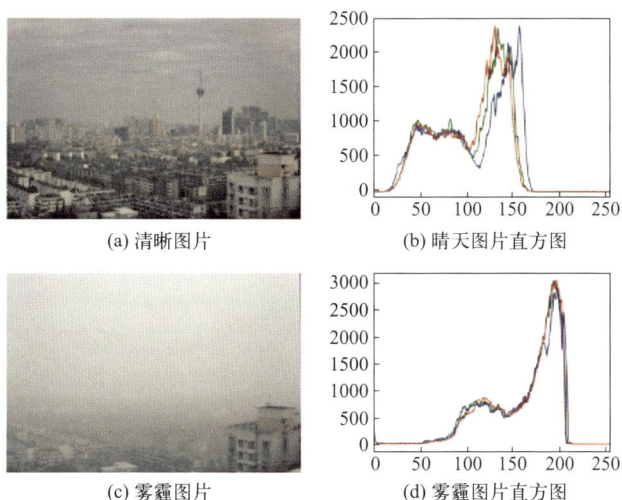

(a) 清晰图片   (b) 晴天图片直方图

(c) 雾霾图片   (d) 雾霾图片直方图

图 4-11　晴天和雾霾天直方图对比

4.5.4.2　远距离目标的检测和识别

无人机通常体积较小，飞行高度较高，在远距离监控时，捕捉到的图像分辨率较低，这对无人机的检测和识别带来了很大的挑战。视觉增强技术在远距离目标检测中的应用主要体现在以下几个方面：

（1）图像超分辨率

基于生成对抗网络等的图像超分辨率技术，可以从低分辨率图像中恢复高分辨率细节，使得远距离拍摄的无人机图像更加清晰，便于目标的检测和识别。尤其是在高空监控中，超分辨率技术能够显著提高反无人机系统的探测精度。

（2）目标放大与锐化

为了增强远距离目标的可见性，视觉增强技术可以对图像中的无人机目标进行放大处理，并通过锐化算法增强其边缘和细节。这种处理方式可以在不显著增加计算负担的前提下，提升远距离无人机的检测效果。

4.5.4.3　抗干扰与复杂背景处理

无人机在执行任务时，可能会采用迷彩涂装、低反射涂层或利用环境进行伪装，意图躲避反无人机系统的检测。视觉增强技术通过增强图像的对比度和细节，能够有效应对这些复杂背景下的目标检测挑战。

（1）对比度增强

通过局部对比度增强技术，反无人机系统可以在复杂背景中突出无人机目标，使得它们与环境背景区分开来。这种技术在森林、城市等复杂环境中尤为有效，能够显著降低由于背景杂乱对目标检测造成的干扰。

（2）多光谱融合

视觉增强技术还可以结合红外图像、热成像和可见光图像进行多光谱融合，通过不同波段图像的互补信息增强目标的可见性。例如，热成像设备能够检测到无人机引擎或电子设备的热辐射，通过与可见光图像融合，可以有效提高目标识别的准确性和鲁棒性。

4.6
视觉感知技术的应用

4.6.1　无人机的应用

随着无人机技术的发展，视觉感知技术在无人机中的应用变得越来越重要。视觉感知技术使无人机能够实时获取、处理和理解周围环境中的视觉信息，从而执行复杂的任务，如自主导航、目标识别和避障等。这些技术为无人机在民用和军事领域的广泛应用提供了强大的支持。

（1）无人机自主导航

如图 4-12 所示，无人机自主导航是指无人驾驶飞行器在没有人工干预的情况下，通过自身的感知、决策和控制系统来完成飞行任务。视觉传感器具有低成本、小型化等优点因此利用机器视觉实现同步定位与建图（simultaneous localization and mapping，SLAM）被认为是实现无人机在未知环境中自主导航的关键技术。此外，无人机还可以利用摄像头进行视觉感知，通过图像处理和计算机视觉技术，如物体检测、图像分割和特征提取，识别环境中的障碍物、地标和其他关键元素，通过路径规划算法调整飞行路径，避免碰撞。

图 4-12 无人机视觉 SLAM

（2）目标识别与跟踪

无人机可利用深度学习算法，如卷积神经网络，从图像或视频中检测和跟踪特定目标，如车辆、人员、建筑物等。如图 4-13 所示，保持目标在摄像头视野内。这些技术使无人机能够检测、识别并持续跟踪感兴趣的目标并广泛应用于安防监控、搜救任务、物流快递、交通监控、军事侦察等领域。在安防监控中，无人机可以通过视觉传感器和计算机视觉算法自动识别并跟踪移动目标，如行人或车辆，极大提升了边境巡逻、城市安保的效率。

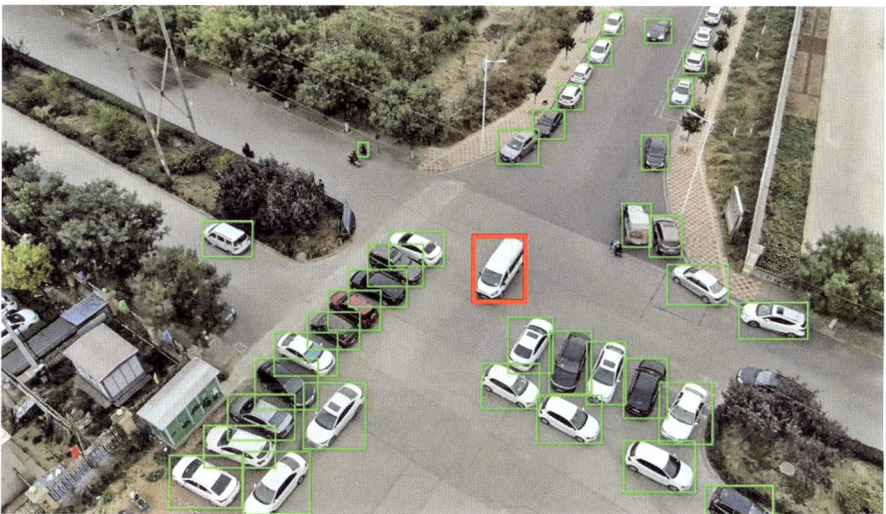

图 4-13 无人机目标跟踪检测

（3）环境监测

无人机可以搭载多光谱相机、热成像相机等先进传感器，开展对地理环境的监测，如农作物健康状况监测、病虫害检测、农田管理、地形测绘、生态监测、3D重建等任务。在农业领域，无人机通过视觉系统和多光谱图像分析，能够实时监测农田中农作物的生长情况，精准识别病害、虫害以及农作物缺水等问题。这一技术帮助农民精确定位问题区域，减少农药和水资源的浪费，同时提高农作物的产量与质量，从而推动精准农业的发展，如图4-14所示。精准农业通过无人机数据可以优化农作物管理决策，比如确定适宜的播种时间、合理安排灌溉和施肥方案，以及预测未来的收成情况。在自然生态监测中，无人机可通过高分辨率相机拍摄自然环境的图像，监测森林覆盖、河流变化和野生动物分布等，为环境保护提供数据支持。同时，红外摄像头可以帮助在夜间或复杂环境中观察动物行为。随着视觉感知技术的持续进步，无人机在环境监测中的应用变得越来越智能化。它不仅能够自主感知和理解环境，还能灵活应对复杂的环境变化。在自动避障、复杂地形飞行等方面，无人机的视觉感知系统使其能够在林地、山地等传统工具难以到达的区域高效工作。

图4-14　农业无人机的应用

4.6.2　反无人机的应用

随着无人机技术的快速发展和广泛应用，反无人机技术也变得越来越重要。无人机可能被滥用于非法拍摄、走私、极端组织活动等，给公共安全带来潜在威胁。计算机视觉技术在反无人机系统中发挥着关键作用，能够实现对无人机的检测、识别、跟踪。图 4-15 简单展示了多个环境下的反无人机任务的场景。以下是计算机视觉技术在反无人机中的主要应用。

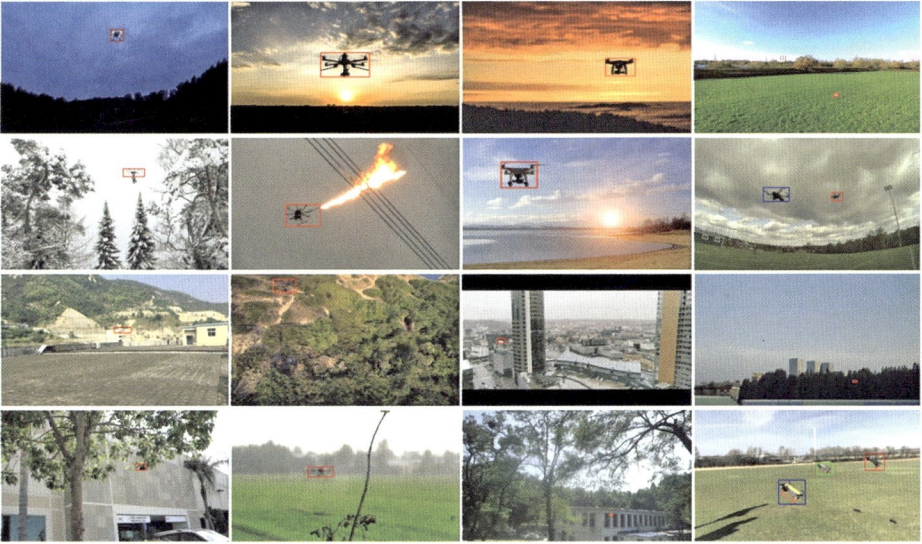

图 4-15　多个环境下的反无人机任务的场景

（1）无人机检测

检测是反无人机系统的第一步，即发现空中的无人机目标。计算机视觉技术通过分析视频流或图像数据，可以实现对无人机的实时检测。主要的视觉检测手段包括以下几种：

① 背景差分法：通过计算连续帧之间的差异，检测出运动物体。适用于固定摄像头监控的场景。

② 光流法：利用图像中物体的运动信息，通过光流场检测运动目标。

③ 深度学习方法：利用卷积神经网络进行目标检测，如 YOLO、Faster R-CNN 和 DETR 等，这些方法在复杂背景中具有较高的检测准确率。

（2）无人机跟踪

跟踪是指在无人机被检测和识别后，持续监控其位置和运动轨迹。计算机视觉技术通过分析视频流，可以实现对无人机的实时跟踪。

① 卡尔曼滤波：基于目标的运动模型预测无人机的下一位置，并结合实际观测值进行更新。

② 均值漂移（mean shift）：通过计算目标区域的概率密度进行目标跟踪。

③ 粒子滤波：通过采样和权重更新，对目标的状态进行估计。

视觉感知技术在反无人机领域扮演着至关重要的角色，利用先进的图像处理和模式识别算法，可以精确地识别和跟踪无人机。其优点在于能够实时监测和响应无人机的动态，为反无人机系统提供即时目标信息。但恶劣天气条件或光照变化可能影响视觉传感器的性能，且对数据依赖性强。其未来发展方向包括体育赛事等，防止极端组织行为或间谍活动等。

本章参考文献

[1] Smith M L，Smith L N，Hansen M F. The quiet revolution in machine vision-a state-of-the-art survey paper，including historical review，perspectives，and future directions[J]. Computers in Industry，2021，130：103472.

[2] Ren Z，Fang F，Yan N，et al. State of the art in defect detection based on machine vision[J]. International Journal of Precision Engineering and Manufacturing-Green Technology，2022，9（2）：661-691.

[3] Ikotun A M，Ezugwu A E，Abualigah L，et al. K-means clustering algorithms：A comprehensive review，variants analysis，and advances in the era of big data[J]. Information Sciences，2023，622：178-210.

[4] Sharifani K，Amini M. Machine learning and deep learning：A review of methods and applications[J]. World Information Technology and Engineering Journal，2023，10（07）：3897-3904.

[5] Kattenborn T，Leitloff J，Schiefer F，et al. Review on Convolutional Neural Networks（CNN）in vegetation remote sensing[J]. ISPRS journal of photogrammetry and remote sensing，2021，173：24-49.

[6] Lu J，Tan L，Jiang H. Review on convolutional neural network（CNN）applied to plant leaf disease classification[J]. Agriculture，2021，11（8）：707.

[7] Zahoor M M，Khan S H，Alahmadi T J，et al. Brain tumor MRI classification using a novel deep residual and regional CNN[J]. Biomedicines，2024，12（7）：1395.

[8] Qi Y，Yang Z，Sun W，et al. A comprehensive overview of image enhancement techniques[J]. Archives of Computational Methods in Engineering，2021：1-25.

[9] Xia X，Pan X，Li N，et al. GAN-based anomaly detection：A review[J]. Neurocomputing，2022，493：497-535.

第 5 章
反无人机目标检测

ANTI-UAV

5.1
通用目标检测

随着无人机技术的迅猛发展和应用范围的不断扩展，无人机的安全检测与监控变得尤为重要。无人机不仅被广泛用于物流运输、农业监测、影视拍摄等民用领域，还在军事、安防等敏感领域发挥着重要作用。对无人机进行检测是为了确保公共安全、保护隐私、有效管理空域、满足军事需求以及遵守法律法规。无人机检测有助于防止安全隐患、保护个人和敏感信息、避免空中碰撞事故、监控敌方动向，并为事故调查和责任追究提供数据支持。因此，准确、高效地检测无人机，识别其位置、轨迹以及功能参数，成为各领域研究和应用的焦点。无人机检测和通用目标检测方法之间存在密切的关系，无人机检测可以被视为通用目标检测的一种具体应用场景。

5.1.1 目标检测基本概念

目标检测（object detection）的任务是在图像中找出所有感兴趣的目标（物体），并确定它们的类别和位置。这是计算机视觉领域的核心问题之一，也是一项具有挑战性的任务。在现实世界中，物体的外观、形状、大小以及出现的姿态可能会有很大的变化，同时还会受到光照条件、遮挡和视角等因素的影响。这使得目标检测算法需要具备强大的泛化能力和鲁棒性，才能在各种复杂场景下有效地工作。

在目标检测的早期阶段，主要依赖于模板匹配技术。这种方法需要预定义目标对象的模板，然后在图像中使用滑动窗口的方式搜索与模板匹配的区域。如果在某个位置上发现了与模板相似的区域，则认为目标被检测到。随后，随着特征工程的方法的流行，特别是 SIFT[1]（尺度不变特征变换）和 HOG[2]（方向梯度直方图）等特征描述器的提出，目标检测的准确性得到了显著提升。之后，随着支持向量机、决策树等机器学习算法的出现，目标检测领域开始尝试从数据中自动学习特征，而不仅仅依赖于人工设计的特征。这一转变为目标检测带来了显著的进步，使得系统能够更好地适应不同的数据和场景，并且提高了检测的精度和效率。随着深度学习的快速发展，研究人员将卷积神经网络成功应用于图像分类之后，开始探索 CNN 在目标检测领域的研究应用。而 Girshick 等人所提出的 R-CNN[3] 模型则是 CNN 在目标检测领域应用的开创性工作，它通过将区域建议与 CNN 特征提取相结合，大幅提升了目标检测的精度。在此之后基于 CNN 的目标检测算法层出不穷，目标检测精度也是屡次刷新纪录。图 5-1 梳理了目标检测算法的发展历程。

目标检测技术被广泛应用于自动驾驶[4]、医学图像分析[5] 等领域，例如：在自动驾驶中，目标检测可以帮助车辆识别道路上的行人、车辆和交通标志，从而实现智能驾驶决策和安全驾驶；在医学图像分析中，目标检测可用于检测病变区域或识别特定的解剖结构，帮助医生进行疾病诊断和治疗规划。图 5-2 给出了目标检测的示意图。目标检测作为计算机视觉领域中的核心问题之一，其持续发展和创新为实现更智能、更高效的图像分析和理解提供了重要的技术支持。

5.1.2 传统目标检测

目标检测算法的发展过程中基于手工特征的传统算法曾经是主流。这些传统算法通过设计和提取手工设计的特征来识别目标物体，包括 SIFT 特征[1]、HOG 特征[2]、Haar 特征[6] 等。基于手工特征的传统目标检测算法是一类早期的目标检测算法，它通过人工设计和提取特征来识别目标物体。这些特征通常是基于图像的局部信息，如边缘、纹理、颜色等。在特征提取的基础上，传统算法通常使用分类器或检测器来判断图像中是否存在目标物体，并给出目标的位置和大小（图 5-2）。传统目标检测方法的代表性方法主要包括基于模板匹配的目标检测算法和基于特征的目标检测算法。

5.1.2.1 基于模板匹配的目标检测算法

模板匹配是一种基本的目标检测方法，它试图在图像中找到与预定义模板最相似的区域，如图 5-3 所示。这个模板可以是任何形状或大小的图像片段，通常代表着我们希望在图像中找到的目标物体或特征。模板匹配的基本原理是在输入图像中通过滑动窗口或固定位置进行搜索，并计算模板与图像的每个位置之间的相似度。相似度通常使用一种距离或相关性度量来衡量。然后，根据相似度的值来确定是否存在匹配，并标记匹配的位置。

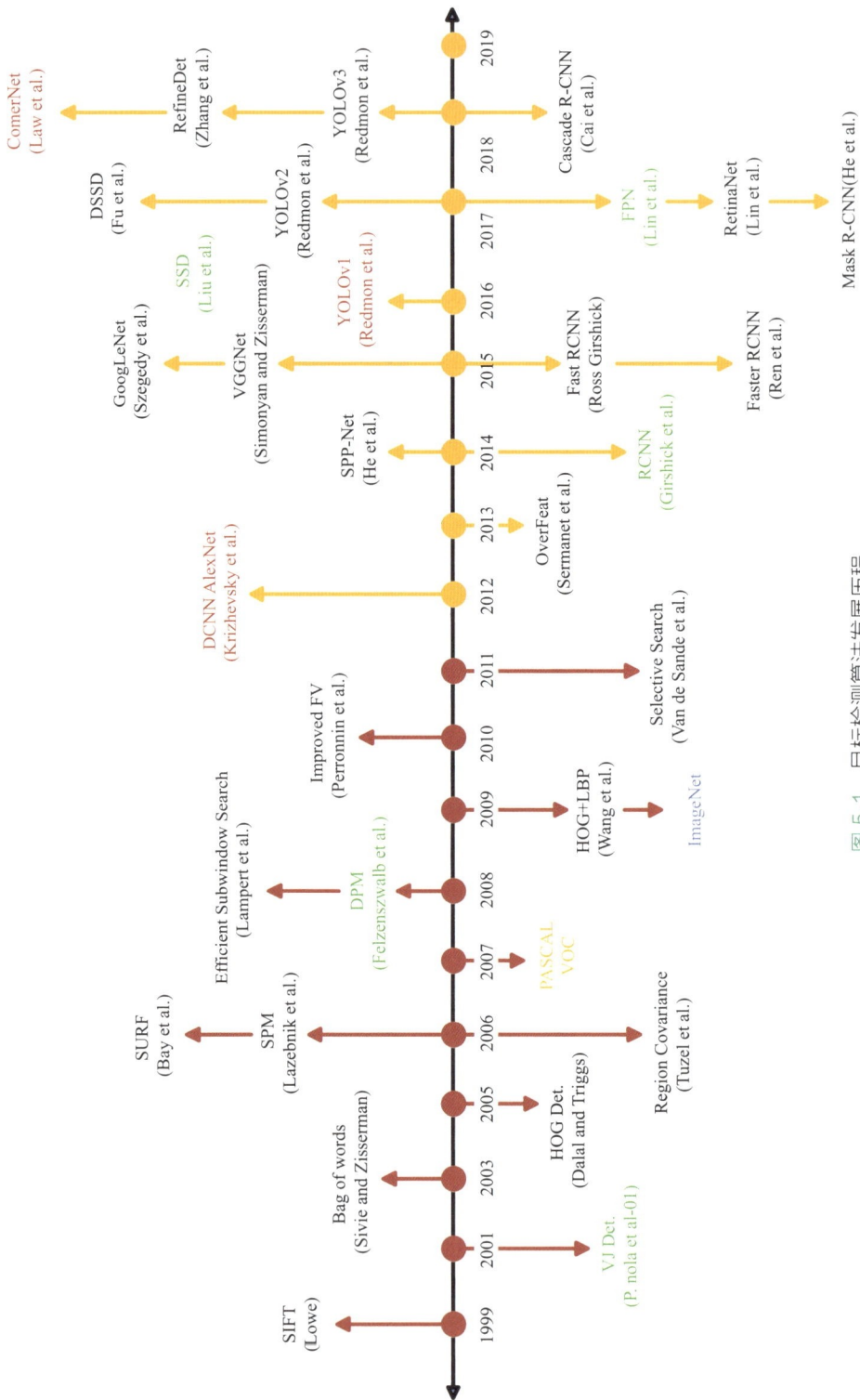

图 5-1　目标检测算法发展历程

图 5-2　目标检测示意图

原始图片　　　　　　　　　　　　　模板匹配　　　　　　　　　　　　结果图片

图 5-3　基于模板匹配的目标检测示例

　　模板匹配的操作较为简单：首先定义一个目标的模板图像，然后在主图像中搜索与该模板最匹配的区域。搜索可以通过滑动窗口完成，即在图像上将模板从一个位置滑动到另一个位置，并在每个位置评估模板与图像的相似度。相似度高的区域表明找到了潜在的匹配。

　　尽管模板匹配在某些应用中非常有效，但它也有明显的局限性。这种方法通常对图像中的尺度变化、旋转和光照变化敏感，这可能导致在复杂环境中的性能下降。例如，在反无人机技术中，由于无人机可能在飞行中迅速改变距离、角度或照明条件，传统的模板匹配方法可能难以准确识别。

此外，模板匹配通常需要高性能的计算资源，尤其是当搜索区域很大或模板较复杂时。然而，其实时性在紧急反应场合——如监测和拦截敌方无人机——是非常关键的。

尽管存在这些挑战，模板匹配因其实现简单和初期效果较好，仍然是许多更复杂目标检测算法的重要组成部分。在反无人机技术中，模板匹配可以与其他算法结合，提高系统的整体鲁棒性和检测精度，尤其是在控制算法复杂度和维持实时性能的前提下。

5.1.2.2　基于特征的目标检测算法

基于特征的目标检测算法其基本结构主要包括三个部分（图 5-4）：区域选择器、特征提取器、分类器。在基于特征的目标检测算法中，区域选择是指确定图像中可能包含目标的候选区域或区域提议的过程。这些候选区域是在图像中以一种或多种方式生成的，并且作为后续目标检测步骤的输入，以减少检测范围并提高算法的效率。基于特征的目标检测算法中常见的区域选择方法包括：

① 滑动窗口法：在图像上移动一个固定大小的窗口，以不同的位置和尺寸搜索，将窗口内的图像块识别为候选区域以进行进一步的目标检测。

② 图像分割法：图像分割法将图像分割成多个连通区域，然后根据一些特定的规则选择其中一些区域作为候选区域。这些规则可以是区域的大小、纹理、颜色等特征。

③ 基于特征的区域提议法：利用图像的显著特征如颜色、纹理或边缘来提出候选区域。选择性搜索是此方法的一个应用，它在不同的尺度和比例下生成候选区域，并通过比较这些区域的相似性来优化选择过程。

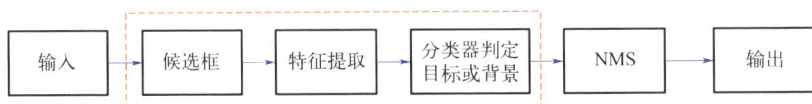

图 5-4　基于特征目标检测算法的流程

该类方法中特征提取过程常采用计算机视觉和模式识别中基于颜色、基于纹理、基于形状、基于语义等关于图像特征表示的方法，提取候选区域的视觉特征。计算机视觉中常见的特征提取方法有底层特征、中层特征、高层特征三大类，常用前两类。

① 底层特征：如颜色、纹理、形状等基本特征，一般是手工设计出来的特征。

② 中层特征：基于底层特征进行高层特征学习和挖掘后的特征。

③ 高层特征：基于底层或者中层进行特征学习和挖掘后的特征，如人是否戴帽子。

具体方法有 HOG 特征 [2]、Haar 特征 [6]、SIFT 特征 [1]、SURF 特征 [7] 等。HOG 特征 [2] 是一种在计算机视觉领域中广泛应用于目标检测的特征描述子。它通过计算图像局部区域的梯度信息，并将这些信息组织成梯度方向的直方图，从而描述图像的纹理和形状特征。

HOG 特征 [2] 的应用主要集中在目标检测领域，尤其在行人检测方面取得了显著的成功。HOG 特征提取通过一系列步骤来捕捉图像的纹理和形状信息：首先，图像经过灰度化和归一化的预处理，然后利用 Sobel 算子 [8] 计算每个像素的水平和垂直梯度；接着，通过 arctan 函数确定每个像素的梯度方向并计算其大小，图像被分割成小像素块，每块的梯度方向被统计进直方图，覆盖 360° 的方向范围，为增强特征的鲁棒性并减少光照和阴影的影响，相邻像素块的直方图进行归一化处理；最后，所有直方图拼接成一个长的特征向量，形成图像区域的 HOG 特征，这一过程使 HOG 在目标检测，尤其是行人检测中表现出色。HOG 特征通常与支持向量机 [9] 等分类器结合使用，用于目标检测和分类任务。HOG+SVM[2] 的思路在 2005 年 CVPR 上提出，并在行人识别检测上取得了显著的效果。该方法已经成为目标检测领域的经典算法之一，为后续深度学习方法的发展奠定了基础。

Haar[6] 是一种快速的图像特征提取方法，常用于检测图像中的纹理、边缘和线条。它将图像分为矩形区域，对像素值进行加权求和，生成特征值，广泛应用于人脸识别等领域，能够快速检测目标的位置和形状。Haar 特征计算效率高，但对光照、姿态和遮挡敏感，因此在复杂场景中准确性可能下降。在反无人机技术中，Haar 特征可以用于快速检测无人机的形状或轮廓，但由于无人机的快速移动和环境变化，单独使用效果有限，通常需要结合其他检测方法以提高准确性和鲁棒性。

SIFT 特征 [1]，SIFT 全称 scale invariant feature transform，它是一种具有尺度不变性、旋转不变性、光照不变性和视角不变性的特征描述子。设计用于提供尺度不变性、旋转不变性和光照不变性，这使其在变化的环境中依然能够有效地识别和定位物体。通过检测和分析图像中的局部特征点，SIFT 能够准确捕捉目标物体的位置和方向，尤其擅长处理图像大小、旋转角度和光线变化的情况。尽管在现代计算机上，SIFT 可以实现快速的处理，适合实时应用，但其在动态目标检测，特别是无人机追踪方面的表现可能受限。由于无人机的快速移动和方向变化需要极快的特征更新，SIFT 在这种高速动态环境下可能难以维持高效的追踪效果。因此，虽然 SIFT 在静态目标识别中非常有效，但在应对快速变化的动态无人机时，可能需要更适应该应用场景的特征检测方法来补充其功能。

　　该类目标检测算法在经过区域选择、特征提取之后，再使用训练好的分类器对特征进行目标类别识别，如常用的形变部件模型[10]（DPM）、AdaBoost[11]、支持向量机[9]等分类器。SVM[9]是一种监督学习算法，通过找到最优超平面将不同类别的样本分隔开，以实现对未知数据的分类。其核心思想是最大化类别间的间隔，使得分类边界更加鲁棒，并通过核函数处理非线性分类问题。核心思想是在特征空间中找到一个最优的超平面，以最大化不同类别样本之间的间隔，从而实现对未知数据的准确分类。SVM 能通过最大化间隔找到稳定的分类边界，适用于处理复杂和噪声较多的数据集。它通过核函数解决非线性问题，在高维空间有效分类。SVM 结构简单，适合大规模和高维数据，对少量样本表现鲁棒。其结果易于解释，表现为在特征空间中定义清晰的分类超平面。在目标检测中，SVM 帮助区分目标和背景，提高系统的识别准确性。在目标检测中，SVM 常用于学习目标和背景之间的分类边界，帮助系统识别和检测目标物体，具有广泛的应用价值。DPM 算法[10]由 Felzenszwalb 于 2008 年提出，是一种基于部件的检测方法，对目标的形变具有很强的鲁棒性。目前 DPM 已成为众多分类、分割、姿态估计等算法的核心部分。DPM 算法采用了改进后的 HOG 特征、SVM 分类器和滑动窗口（sliding windows）检测思想，针对目标的多视角问题，采用了多组件（component）的策略，针对目标本身的形变问题，采用了基于图结构（pictorial structure）的部件模型策略。此外，将样本的所属的模型类别、部件模型的位置等作为潜变量（latent variable），采用多示例学习（multiple-instance learning）来自动确定。AdaBoost（adaptive boosting）则是一种基于 Boosting 的机器学习算法。在初始阶段，训练集中的样本被赋予相同的权重。在每一轮训练中，根据前一轮训练结果，调整样本的权重，增加被错误分类的样本的权重，以便下一个分类器能够更加关注这些错误样本。经过多轮训练后，将多个弱分类器整合起来，根据它们的表现给予不同的权重，构建一个高准确率、低错误率的强分类器。AdaBoost[11]在训练过程中重点关注被前一轮分类器错误分类的样本，从而逐步提升整体分类器的性能。

5.1.3　基于深度学习的目标检测

　　传统目标检测方法存在一些固有的弊端，如采用滑动窗口进行区域选择会导致较高的时间复杂度和窗口冗余，而人工设计特征的方法由于外观形态的多姿性、光照变化的不定性和背景的多样性，鲁棒性不佳，泛化性差，且算法步骤繁杂，检测效率低、精度不高。因此，传统的检测方法已经难以满足人们对目标检测高性能效果的需求。近年来，随着深度学习的快速发展，一些能够学习语义、高水平、深层次特征的工具被引入，以解决传统体系结构中存在的问题，提升模型在网络架构、训练策略和优化功能方面的性能。例如，Hinton 等人在 2012 年首次将深层卷积神经网络 AlexNet[12] 应用于大规模图像分类中，并在目标检测数据集 ImageNet[13] 的大规模视觉识别挑战中取得了冠军。随着深度卷积神经网络的重大研究进展，深度卷积神经网络逐渐成为人们关注的焦点，也成为目标检测的新研究方向。卷积神经网络不仅能够提取更高层、表达能力更好的特征，还能在同一个模型中完成对特征的提取、选择和分类。在这方面，主要有两种主流的算法：一类是通过选择性搜索或其他区域生成方法生成候选区域，然后对每个候选区域进行分类和边界框回归的两阶段检测器（two-stage detectors）；另一类是将目标检测任务视为一个直接从图像像素到目标类别和位置的回归问题的单阶段检测器（one-stage detectors）。

5.1.3.1 两阶段目标检测算法

两阶段目标检测算法通常由两个关键阶段组成：提取候选框和对候选框进行分类与精细调整。在提取候选框阶段，算法会提取出图像中可能包含目标的候选框（通常也叫作"区域提议"）。这个步骤的目的是在不浪费过多计算资源的情况下，尽可能准确地找出可能包含目标的区域。一些算法使用了 Selective Search、EdgeBoxes 或者基于深度学习的方法（如 Faster RCNN[14] 中的 RPN）来完成这个任务。在分类与精细调整阶段，每个候选框会被送入一个分类器，用来判断该候选框内是否包含目标以及目标的类别。同时，还会对每个候选框的边界框进行微调，以更精确地拟合目标的位置和形状。这个阶段通常采用的是 CNN 等深度学习网络。两阶段目标检测算法的优点在于它们通常能够提供较高的检测准确率，特别是在有大量小目标和目标之间有重叠的情况下。但是，这类算法的计算成本通常较高，因为需要在两个阶段进行检测，其中第一个阶段需要额外的计算来生成候选框。

（1）R-CNN

R-CNN[3]（region-based convolutional neural networks，R-CNN）是一种经典的基于深度学习的目标检测算法，于 2014 年由 Ross Girshick 等人提出。如图 5-5 所示，R-CNN 算法的核心思想是将目标检测任务分解为两个子任务：区域提议和目标分类与边界框回归。首先，R-CNN 通过选择性搜索（selective search）等方法从输入图像中生成候选区域。选择性搜索是一种启发式算法，根据图像的颜色、纹理、大小和形状等信息，生成一组可能包含目标的候选区域。这些候选区域被视为潜在的目标区域，需要进一步进行特征提取和分类。接下来，对于每个候选区域，R-CNN 利用预训练的卷积神经网络进行特征提取。候选区域被裁剪和缩放以适应 CNN 的输入大小，并经过卷积和池化等操作，得到相应的特征表示。这些特征表示被送入全连接层，进行目标分类和边界框回归。在目标分类阶段，R-CNN 使用一个 SVM 分类器对每个候选区域进行分类。SVM 分类器根据 CNN 提取的特征表示，将候选区域分为目标和非目标两类。对于每个目标类别，训练一个独立的 SVM 分类器，从而实现多类别目标检测。在边界框回归阶段，R-CNN 使用一个线性回归器对每个候选区域进行边界框的微调。该回归器通过 CNN 提取的特征表示，学习预测目标物体的精确边界框位置，从而提高目标检测的准确性和精度。最后，将分类和边界框回归的结果合并，并进行非极大值抑制（non-maximum suppression）处理，以消除重叠区域和重复检测，得到最终的目标检测结果。

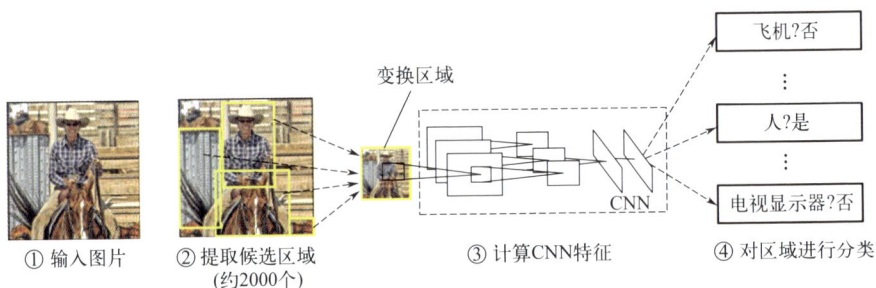

① 输入图片　② 提取候选区域（约2000个）　③ 计算CNN特征　④ 对区域进行分类

图 5-5　R-CNN 算法目标检测过程[3]

　　R-CNN 算法的主要优点在于其能够利用深度学习强大的特征提取能力，实现了目标检测任务的端到端训练，具有较高的检测精度和鲁棒性。然而，R-CNN 也存在一些缺点，主要体现在计算速度较慢和内存消耗大等方面。由于需要对每个候选区域分别进行 CNN 特征提取和 SVM 分类，算法的速度较慢，不适用于实时应用场景。此外，选择性搜索生成的候选区域数量较多，需要大量的内存和计算资源，使得算法在大规模数据集上的应用受到限制。

(2) Fast R-CNN

　　Fast R-CNN[15] 于 2015 年由 Ross Girshick 在 R-CNN 的基础上提出。相比 R-CNN，Fast R-CNN 在速度和准确性上都有显著提升，成为目标检测领域的重要里程碑。Fast R-CNN 的核心思想是将目标检测任务转化为一个端到端的深度学习问题，实现了对整个图像的单次前向传播，从而大幅提升了检测速度。与 R-CNN 中的多次前向传播相比，Fast R-CNN 引入了区域池化层（ROI pooling layer），实现了对整张图像的特征提取和候选区域的 ROI 池化操作。

Fast R-CNN 的工作流程如下。首先，输入图像通过 CNN 进行特征提取。这里采用的通常是预训练的 CNN 模型，如 VGGNet[16] 或 ResNet[17] 等。然后，通过选择性搜索或其他区域生成方法产生候选区域。ROI 池化：通过将特定区域的特征图划分为固定大小的网格，然后对每个网格进行最大池化或平均池化，以生成一个固定大小的输出。接着，利用 ROI 池化层将每个候选区域映射到 CNN 提取的特征图上，并进行 ROI 池化操作，将每个区域池化为固定大小的特征图。这样，不同大小和形状的候选区域都可以映射到相同大小的特征图上，从而保持了位置信息的不变性。接下来，利用全连接层和 softmax 分类器对每个候选区域进行目标分类。同时，通过引入边界框回归器，对每个候选区域的边界框进行微调，以提高目标检测的准确性。最后，利用非极大值抑制（non-maximum suppression，NMS）算法对重叠的候选框进行合并，得到最终的目标检测结果。Fast R-CNN 的关键创新之一是 ROI 池化层，它解决了 R-CNN 中特征重复计算的问题，大幅提高了检测速度。此外，Fast R-CNN 将候选区域的 ROI 池化和目标分类整合到一个网络中，实现了端到端的训练，使得整个模型更加简洁高效。

（3）Faster R-CNN

Faster R-CNN[14] 于 2015 年由 Shaoqing Ren、Kaiming He 等人提出，是在 Fast R-CNN 的基础上进一步改进的算法。相比于 Fast R-CNN，Faster R-CNN 进一步提高了检测速度，并引入了区域提议网络（region proposal network，简称 RPN），实现了端到端的目标检测，成为目标检测领域的重要突破。Faster R-CNN 的核心思想是将区域提议和目标检测整合到一 个网络中，实现端到端的训练，从而进一步提高了检测速度。与 Fast R-CNN 中使用选择性搜索等方法生成候选区域不同，Faster R-CNN 引入了 RPN，通过共享特征提取网络，实现了对图像中的候选区域的高效生成。与 Fast R-CNN 类似，Faster R-CNN 采用边界框回归器对每个候选区域的边界框进行微调，提高检测的准确性。Faster R-CNN 的关键创新之一是引入了 RPN，实现了对候选区域的高效生成，从而大幅提高了检测速度。Faster R-CNN 将区域提议网络和目标检测网络整合到一个网络中，实现了端到端的训练，使得模型更加简洁高效。

（4）R-FCN

R-CNN 系列算法的提出标志着目标检测领域的重要进展。这些算法核心结构包括特征提取的骨干网络和目标检测的分类/定位网络，通过 RoI 池化层将多尺度特征映射转换为固定大小的特征映射，但这种方法破坏了网络的平移不变性。然而，2016 年，Dai 等人提出的 R-FCN[18] 算法则采用了位置敏感分数图的概念，利用 ResNet-101 作为骨干网络，使得整个图像进行全卷积计算，共享全卷积网络，采用位置敏感映射图 RoI 池化来协调整个卷积层的平移不变性和平移敏感性，从而提高了目标定位精度，如图 5-6 所示。R-FCN 的设计理念是将 CNN 应用于目标检测任务，并充分利用了全卷积网络的优势，将目标检测问题转化为像素级别的语义分割问题，从而实现了端到端的训练和推理。R-FCN 的核心思想是利用位置敏感的池化（position-sensitive pooling）来实现目标检测。在传统的目标检测算法中，需要对不同尺度和位置的候选区域进行分类和定位，这会导致计算量大和位置信息的丢失。而 R-FCN 则采用了一种新颖的位置敏感的池化策略，能够保留目标位置的信息，并在全卷积网络中高效地进行目标检测。R-FCN 将目标检测任务转化为全卷积网络中的位置敏感的特征提取和分类问题，从而实现了端到端的训练和推理，大大提高了检测效率和精度。

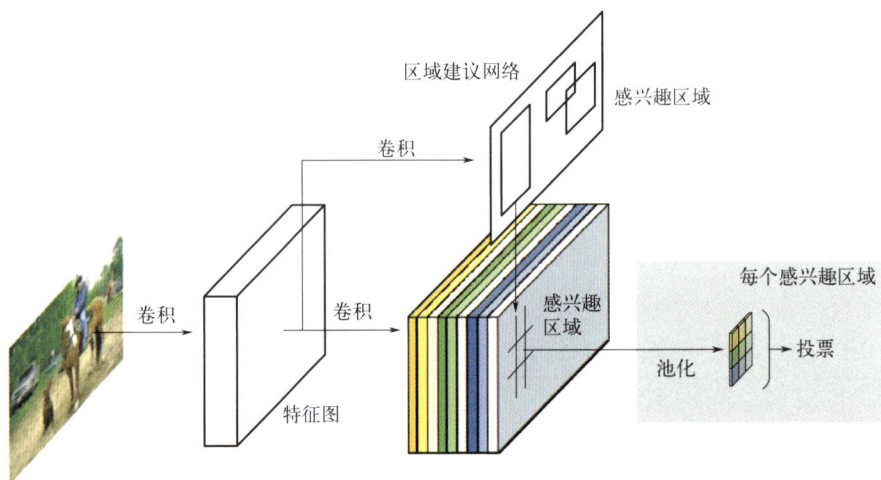

图 5-6　R-FCN 的整体架构[18]

R-FCN 的优势在于：

① R-FCN 采用了全卷积网络结构，可以实现端到端的训练和推理，避免了烦琐的候选区域生成和特征提取过程，大大提高了检测效率。

② R-FCN 通过位置敏感的池化和 RoI 池化，R-FCN 能够充分利用目标位置的信息，提高了检测的精度和稳定性。

③ R-FCN 的设计思想简洁清晰，可以灵活地应用于不同的网络结构和任务场景中，具有很好的通用性和扩展性。

④ R-FCN 在面对复杂的目标检测任务时表现出色，能够有效处理目标尺度变化、遮挡等问题，具有较强的鲁棒性和泛化能力。

在性能方面，R-FCN 在 PASCAL VOC 2007 测试集上的 mAP 达到了 83.6%，在 PASCAL VOC 2012[19] 测试集上的 mAP 为 82.0%，每张图片的检测时间缩短至 170ms，检测速度较 Faster R-CNN 提高了 2.5 ～ 20 倍较之前的算法有了明显的提升。

（5）Mask R-CNN

Mask R-CNN[20] 是 Faster R-CNN 的扩展，由 He 等人于 2017 年提出。与传统的 Faster R-CNN 相比，Mask R-CNN 在分类和定位回归的基础上增加了一个并行分支，用于预测目标的像素级掩码，从而能够实现对目标的精细定位，即实例分割，如图 5-7 所示。这一特点使得 Mask R-CNN 能够在同时进行目标检测和实例分割的情况下实现更准确的定位和更细粒度的目标识别。传统的 Faster R-CNN 算法由于 RoI Pooling 层中的等比例缩放过程引入了误差，导致了空间量化的粗糙，从而无法准确地定位目标。为了解决这一问题，Mask R-CNN 引入了 RoIAlign 层，通过双线性插值的方法获取更准确的像素信息，从而显著提升了掩码的准确率，使得实例分割的效果得到了极大的改善。实验结果显示，使用 RoIAlign 层后，Mask R-CNN 的掩码准确率提升了 10% ～ 50%，为实例分割任务的准确性带来了明显的提升。此外，Mask R-CNN 还采用了 ResNeXt 作

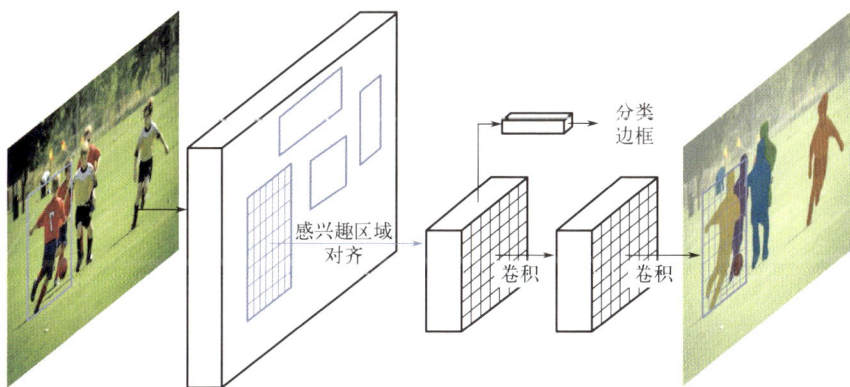

图 5-7 用于实例分割的 Mask R-CNN 框架 [20]

为基础网络，在 COCO 数据集 [21] 上实现了 5 帧每秒的检测速度，将检测准确性从 Fast R-CNN 的 19.7% 提升至 39.8%。这使得 Mask R-CNN 在目标检测和实例分割领域成为了一个领先的算法，并且在实际应用中展现出了巨大的潜力和应用前景。Mask R-CNN 的应用不仅推动了目标检测和实例分割领域的发展，也为各种复杂场景下的目标识别和定位任务提供了有效的解决方案。

5.1.3.2　单阶段目标检测算法

单阶段目标检测算法与两阶段目标检测算法相比，它只包含一个阶段，直接完成目标检测任务。这类算法通常更加简单高效，因为它们直接在单个步骤中完成了目标检测和分类的任务，没有额外的候选框提取步骤。单阶段目标检测算法的优点在于其简单高效，通常具有更快的检测速度，特别适用于实时目标检测应用。然而，与两阶段算法相比，它们通常具有较低的检测准确率，尤其在小目标和目标之间有重叠的情况下。

（1）SSD

SSD[22]（single shot multibox detector）于 2016 年由 Google 提出。SSD 的设计初衷是为了解决传统目标检测算法在速度和准确度之间的权衡问题。传统方法往往需要多个阶段的处理，包括候选区域生成和目标分类，这导致了较慢的处理速度。而 SSD 通过一次前向传播就能够完成目标检测，极大地提高了处理速度，使其在实时应用中具有更好的适用性（图 5-8）。SSD 的关键创新之一是引入了多尺度特征图。传统的目标检测算法通常只使用单一尺度的特征图来进行检测，这限制了其对不同尺度目标的检测能力。而 SSD 在网络的不同层次引入了多个尺度的特征图，从而可以有效地检测不同尺度的目标。这种多尺度特征图的设计使得 SSD 能够在处理具有不同尺度的目标时保持较好的性能。另

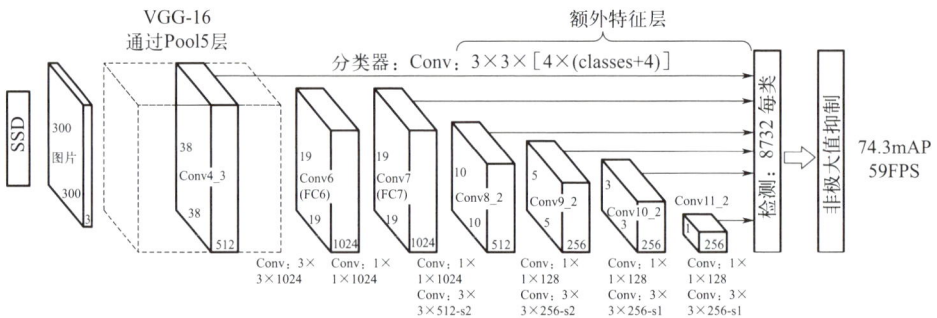

图 5-8　SSD 模型架构[22]

一个 SSD 的创新是采用了一种称为"default boxes"的方法来预测目标框。传统的方法通常需要在图像中生成大量的候选区域，然后对这些区域进行目标分类和定位。而 SSD 则在网络中预定义了一系列默认的目标框，然后通过预测这些目标框的偏移量和类别来完成目标检测。这种方法不仅简化了目标检测过程，还能够更有效地处理不同尺度和比例的目标。

此外，SSD 还采用了一种称为"multi-box"的损失函数来训练模型。该损失函数综合考虑了目标框的位置偏移和类别预测的准确性，能够有效地优化模型参数，提高目标检测的准确度。SSD 算法通过引入多尺度特征图、默认框和 multi-box 损失函数等创新，实现了在一次前向传播中完成目标检测的目标，极大提高了处理速度和检测准确度，使其成为目标检测领域的重要算法之一。

（2）YOLO 系列

从 R-CNN 到 Faster R-CNN，目标检测一直采用"区域提议 + 分类"的思路。然而，这种方法训练两个模型会导致参数量和训练量的增加，从而影响了训练和检测的速度。为了解决这一问题，2015 年，Joseph Redmon 等人[23]提出了 YOLO 算法。其核心思想是利用 anchor box 将分类与目标定位的回归问题结合起来，将目标检测视为回归问题，通过单个神经网络直接在整个图像上进行预测，从而极大地提高了检测速度和效率（图 5-9）。相比传统方法，YOLO 不需要滑动窗口或者区域建议，而是将图像划分为固定大小的网格，并在每个网格单元内预测边界框和目标类别。YOLO 算法采用一个单独的 CNN 模型实现 end-to-end 端到端的目标检测，这种端到端的训练方式简化了模型结构，极大地提高了训练和推理的效率。在 YOLO 算法中，首先会将原始图像划分为一个固定大小的网格，每个网格允许预测出多个边界框（bounding box），覆盖了整个图像区域。以一个典型的 7×7 网格为例，每个网格会生成 2 个预测区，共 98 个预测区。这些预测区可以粗略地覆盖图像中的各个位置，并对其中的目标进行检测。相比之下，R-CNN 系列算法需要借助候选区域生成方法来提取可能包含目标的区域，并在这些区域上进行目标分类。这种两阶段的方式导致了处理速度较慢，尤其是需要在大量候选区域上进行目标检测时。然而，为了实现 45 帧每秒的快速实时检测速度，YOLO 在一定程度上牺牲了一些检测精度，其检测精度约为 63.4%，相较于 Faster R-CNN 的 73.2%，存在一定的差距。虽然 YOLO 在极大提高检测速度的同时也取得了令人瞩目的成果，但仍然存在一些问题需要解决。首先，由于每个网格预测两个 bounding box，并且这两个框的类别相同，因此对于同时包含一个网格的整个物体和小物体的检测效果较差，容易出现漏检现象，在多物体环境下更为显著。其次，由于 YOLO 对定位框的确定相对粗糙，因此其目标位置的定位准确度不如 Fast R-CNN。最后，对于外观非常规的物体，如形状不规则的物体，YOLO 的检测效果也较差。

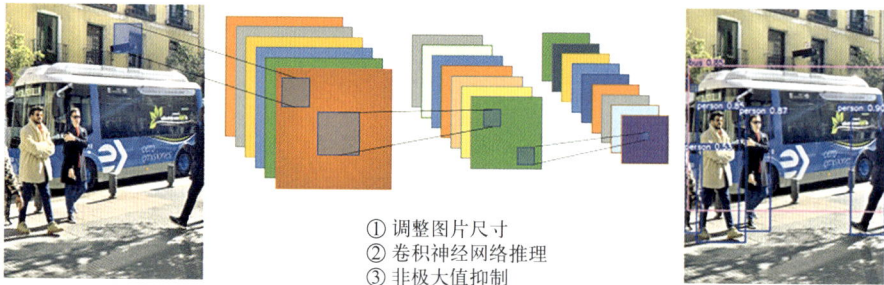

① 调整图片尺寸
② 卷积神经网络推理
③ 非极大值抑制

图 5-9　YOLO 模型目标检测过程[23]

2017 年，Joseph Redmon 和 Ali Farhadi 在 YOLO v1 的基础上，进行了大量改进，提出了 YOLO v2[24]（YOLO9000），是 YOLO 算法的升级版本，旨在改善 YOLO 算法在检测精度和速度方面的不足。YOLO v2 在多个方面进行了改进和优化，从网络架构到训练技巧，以提高检测性能和适用性。首先，YOLO v2 采用了 Darknet-19 网络结构，与之前的 YOLO 算法相比，网络更深更宽，具有更多的卷积层和参数。这样的网络结构使得模型能够学习到更丰富的特征表示，从而提高了目标检测的准确性。其次，YOLO v2 引入了多尺度训练和预测策略。在训练阶段，YOLO v2 会同时使用不同尺度的图像进行训练，这样可以让模型学习到不同尺度下的目标特征，提高了模型对尺度变化的适应性。在预测阶段，YOLO v2 采用了多尺度预测的方式，即在不同尺度下对图像进行预测，并将多尺度的检测结果进行融合，从而进一步提高了检测的准确性。此外，YOLO v2 还采用了 Batch Normalization 和 High Resolution Classifier 等技巧来优化网络训练和预测的稳定性和准确性。Batch Normalization 能够加速网络收敛，降低训练难度，同时增强模型的泛化能力，而 High Resolution Classifier 则通过增加检测框的分辨率来提高目标检测的准确性，尤其是对小目标的检测效果更为明显。此外，YOLO v2 还引入了 Anchor Boxes 来替代固定的预测边界框。Anchor Boxes 是一种预定义的边界框形状，模型会学习预测相对于这些 Anchor Boxes 的偏移量和置信度分数，这种方式使得模型更加灵活，能够适应不同形状和尺度的目标。

YOLO v3[25] 由 Joseph Redmon 等人于 2018 年提出。相比于之前的版本，YOLO v3 采用 Darknet-53 的骨干网络作为特征提取器，相较于之前版本的

Darknet-19，Darknet-53 在模型的深度和表达能力上都有了显著的提升。这种更深的网络结构使得 YOLO v3 能够提取更加丰富和准确的特征，从而提高了目标检测的精度。在检测方面，YOLO v3 引入"Feature Pyramid Network（FPN）"的方法，用于改善多尺度目标的检测效果。FPN 通过在不同层级的特征图之间建立连接，实现了从低层到高层的信息传递和融合，从而提高了对不同尺度目标的检测能力。此外，YOLO v3 还采用了"Spatially Separable Convolution"的卷积操作，用于降低模型的计算量，进一步提高了检测速度。在训练方面，YOLO v3 采用了"Multi-Scale Training"的策略，通过在不同尺度的图像上训练模型，使得模型能够更好地适应不同尺度的目标检测任务，从而提高了模型的泛化能力和检测效果。此外，YOLO v3 还引入了"Bounding Box Prediction"的方法，用于提高目标位置的定位精度。通过对目标边界框的宽、高进行预测时采用"anchor box"的思想，将边界框的尺寸信息和位置信息分离开来，从而提高了目标位置的定位准确度。

　　YOLO v5 算法由 Ultralytics 公司于 2020 年发布，与之前的 YOLO 版本相比，YOLO v5 在多个方面进行了改进和优化，使其具有更高的性能和更好的应用效果。YOLO v5 采用了轻量级的网络结构，以减少参数数量和模型复杂度。具体而言，YOLO v5 使用 CSPDarknet 作为骨干网络，它由深度可分离卷积（depthwise separable convolution）和跨阶段连接（cross-stage partial connections）构成，既保证了网络的表达能力，又降低了计算和存储成本。YOLO v5 引入 PANet（path aggregation network）结构，用于在不同尺度上进行特征融合和信息传递，以提高目标检测的精度和鲁棒性。YOLO v5 采用一种新的检测策略，即采用单个模型同时完成多尺度的目标检测，而不需要额外的处理步骤或后处理操作。这种策略使得 YOLO v5 在保持高检测精度的同时，极大地提高了检测速度和效率。YOLO v5 采用了 Self-Attention 的注意力机制，用于捕捉图像中不同区域之间的关联性和上下文信息。通过这种机制，模型可以更好地理解图像中的语义信息，从而提高目标检测的准确性和鲁棒性。YOLO v5 采用新的数据增强策略，即为 Mosaic 的数据增强策略，通过将多个随机裁剪的图像拼接成一个新的图像，增加了训练数据的多样性和丰富性。这有助于提高模型的泛化能力，使其在实际应用中更加稳健。YOLO v5 在训练过程中采用了一种混合精度训练的策略，即同时使用浮点数和半精度浮点数来进行模型训练，以提高训练速度和内存利用率。YOLO v5 采用一种基于 GPU 加速的推理引擎，以实现高效的目标检测。该引擎利用了 GPU 的并行计算能力和专门设计的算法，使得模型在进行实时目标检测时能够达到较高的检测速度和响应性能。

目前，YOLO 系列最新的版本为 Ultralytics 公司于 2024 年 9 月推出的 YOLO v11。

（3）RetinaNet

RetinaNet 算法[26]由斯坦福大学 Tsun-Yi Yang、Peele 等人于 2017 年提出。其主要创新点是引入了一种称为 Focal Loss 的损失函数，以解决目标检测任务中的类别不平衡问题，从而提高了小目标检测的准确率。RetinaNet 算法的核心思想是通过设计一种特殊的双向特征金字塔网络（feature pyramid network，简称 FPN），同时在不同层级进行目标检测和分类，从而实现对不同尺度目标的有效检测。这使得 RetinaNet 在保持高准确率的同时，具有较快的检测速度和更好的适应性。在 RetinaNet 中，特征金字塔网络被用来生成多尺度的特征图，从而能够有效地检测不同尺寸的目标。此外，RetinaNet 还采用了一种名为 Focal Loss 的损失函数，通过缓解类别不平衡问题来提高小目标检测的准确率。Focal Loss 主要通过调整损失函数中的权重来对难以分类的样本更加重视，从而使得模型更加关注难以区分的目标，而忽略容易分类的背景，这有效地缓解了类别不平衡问题，提高了模型对小目标的检测能力。RetinaNet 采用了特征金字塔网络来生成多尺度的特征图，使得模型能够同时在不同层级上进行目标检测和分类，从而实现对不同尺度目标的有效检测。这使得 RetinaNet 具有更好的适应性，能够处理不同尺度和大小的目标，并且在保持高准确率的同时具有较快的检测速度。此外，RetinaNet 算法的设计简洁清晰，易于理解和实现，并且具有较好的通用性和扩展性，能够应用于各种不同的目标检测任务和应用场景中。

（4）CornerNet

CornerNet[27]是一种基于角点的目标检测算法，由谷歌研究团队于 2018 年提出。它采用了一种全新的思路来解决目标检测中的关键问题，即同时检测目标的中心点和边界框，从而实现了对目标的准确定位和识别。CornerNet 算法的核心思想是通过检测目标的角点来定位目标，而不是直接预测目标的边界框，从而避免了传统目标检测算法中因边界框精度不准导致的问题。CornerNet 采用了一种称为 Corner Pooling 的操作来提取图像中的角点信息。Corner Pooling 操作将图像特征图中的每个像素点与其周围的像素点进行比较，并筛选出具有显著梯度变化的像素点作为角点。这种操作能够有效地提取图像中的角点信息，并将其作为目标的定位特征。CornerNet 还采用了一种名为 Associative Embedding 的技术来实现目标的关联检测。Associative Embedding 技术通过将目标的中心点和角点进行关联，并计算它们之间的关联分数来进一步提高检测精度。这种技术能够有效地解决目标之间的遮挡和重叠等问题，从而提高了检测的鲁棒性和准确性。CornerNet 采用了一种端到端的训练策略来优化网络参数。通过在大规模数据集上进行端到端的训练，CornerNet 能够自动学习目标的特征表示和检测规律，从而达到最佳的检测性能和泛化能力。

（5）EfficientDet

EfficientDet 算法[28]是谷歌研究团队于 2020 年提出的一种高效的目标检测算法，它旨在在保持高检测精度的同时，显著降低模型的计算和存储成本。该算法是 EfficientNet 系列网络的扩展和改进，通过引入一系列新的设计和优化方法，实现了在不同目标检测任务上的高效性能。EfficientDet 的核心思想是通过合理设计模型结构和优化训练策略，使得模型能够在保持较低计算资源消耗的同时，达到较高的检测准确率。EfficientDet 采用了一种名为 BiFPN（bidirectional feature pyramid network）的新型特征金字塔网络结构。BiFPN 结构能够有效地提取多尺度特征并实现多尺度目标检测。这种设计使得模型能够同时检测到不同尺度和大小的目标，从而提高了检测的鲁棒性和泛化能力。其次，EfficientDet 采用了一种称为 Compound Scaling 的网络放缩策略。该策略通过同时调整网络深度、宽度和分辨率等参数，以在保持模型整体结构不变的情况下，进一步提高检测精度和效率。EfficientDet 还采用了一种名为 AutoML 的自动模型缩放和模型融合技术。通过搜索和选择合适的模型结构和参数组合，EfficientDet 能够最大化模型性能和效率。这种自动化的优化方法使得模型的设计和训练过程更加高效和智能，进一步提高了模型的性能和泛化能力。该算法在多个公共数据集上取得了领先的检测性能，并被广泛应用于各种实际应用中，如智能视频监控、无人驾驶、工业检测等领域。

5.2
反无人机目标检测算法的分类

随着无人机技术的迅猛发展，无人机的应用场景也不断扩大，从军事侦察到快递投递，从农业监测到影视拍摄，然而，无人机的广泛使用也伴随着诸多安全隐患，包括非法监视、极端组织活动以及对公共安全的潜在威胁。因此，开发有效的反无人机检测技术显得尤为重要。

反无人机视觉目标检测是一个涉及多学科技术和应用的重要研究领域，旨在通过先进的计算机视觉技术及算法，对无人机及其相关活动进行有效的识别和监控。它主要利用传感器（如摄像头和雷达），结合计算机视觉算法，实时监测和识别无人机。该过程通常包括以下几个步骤：首先，通过传感器捕获环境图像或视频流；接着，利用图像处理和机器学习算法对捕获的数据进行分析，识别出潜在的无人机目标；最后，系统根据无人机的运动轨迹和行为进行跟踪和分类，及时发现并应对可能的威胁。

近年来，随着无人机技术的不断进步，反无人机检测技术也在快速发展。无人机体积小、飞行高度低，传统的雷达系统和人工监控手段往往无法有效捕捉和识别其活动。因此，计算机视觉技术的引入，特别是深度学习和卷积神经网络的应用，使得反无人机检测系统在复杂环境中仍能保持高精度和高效性。

反无人机目标检测与小目标检测密切相关，因为无人机在飞行时通常在图像或视频中占据较小的面积，导致细节信息不足。这使得无人机检测需要应对与小目标检测类似的挑战，例如高背景复杂度、运动模糊和多尺度变化等问题。为了提高无人机检测的准确性，必须采用专门针对"低慢小"目标的检测方法和技术，如高分辨率输入、多尺度特征提取和注意力机制等。这些方法能够有效捕捉小目标的特征，增强模型的鲁棒性和检测性能，从而实现对无人机的准确识别和监控。

反无人机视觉目标检测方法处理的图像主要是可见光图像和红外图像。根据输入的模态是否单一，可将现有的反无人机视觉目标检测方法分为单模态视觉目标检测方法和多模融合视觉目标检测方法。

在单模态无人机视觉目标检测方法中，被检目标小、图像背景复杂、目标尺度变化等问题给检测带来了巨大的挑战。这些挑战使单模态无人机视觉目标检测与通用视觉目标检测存在较大的差异。在通用视觉目标检测模型的基础上，研究人员针对上述挑战对检测网络结构进行调整、优化，以增强网络对无人机的检测效果。

当前，无论单独使用可见光图像还是单独使用红外图像，单模态视觉目标检测都会有其各自的局限性。例如，在极端低光、低能见度天气等恶劣场景下，无人机在可见光图像下的外观信息无法与背景作出有效区分，进而导致基于可见光的反无人机视觉目标检测模型的性能急剧下降。同理，在热交叉等场景下，无人机在红外图像下会面临同样的问题。为了克服上述问题，研究人员尝试同时使用可见光信息和红外图像来完成视觉目标检测任务。可见光-红外多模融合视觉目标检测方法旨在挖掘可见光和红外两个模态数据的互补优势从而在视频中实现更加鲁棒的视觉目标检测。可见光-红外多模融合视觉目标检测技术对进一步拓展视觉目标检测的应用场景，实现全天时全天候的目标感知有着重要的价值和意义，已经被广泛应用在诸如视频监控、自动驾驶、智能交通和人机智能交互等诸多重要应用领域。因此，可见光 - 红外多模融合反无人机视觉检测也逐渐受到相关研究人员的重视，并取得了一定的进展。

本节首先介绍基于传统图像处理方法，主要介绍小目标检测任务存在的挑战、解决思路和发展历程。然后，分别从单模态视觉目标检测方法和多模融合视觉目标检测方法介绍反无人机视觉目标检测方法的发展现状，以及其在反无人机场景下的应用。

5.2.1　基于传统图像处理方法

小目标检测的挑战主要源自其在图像中的低可见性和环境因素的复杂性。这些小尺寸目标在图像中通常只占据极少的像素，信息量低，使得从技术上进行准确识别极具挑战。此外，它们常常因为背景干扰、光照条件和天气变化等外部因素而难以被准确识别。在复杂的背景中，如城市监控场景，无人机可能只是天空中的一个不起眼的小点，但却可能对空域安全构成重大威胁。这种背景下的小目标，如无人机，往往与云层、高楼或其他飞行物体混淆，增加了检测的复杂性。识别这些小目标不仅要求高精度的图像捕捉技术，还需要复杂的算法来解析细微的视觉差异。因此，如何有效地从这种复杂的背景中分离出无人机并进行识别，成为了机器视觉研究中的一个重要问题。

在机器视觉领域中，小目标检测的技术经历了从传统方法到基于深度学习的方法的演变，每种方法都有其特定的优势和局限性。传统小目标检测技术主要依赖于手工特征提取和简单的模型分类，这些方法在处理图像时主要通过预设的算法规则来操作。例如，背景减除法是一种基本的技术，它通过从当前帧中减去背景模型来标识出移动的目标，这种方法在环境变化不大时相对有效。图像分割技术，如阈值分割和边缘检测，则试图将图像分割成多个区域或对象，通过分析这些区域的属性来识别小目标。此外，特征匹配和模板匹配也广泛应用于小目标检测中，通过比较图像中的特征点或使用预定义模板来识别目标。这些传统方法在计算上通常较为简单且易于实现，但在复杂环境下，尤其是在目标与背景特征相似或光照条件变化大的情况下，它们的性能往往会受到影响。

随着计算机硬件性能的不断提升和深度学习技术的崛起，现代目标检测方法取得了长足进展，尤其是在处理复杂和动态的视觉数据方面表现出了显著的优势。深度学习技术通过自动学习和提取高层次特征，极大地提高了目标检测的准确性和效率，使得机器视觉系统能够在更加复杂的场景中进行有效的目标识别和分类。然而，在深度学习方法普及之前，传统的目标检测方法发挥了至关重要的作用。这些方法主要依赖手工设计的特征提取和传统的机器学习技术，如支持向量机、决策树、随机森林等。手工设计的特征，包括边缘、角点、纹理和颜色直方图等，都是从图像中提取信息的基本方式，它们为目标的识别提供了必要的视觉线索。这些传统方法在计算机视觉领域奠定了坚实的基础，尤其是在硬件资源有限的早期阶段。通过精心设计的算法和特征，研究人员能够优化处理流程，实现在较低计算能力条件下的有效目标检测。此外，这些方法在训练数据较少的情况下通常仍然能够表现出良好的性能，这在深度学习模型尚未能够广泛应用于大规模数据之前尤为重要。尽管现代深度学习方法在许多方面超越了传统技术，传统目标检测技术的研究和应用仍然为深度学习提供了重要的理论基础和启发。例如，许多深度学习模型中的特征提取机制，实际上是对早期手工特征方法的一种扩展和深化。此外，对这些传统方法的理解和应用，仍然对于解决深度学习难以处理的特定问题，如小样本学习和模型可解释性，提供了宝贵的视角和工具。因此，传统方法与现代深度学习技术的结合，将在推动计算机视觉领域的发展中发挥着不可或缺的作用。

在计算机视觉领域的早期，目标检测主要依靠边缘检测和轮廓提取技术。经典的边缘检测算法如 Sobel 和 Canny[29,30] 被广泛使用，它们通过捕捉图像中的梯度变化来检测物体的边缘。此外，Hough 变换等技术被用于检测特定形状的目标轮廓，如直线和圆形。这些方法尽管简单，但在处理复杂场景和多目标检测时存在一定局限性。随着计算机性能的提升，目标检测方法逐步引入了更为复杂的特征提取和描述符技术。Haar 特征、HOG（方向梯度直方图）和 SIFT（尺度不变特征变换）等描述符成为研究热点。这些方法通过提取目标区域的特征向量，实现了更精确和鲁棒的目标检测。Haar 特征在面部检测中得到了广泛应用，HOG 特征在行人检测中取得了显著成功，而 SIFT 特征则在图像匹配和目标跟踪中发挥了关键作用。接着，机器学习分类器的应用成为目标检测领域的重要趋势。支持向量机[31]、AdaBoost 和决策树等分类器广泛用于目标检测任务。这些分类器通过学习不同类别目标的特征，实现目标的分类和检测。它们具备较强的泛化能力，能够应对不同目标和场景的变化。

为了实现对目标的全局搜索，传统方法引入了滑动窗口技术。这一方法将图像划分为不同大小的窗口，在每个窗口内应用目标检测算法，以寻找可能的目标区域。滑动窗口技术虽然提高了目标检测的准确性，但也带来了显著的计算复杂性。为了解决这一问题，研究人员提出了多种加速方法，如积分图像和级联分类器。为了提高目标检测的效率，传统方法采用了级联分类器策略。级联分类器由多个分类器组成，每个分类器在前一个分类器的基础上进一步筛选，以减少误报率并提高检测速度。这一策略在一些实时目标检测系统中得到广泛应用，如 Viola-Jones 方法。尽管 Viola-Jones 方法在早期目标检测任务中广泛使用，但其检测准确率仍有较大提升空间。

随后，多尺度可变形部件模型（multi-scale deformable part model，DPM）被提出，代表了传统目标检测方法的顶峰。DPM 将物体视为多个部件的集合，通过对这些部件的形状变化和空间关系建模，提高了目标检测的准确性。然而，包括 DPM 在内的传统目标检测方法对单一场景训练数据集的依赖限制了其对现实世界场景的泛化能力。尽管 DPM 方法非常有效，但它继承了前身（方向梯度直方图＋支持向量机，HOG+SVM）方法的一些局限性。DPM 复杂度高，但检测速度较慢。进一步，Srivastava 等人提出了一种改进的混合形态滤波器，用于小目标检测。该滤波器在信噪比与杂波比（SCNR）方面取得显著的增益，有效提高小物体检测性能。Wu 等人应用了中值滤波、侧向抑制算法以及基于形态学的形状匹配方法，以检测光学显微镜下的微电子元件，有效改善了显微镜下微电子元件的边缘清晰度和图像质量，实现了准确的识别。Dheeman 等人采用了定向梯度直方图（HoG）来定位和标识所有杂草和胡萝卜叶片区域，从感兴趣区域（ROI）中提取信息。在推理过程中，植物区域成功分类的成功率达到了92%。Kang 等人提出了一种基于帧回归的自适应相关滤波方法（BRCF），能有效处理船只尺寸变化和背景干扰问题，其在海上交通数据集上的成功率和准确性比 discriminative scale space tracking（DSST）高出了 8 个百分点以上。

在无人机检测中，传统方法面临多个劣势，特别是在动态和复杂的环境中。这些方法，如背景减除、边缘检测和阈值分割，通常依赖于简单的图像处理技术，往往只在静态或受控环境下表现良好。对于快速移动的无人机或在远距离飞行中的无人机，这些技术难以有效识别目标。因为无人机在图像中可能只表现为几个像素，且易受背景干扰、光照变化和天气条件的影响，使得传统方法难以准确分辨目标与背景。此外，这些方法在处理具有相似特征的环境元素时也常常失败，如无人机与高楼、树木或其他飞行物体在视觉上的相似性。因此，虽然传统方法在计算上通常较为简单且易于实现，但在需要高度动态响应和高精度检测的现代无人机监控应用中，它们的性能和适用性受到了限制。

总的来说，传统方法在无人机检测中提供了一些基本的工具，但也存在巨大的局限性，这些局限性突显了对更先进技术的需求，引出了基于深度学习的方法。而深度学习方法则在处理复杂、动态环境中的无人机检测任务中显示出较大的优势。未来，传统技术和深度学习的结合可能会继续推动无人机检测技术的发展，提高在各种操作环境下的适应性和准确性。

5.2.2 基于深度学习的检测方法

5.2.2.1 算法概述

随着计算能力的不断提升，基于深度学习的目标检测算法开始层出不穷。这些算法通过堆叠卷积神经网络层和利用梯度反向传播，不断提取检测目标的底层特征。这种方法能够提取更高层次的语义特征，比传统的人工提取特征更加抽象和多样。

基于深度学习的目标检测算法展现出了在处理复杂视觉任务中的巨大潜力。通过使用大量标注数据，这些算法可以在不同的场景中进行训练，并学会识别各种类型的目标，包括无人机，如图 5-10 所示。

图 5-10　基于深度学习的无人机检测 [32]

Saqib 等人使用基于 CNN 的网络架构，如 Zeiler 和 Fergus（ZF）以及 Visual Geometry Group（VGG16），进行迁移学习和检测无人机。他们的研究表明，带有 Faster R-CNN 的 VGG16 在包含五个不同时间拍摄的 MPEG4 编码视频训练数据集上表现最佳。Al-Emadi 等人提出了一种基于音频的无人机检测技术，利用 CNN 循环神经网络和卷积循环神经网络算法，结合飞行无人机的独特声纹进行检测。他们的数据集由无人机活动的音频记录样本组成。Behera 等人使用 YOLO v3 和 150 个 epochs 来检测和分类各种类型的无人机，他们的数据集包含超过 10000 张不同类别无人机的图像。Lee 等人提出了一种基于 OpenCV 的无人机检测系统，达到了 89% 的准确率，他们的数据集包含 2088 个正样本和 3019 个负样本。Wei Xun 等人在检测无人机方面取得了 88.9% 的平均准确率。他们在 YOLO v3 上使用尺寸为 416×416 的输入图像、预训练权重和迁移学习，训练后的模型集成到 NVIDIA Jetson TX2 上实现实时检测。研究人员使用 YOLO v4 检测低空无人机，发现其在检测精度和速度方面都比 YOLO v3 表现更好。由于缺乏公共低空数据，他们构建了自己的数据集：DJI-Phantom、DJI-Inspire 和 XIRO-Xplorer，并与从互联网收集的无人机图像混合进行训练，YOLO v4 的准确率达到了 89.32%，比 YOLO v3 提高了 5.18%。Rozantsev 等人提出了两种用单一摄像头检测飞行器（无人机和飞机）的方法，分别基于三维梯度直方图（HoG3D）和卷积神经网络模型。他们的系统采用时间片段和滑动窗口生成立方体，引入了基于回归的运动补偿算法，创建了一个包括无人机和飞机数据集的数据集，并提供给公众使用，检测方法的平均精度分别为 0.849 和 0.864。Yoshihashi 等人提出了一种深度学习方法，即递归关联网络（RCN），用于检测和跟踪小型无人机。该系统包括四个不同的网络，每个网络执行特定任务，通过从单帧图像中提取特征表示、学习多帧图像之间的运动表示、生成相关性图和计算置信度分数来实现目标检测和跟踪。Aker 等人提出了对现有卷积神经网络模型 YOLO 的扩展版本 YOLO v2，使用微调技术来训练一个回归器用于无人机检测。Saqib 等研究了使用预训练的卷积神经网络模型 [Zeiler 和 Fergus（ZF）和 VGG16] 结合 Faster R-CNN 模型，从视频数据中检测无人机，结果表明 VGG16 与 Faster R-CNN 结合表现最佳。Peng 等人针对无人机视觉数据有限的问题，采用物理渲染工具包（PBRT）生成逼真的无人机图像，通过 ResNet-101 模型的权重对 Faster R-CNN 网络进行微调，从而进行无人机检测。Lee 等人提出了一种利用装在不同无人机上的摄像头来检测其他无人机的方法，使用 Haar 特征级联分类器检测图像中的无人机，同时采用简单开发的 CNN 网络识别无人机型号。

5.2.2.2 单模态反无人机视觉目标检测

接下来主要介绍基于单模态（主要是可见光）数据反无人机视觉目标检测的方法。目前，国内学者从多尺度预测、上下文信息、注意力机制、数据增强等多方面展开了深入研究，其总体研究可以分为以下几类方法。

（1）基于高层和低层特征融合的方法

由于单层特征对小目标的表征能力较差，因此学者们普遍采用了高层特征与低层特征融合的多尺度预测策略。陈欣等设计了一种先进的特征融合机制，将分辨率高的浅层特征图与具有丰富语义信息的深层特征图进行有效融合，构建特征金字塔，从而增强对小目标特征的捕捉能力，显著提升了小目标检测的精度。这种方法不仅提高了模型的整体性能，还增强了其在复杂背景下的检测能力。李凯等则提出了一种多尺度信息融合（MSIF）的特征提取方法，充分利用低层特征图的高分辨率和深层特征图的高语义信息。他们通过统一通道数和上采样操作，将不同特征图的信息融合起来，增强了层与层之间的联系，从而显著提高了小目标的检测性能。这种方法不仅在准确性上有所提升，还在计算效率方面表现出色。Huang 基于 YOLO v4 提出了 BLUR-YOLO 算法[33]（图 5-11），通过使用 BlurPool 代替传统的下采样方法，减小了信息损失，并提出了特征金字塔网络 BlurPANet，有效融合多层特征，相比于 YOLO v4，在无人机目标检测任务上提高了 1.2% 的检测精度。这一改进不仅提升了模型的精度，还在处理速度和资源利用方面表现出色，适合实际应用。徐光达采取了一系列措施来提升检测精度，包括添加小目标检测层、多层级特征融合层和解耦检测头。他的研究展示了通过优化网络结构，可以在不显著增加计算成本的情况下，显著提升小目标检测的精度。这些改进措施使得模型在面对复杂场景时，仍能保持较高的检测性能。

BLUR-YOLO 算法相比于 YOLO v4，在两方面提出了创新：使用 h-swish 激活函数和注意力机制；提出了特征金字塔网络 Blur-PANet 来有效地融合不同层之间的特征。

① h-swish 激活函数和注意力机制：h-swish 激活函数的定义如下。

$$\text{ReLU} = f(x) = \max(0, x) \tag{5-1}$$

$$\text{h-swish} = f(x) = \begin{cases} 0, x \leqslant -3 \\ x, x \geqslant 3 \\ \dfrac{x(x+3)}{6}, \text{其他} \end{cases} = x\dfrac{\text{ReLU6}(x+3)}{6} \tag{5-2}$$

h-swish 激活函数具有独特的非单调性，可以提高不同数据集上的检测模型性能。此外，由于 h-swish 有界和无界底面，有助于消除输出神经元饱和问题，提高网络正则化。BLUR-YOLO 使用 h-swish 函数作为 backbone 网络和 neck 网络的激活函数，取代了原 YOLO v4 中的 Mish 激活函数，提高了检测精度并降低了计算成本。

注意力机制基于对人类视觉的研究。人类在处理复杂的视觉信息时，为了提高处理效率，人眼会选择性地关注自己感兴趣的视觉信息，而自动忽略其他视觉信息。注意力机制作为提升神经网络特征提取能力的有效方

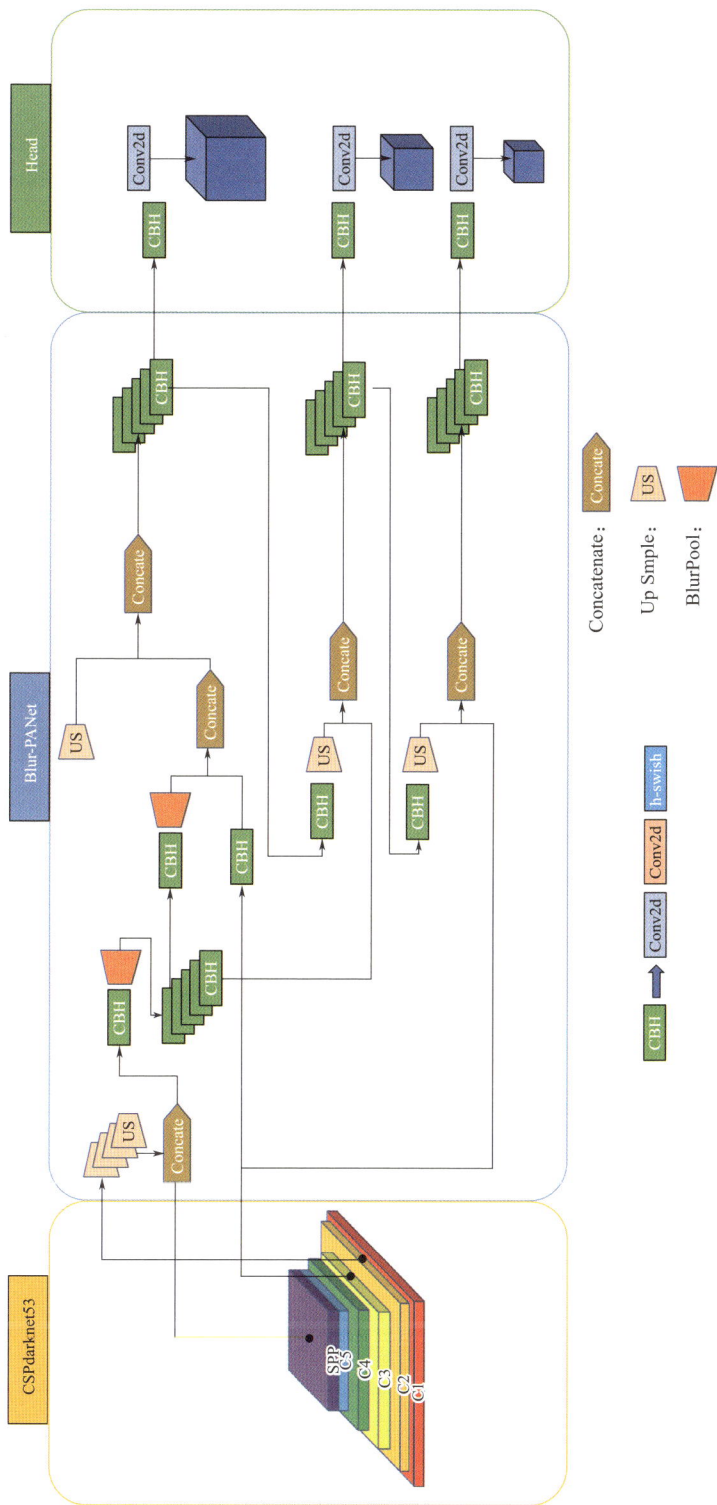

图 5-11 BLUR-YOLO 算法框架图[33]

法，在自然语言处理中发挥了相当大的作用。坐标注意力是一种新颖、高效的注意力机制，它通过将位置信息嵌入通道注意力，使特征提取网络能够聚焦于更大的区域，而不会引入大量的计算开销。BLUR-YOLO 利用 YOLO v4 中的 CSPDarkNet53 模块来提取无人机图像特征，在保证较高准确率的同时降低了计算复杂度。在图 5-11 中的 C3、C4、C5 之后添加了 Coordinate Attention，使模型更加关注位置信息，提高无人机图像的目标检测准确率。

② 特征金字塔网络 Blur-PANet：为了进一步提升检测网络性能，研究者们通常会在特征提取网络和输出层之间增加一些卷积层，以便更好地融合特征。为了更大程度地增加感知域，在 YOLO v4 的 CSPDarkNet53 之后添加了空间金字塔池化网络（SPP-Net）。添加的网络可以有效地分离出大部分重要的上下文特征，并且对计算速度几乎没有影响。

此外，YOLO v4 中采用 PANet 作为参数聚合方法。PANet 虽然展示了双向融合的有效性，但它忽略了不同特征层级可能贡献不同的可能性。为了更有效地重用和融合多层特征并获得更好的检测性能，BLUR-YOLO 提出了一种名为 Blur-PANet 的特征融合网络。相比于 PANet，Blur-PANet 主要改进如下：

① 为了减少不必要的计算开销，PANet 进行了简化，删除了网络两端的冗余节点；

② 为了增强多层特征的融合，在原特征节点到输出节点添加了额外的边，同时为了减少下采样过程中的特征损失，使用 BlurPool 代替下采样的方法，有效地融合了多层特征。

图 5-12 为 BLUR-YOLO 的检测结果。

（2）基于上下文信息的方法

对于小目标检测中携带有限特征信息的问题，研究者们引入了目标的上下文信息以增强模型的判别能力。

CoupleNet[34] 通过两个关键分支实现了这一目标：

a. PSRoI 池化分支用于捕获目标的局部信息；

b. RoI 池化分支专注于编码全局和周围环境的上下文信息。

这种双分支结构利用 1×1 卷积和逐元素相加来有效融合局部与全局信息，从而缓解了因缺乏上下文信息而导致的目标漏检问题。图 5-13 为 CoupleNet 算法框架图。

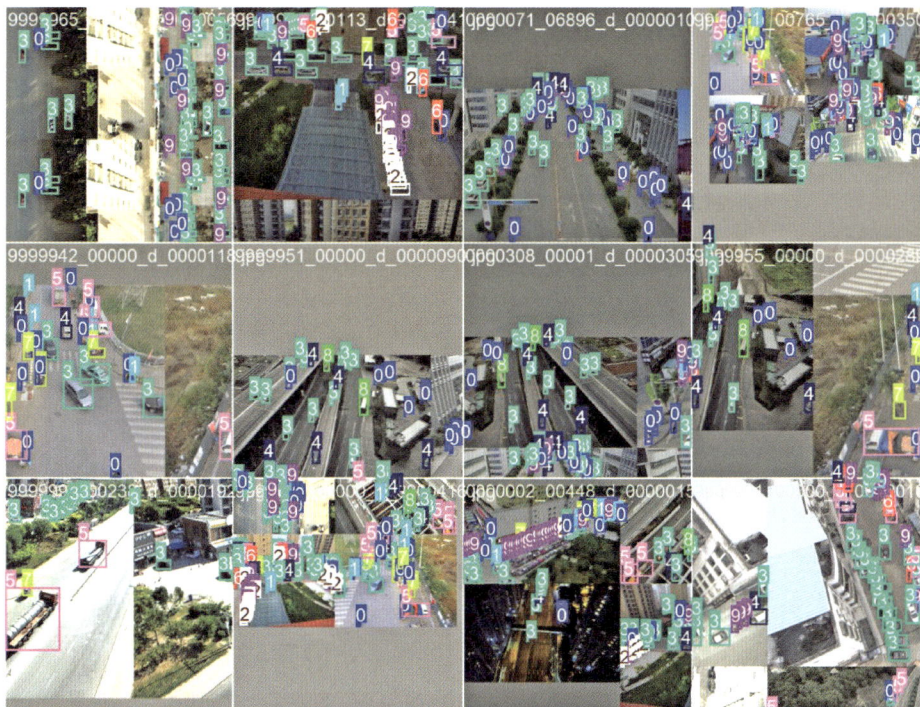

图 5-12　BLUR-YOLO 的检测结果

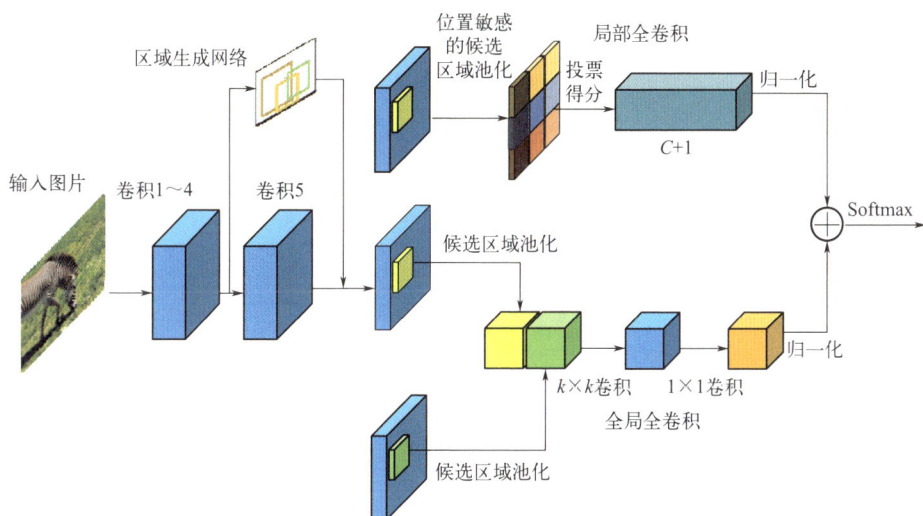

图 5-13　CoupleNet 算法框架图[34]

① 局部 FCN。为了有效捕获局部 FCN 中的特定细粒度部分，CoupleNet 通过附加具有 $k^2(C+1)$ 个通道的 1×1 卷积层构建了一组部分敏感的得分图，其中

k 表示将对象划分为 $k×k$ 个局部部分（此处 k 设置为默认值 7），$C+1$ 是对象类别的数量加上背景。对于每个类别，总共有 k^2 个通道，每个通道负责编码对象的特定部分。类别的最终得分由对 k^2 个回应进行投票决定。CoupleNet 使用位置敏感 RoI 池化层来提取特定于对象的部分，并且仅执行平均池化进行投票。然后，得到一个（$C+1$）维向量，它表示对象属于每个类的概率。此过程等效于将强对象类别决策分为多个弱分类器的总和，作为多个部分模型的集合。对于被截断的人，由于截断，很难从人的全局描述中获得强烈的响应，相反，局部 FCN 可以有效地捕捉几个特定的部分，比如人的鼻子、嘴巴等，这些部分对应于特征图中具有大响应的区域。CoupleNet 认为局部 FCN 更关注内部结构和组件，它们可以有效地反映视觉对象的局部属性，特别是当对象被遮挡或整个边界不完整时。然而，对于那些具有简单空间结构且边界框中包含大量背景的对象，例如餐桌，单独的局部 FCN 很难作出稳健的预测。因此有必要添加全局结构信息来增强区分度。

② 全局 FCN。对于全局 FCN，CoupleNet 的目标是利用整个区域级特征来描述对象。首先，CoupleNet 在 ResNet-101 中的最后一个卷积块之后附加一个 1024 维的 $1×1$ 卷积层以降低维度。由于物体的大小各异，CoupleNet 插入一个 RoI 池化层来提取固定长度的特征向量作为物体的全局结构描述。其次，CoupleNet 分别使用核大小为 $k×k$ 和 $1×1$ 的两个卷积层（k 设置为默认值 7）进一步抽象 RoI 的全局表示。最后，将 $1×1$ 卷积的输出输入到分类器中，分类器的输出也是一个（$C+1$）维向量。

此外，上下文先验是视觉识别任务中最基本和最重要的因素。例如，船通常在水中行驶，而不太可能在天上飞。尽管深度神经网络的高层由于较大的感受野而可以包含物体周围的空间上下文信息，但前人研究已经表明，实际的感受野比理论上的要小得多。因此，有必要明确地收集周围的信息以减少误分类的机会。为了增强全局 FCN 的特征表示能力，CoupleNet 引入上下文信息作为有效的补充。具体来说，CoupleNet 将上下文区域扩展为原始提议大小的 2 倍。然后将从原始区域和上下文区域池化的特征 RoI 连接在一起并输入到后者的 RoI-wise 子网络中。上下文区域被嵌入到全局分支中以提取更完整的外观结构和判别性先验表示，这将有助于分类器更好地识别物体类别。由于 RoI 池化操作，全局 FCN 使用 CNN 特征对提议进行整体描述，可以看作对象的全局结构描述。因此，它可以轻松处理具有完整结构和更精细尺度的对象。然而，在大多数情况下，自然场景由大量具有遮挡或截断的物体组成，仅使用全局结构信息很难对被截断的物体作出可信的预测。通过添加局部部分结构支持，可以显著提高检测性能。因此，结合局部和全局描述对于实现稳健的检测至关重要。

③ 耦合结构。为了达到相同的数量级，CoupleNet 在将局部和全局 FCN 的输出组合在一起之前对其进行了归一化操作。作者探索了两种不同的归一化方法：L2 归一化层或 1×1 卷积层来对尺度进行建模。同时，如何耦合局部和全局输出也是一个需要研究的问题。在这里，作者研究了三种不同的耦合方法：元素求和、元素乘积和元素最大值。实验表明，使用 1×1 卷积和元素求和可获得最佳性能。

凭借耦合结构，CoupleNet 同时利用局部部分、全局结构和上下文先验进行物体检测。整个网络是全卷积的，并且受益于近似联合训练和多任务学习。作者还注意到，全局分支可以看作是轻量级的 Faster R-CNN，其中所有可学习参数都来自卷积层，RoI 子网络的深度只有 2。因此，计算复杂度远低于基于 ResNet 的 Faster R-CNN 系统中深度为 10 的子网络。因此，CoupleNet 可以高效地进行推理，运行速度略慢于 R-FCN，但比 Faster R-CNN 快得多。

图 5-14 为 CoupleNet 算法的检测结果。

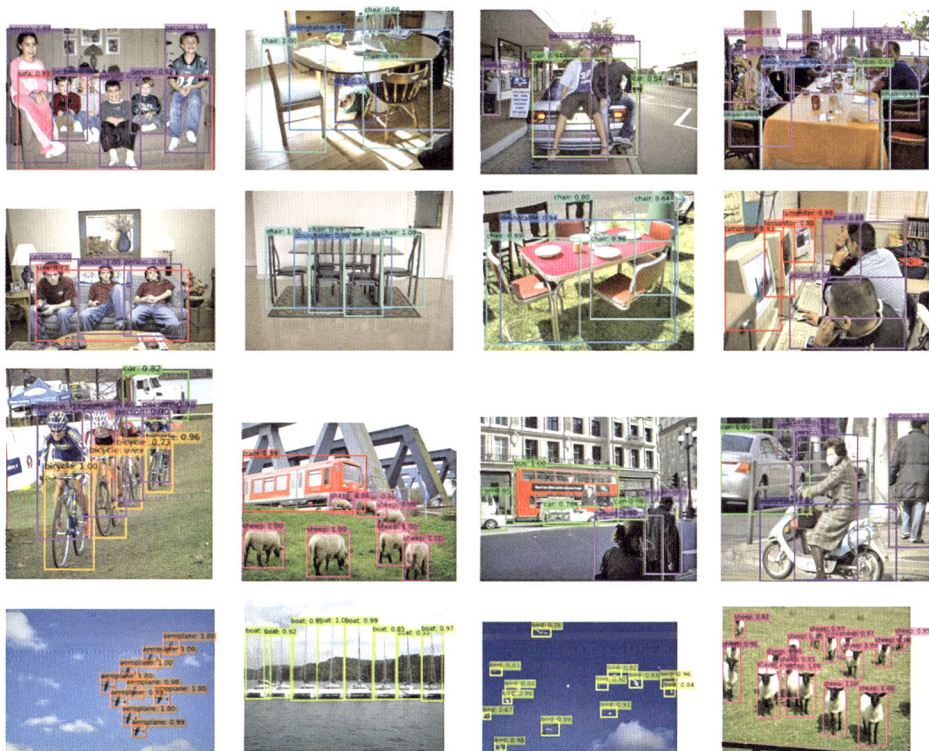

图 5-14　CoupleNet 算法的检测结果

（3）基于注意力机制的方法

针对小目标检测中常见的空间维度信息不足问题，研究者们提出了多种创新方法，旨在改善模型对目标位置的准确感知能力。Ma 等人针对 YOLO v8 进行改进，通过引入多尺度轻量化注意力机制，提出了 LAYN 算法[35]（图 5-15），实现了效果和效率的双重提升。该方法表明通过精心设计的空间注意力机制和模块化结构优化，可以有效应对小目标检测中的挑战，为提升现代视觉任务的表现和应用提供了有力支持。图 5-16 为 LAYN 算法的检测结果。

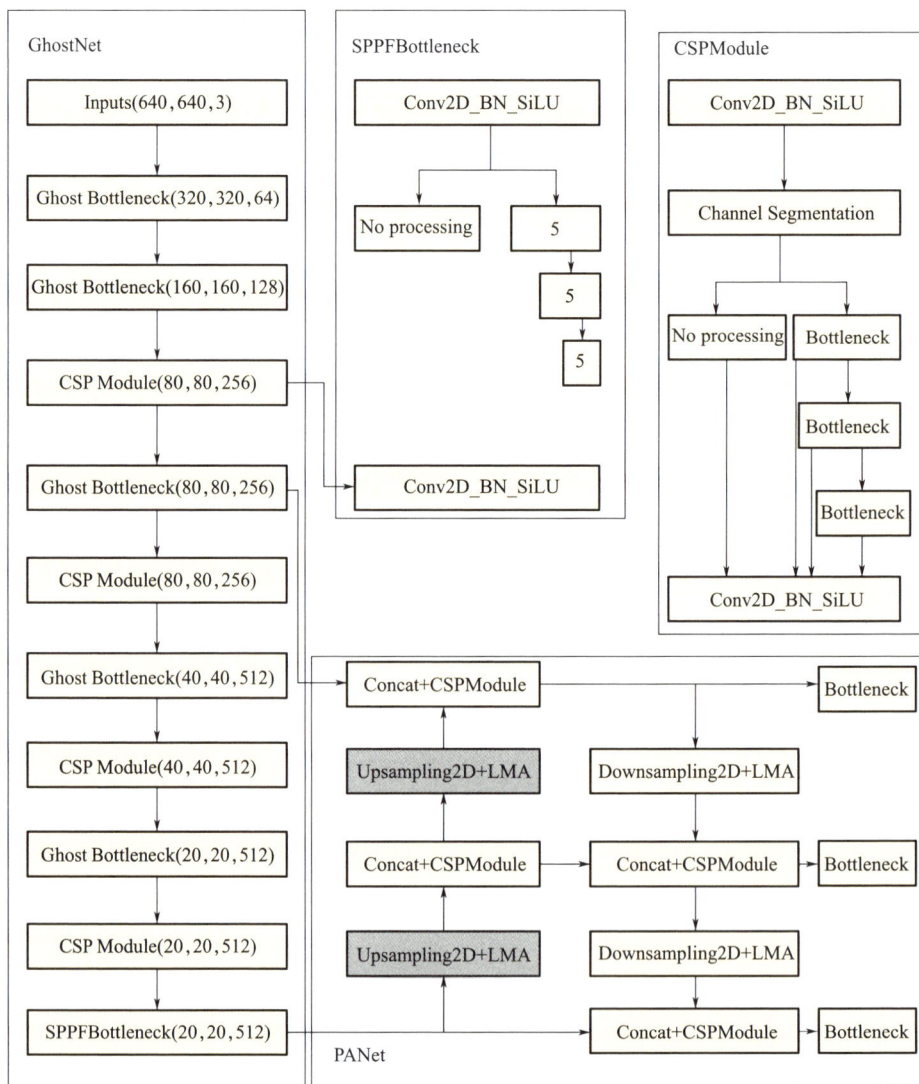

图 5-15　LAYN 算法框架图[35]

图 5-16　LAYN 算法的检测结果

5.2.2.3　多模融合反无人机视觉目标检测

接下来主要介绍基于多模数据融合的方法。

深度学习方法在小目标检测中还可以通过结合其他传感器数据如红外图像和激光雷达（LiDAR）数据来进一步提升检测效果。多模态数据融合技术在提高检测准确性和鲁棒性方面展现出了广阔的前景。通过整合来自不同传感器的信息，可以更全面地捕捉目标的多维特征，从而显著提高无人机等系统在复杂环境下的检测能力和应对能力。红外图像能够有效弥补在可见光条件下难以捕捉的热特征信息，尤其在夜间或低光条件下，提升目标检测的可靠性和实时性。激光雷达数据则提供了精确的距离和空间信息，能够帮助准确定位目标的位置和形状，特别是在复杂地形或高速移动场景中表现突出。综合利用这些多模态数据，深度学习模型能够更加全面和深入地理解和分析目标，有效应对各种挑战性场景。这种融合方法不仅提升了检测系统的感知能力，还为提高实时响应性、准确性和鲁棒性奠定了坚实基础。

（1）多模融合反无人机视觉目标检测方法 USTrack

USTrack[36]（unified single-stage transformer RGB-T tracking）方法是夏坚

强等人于 2023 年提出的单阶段基于 Transformer 的 RGB-T 多模融合跟踪网络，它将特征提取、特征融合和关系建模三个阶段统一到一个 ViT backbone 中，通过自注意力机制实现并行执行，如图 5-17 所示。

① 双重嵌入层。将 RGB 和热像图像块分别映射到合适的潜在空间，缓解模态异构性对特征融合的影响。

其中，RGB模态：

$$\hat{z}_{rgb} = \left[z_{rgb}^1 E_{rgb}; \ z_{rgb}^2 E_{rgb}; \ \cdots; \ z_{rgb}^{N_z} E_{rgb} \right] + \boldsymbol{P}_z + \boldsymbol{M}_{rgb} \tag{5-3}$$

红外模态：

$$\hat{z}_t = \left[z_t^1 E_t; \ z_t^2 E_t; \ \cdots; \ z_t^{N_z} E_t \right] + \boldsymbol{P}_z + \boldsymbol{M}_t \tag{5-4}$$

式中，$\hat{z}_{rgb}$ 和 $\hat{z}_t$ 分别是 RGB 和热像模板图像块嵌入；$\boldsymbol{P}_z$ 为位置嵌入；$\boldsymbol{M}_{rgb}$ 和 $\boldsymbol{M}_t$ 分别是 RGB 和红外模态嵌入；E_{rgb} 和 E_t 为线性投影层参数。

② 单 ViT backbone。利用自注意力层同时进行特征提取、特征融合和关系建模，得到包含关系信息的搜索区域融合特征。

自注意力操作：

$$M = \boldsymbol{A} \cdot \boldsymbol{V} = \mathrm{softmax}\left(\frac{\boldsymbol{Q}\boldsymbol{K}^{\mathrm{T}}}{\sqrt{d_k}} \right) \cdot \boldsymbol{V} \tag{5-5}$$

式中，$\boldsymbol{Q}$、$\boldsymbol{K}$ 和 $\boldsymbol{V}$ 分别为查询、键和值矩阵；$\boldsymbol{A}$ 为注意力权重；d_k 为键矩阵的维度。

注意力权重计算：

$$\boldsymbol{Q}\boldsymbol{K}^{\mathrm{T}} = \left[Q_{rgb}^x; \ Q_t^x; \ Q_{rgb}^z; \ Q_t^z \right] \left[K_{rgb}^x; \ K_t^x; \ K_{rgb}^z; \ K_t^z \right]^{\mathrm{T}} \tag{5-6}$$

$$\boldsymbol{V} = \left[V_{rgb}^x; \ V_t^x; \ V_{rgb}^z; \ V_t^z \right] \tag{5-7}$$

③ 基于模态可靠性的特征选择机制。从两种融合特征中选择更适合当前场景的特征进行预测，减少无效模态噪声信息的影响。

● 训练过程：

a. 为每个融合特征配备预测模块和可靠性评估头。

b. 设置相同的损失函数，并让每个可靠性评估模块输出一个权重作为对应预测头损失的自适应可靠性。

c. 将权重和损失函数组合成最终的总损失函数进行训练。

● 测试过程：

a. 网络同时输出两种结果并评估两种模态的可靠性。

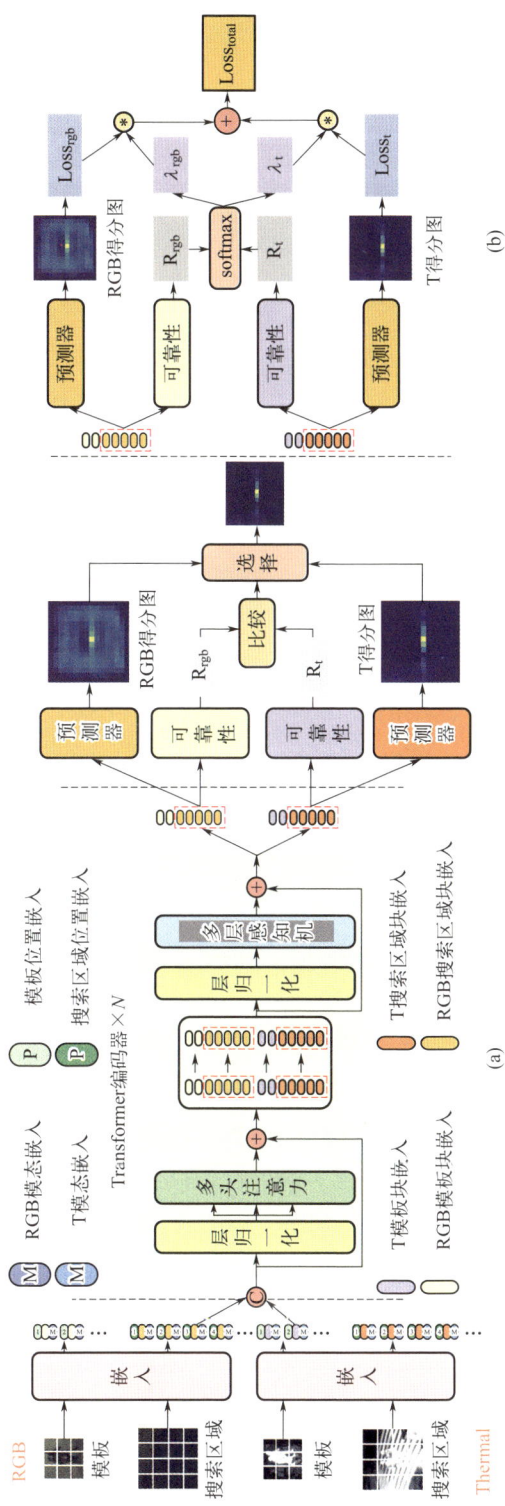

图 5-17　USTrack 算法框架图 [36]

b. 根据可靠性分数，选择预测结果较高的作为最终输出。

图 5-18 展示了 USTrack 方法和对比方法分别在可见光和红外场景下的检测性能。

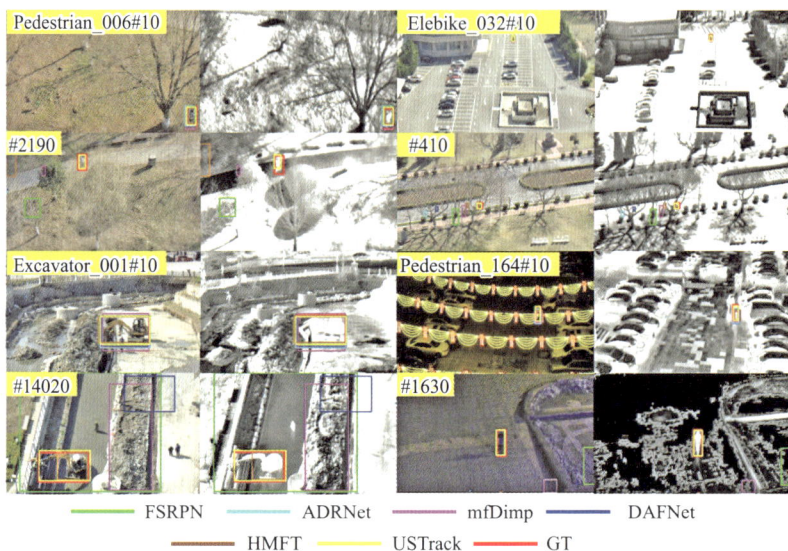

图 5-18　USTrack 算法和对比方法在代表场景下的检测结果对比的可视化

图 5-19 展示了 USTrack 方法中模态可靠性评估模块的输出，它能够直观地与真实场景相对应。

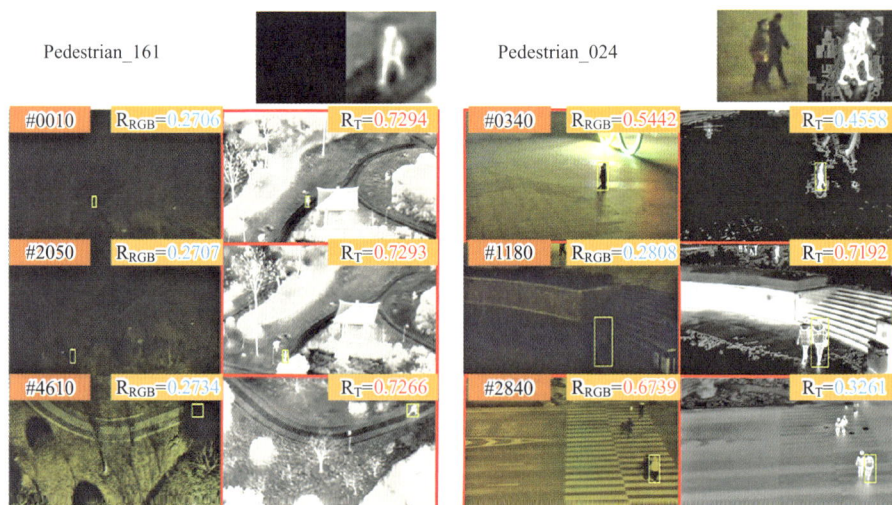

图 5-19　USTrack 算法中模态可靠性评估模块的输出与真实场景的对应

总之，USTrack 方法利用可见光和红外模态的图像数据，将特征提取、特征融合和关系建模三个阶段统一到一个 ViT backbone 中，将可见光与红外两个模态的数据进行优势互补，显著提高了对复杂场景的适应性，提高了检测的鲁棒性。

（2）基于视觉大模型的方法

SAM 是 Meta 提出的分割一切模型（segment anything model，SAM），其突破了分割界限，极大地促进了计算机视觉基础模型的发展。SAM 是一个提示型模型，其在 1100 万张图像上训练了超过 10 亿个掩码，实现了强大的零样本泛化。许多研究人员认为："这是 CV（计算机视觉）的 GPT-3 时刻，因为 SAM 已经学会了物体是什么的一般概念，甚至是未知的物体、不熟悉的场景（如水下、细胞显微镜）和模糊的情况"，并展示了作为 CV 基本模型的巨大潜力。SAM2 模型在视频分割方面进行了重大升级，包括实时处理任意长度的视频、对未见过的对象进行分割和跟踪等功能。

这些功能可以通过以下方式应用于反无人机检测和跟踪中：

① 实时检测与跟踪：SAM2 可以实时处理视频流，迅速检测出进入监视区域的无人机，并对其进行连续跟踪。

② 未知无人机类型检测：SAM2 的 zero-shot 泛化能力意味着它可以检测和跟踪未见过的无人机类型，这对于应对新型威胁非常有用。

③ 遮挡处理：在复杂的环境中，无人机可能会被树木、建筑物等障碍物遮挡。SAM2 的遮挡处理功能可以减少因遮挡导致的跟踪中断，保持连续的跟踪记录。

④ 手动修正：当系统出现误判时，操作员可以简单地通过点击视频中的目标来纠正错误，提高检测的准确性。

（3）基于多模态大模型的方法

结合多模态大模型（MLLM）的视觉问答（visual question answering，VQA）能力，可以增强反无人机的目标检测。可以利用多模态大模型生成需要的小目标，增强现有模型的检测能力。闭源模型例如 GPT-4V、Gemini，甚至在某些方面展现出了超越人类的能力。开源的 MLLM 模型，如 LLaVA、InstructBLIP、通义千问多模态大模型等，也为这一领域提供了有力支持。

基于深度学习的目标检测方法不仅为无人机的使用安全和监管提供了新的解决方案，还为未来更智能的空域管理系统奠定了基础。尽管深度学习方法在目标检测方面取得了显著进展，但在实际应用中仍面临一些挑战。例如，深度学习模型通常需要大量标注数据进行训练，这在无人机检测领域可能难以获得。

此外，深度学习模型的计算复杂性较高，可能需要专门的硬件支持，如 GPU 或 TPU，以满足实时检测的需求。

5.3
反无人机目标检测的挑战及发展前景

5.3.1 反无人机目标检测的挑战和应对

5.3.1.1 反无人机目标检测的挑战

反无人机视觉目标检测技术在近年来取得了显著进展，并且被广泛应用于多个关键领域，如机场净空监测、交通枢纽监测、大型活动安防等。这些技术不仅提升了公共安全水平，还有效防范了无人机可能带来的潜在威胁。然而，尽管取得了进展，实际应用中仍面临着多方面的挑战。

首先，在城市环境中，小目标检测面临诸多复杂的挑战，这些挑战直接影响着无人机和其他智能系统在实际应用中的可靠性和效率。首先，电磁干扰是一个普遍存在且严重影响视觉检测系统的因素。城市中存在大量的电磁波源，如广播信号、无线网络、雷达和各类电子设备，它们发出的电磁辐射会干扰无人机的通信信号和传感器运作。这种干扰不仅可能导致数据传输中断或丢失，还会使得无人机接收到的图像和传感器数据质量急剧下降，从而使小目标的识别和跟踪变得极为困难。

其次，复杂的光照条件也是城市环境中的一个重要挑战。城市中高楼大厦的密集布局和光影变化导致了强烈的光照不均和直射光，这些因素使得小目标在图像中的边缘和细节难以清晰地表现出来。阴天、夜晚或清晨的低光条件也会进一步增加小目标的视觉识别难度，使得检测算法需要具备良好的光照适应能力才能保证其稳定性和准确性。天气条件的不稳定性同样对小目标检测构成挑战。城市中常见的雾霾、雨雪等恶劣天气会极大地降低图像的清晰度和视觉范围，使得小目标在图像中的可见度大幅减弱。湿滑的地面和飘浮的尘埃也可能影响无人机的视觉传感器效能，从而限制小目标的识别和跟踪能力。此外，复杂的背景和遮挡现象也对小目标检测提出了挑战。城市的建筑群、道路网络和大量交通工具形成了错综复杂的背景环境，小目标很容易与周围环境融为一体，使得检测任务更加复杂和耗时。特别是遮挡物如高楼大厦、桥梁或树木，可能部分或完全遮挡小目标，增加了检测算法在处理这些复杂场景时的难度。

在当今日益多样化和动态化的无人机应用场景中，确保检测系统既具备高精度又能实时响应是一项重要挑战。先进的目标检测算法如 YOLO v4 和 EfficientDet 在解决这一问题上展现出了显著的技术优势。这些算法通过优化网络结构、精简计算流程以及有效利用硬件加速，显著提升了检测速度，同时保持了较高的检测精度，从而在高动态性的无人机威胁场景中发挥了重要作用。YOLO v4（you only look once v4）作为一种端到端的实时目标检测算法，通过引入 Bag of Freebies（BoF）和 Bag of Specials（BoS）的概念，优化了模型的设计和训练策略。它采用了更深的网络结构和更有效的特征提取方式，同时通过使用跨层连接和多尺度预测来提升检测的准确性和效率。这种优化不仅加快了算法在 GPU 上的运行速度，还显著降低了计算成本，使得其在实时应用中能够更加高效地处理复杂场景。EfficientDet 则进一步推动了目标检测算法在效率和精度上的平衡。通过基于 EfficientNet 的架构搜索技术，EfficientDet 在保持较小模型尺寸的同时，显著提高了检测性能。其采用了一种新颖的 BiFPN（bilateral feature pyramid network）结构和 EfficientNet 作为骨干网络，有效地提升了多尺度目标检测的精度，并且通过多任务损失函数进一步优化了网络的训练效果。这种设计不仅适应了多变的目标尺寸和复杂的场景背景，还保证了系统在资源有限的环境中的高效运行。

如图 5-20 所示，无人机的多样化特征和高度动态的环境要求检测系统具备高度灵活性和适应性。现代目标检测算法通过引入注意力机制、多尺度特征融合和数据增强等技术手段，进一步增强了对不同尺度和多目标的检测能力。例如，通过特征金字塔网络（feature pyramid network，FPN）和自适应卷积等机制，算法能够有效地从低层到高层特征进行信息传递和集成，提升了对小尺寸目标的感知能力。

现代目标检测算法如 YOLO v4 和 EfficientDet 通过技术创新和算法优化，一定程度上平衡了检测精度和实时性的要求，有效应对了复杂城市环境中多样化和高动态性的无人机检测挑战。但随着技术的进一步发展和应用场景的不断扩展，这些算法将逐渐不再适合在提升智能系统感知能力和应对复杂任务中发挥关键作用。

图 5-20 多类型无人机[37]

在实际应用中，技术成熟度和适应性是反无人机技术面临的另一个重要挑战。尽管在实验室和受控环境中取得了良好的表现，但在复杂的城市场景中应用时，技术必须具备高度的适应性和可靠性。这涉及反无人机检测系统在实时性、稳定性以及在各种不同场景下的适应能力。首先，针对快速移动的无人机或突发事件中的应急反应，检测系统的响应速度至关重要。城市环境中，无人机可能快速变换高度、方向和速度，甚至可能采取迅速变换飞行路径的策略来规避检测或攻击目标。因此，反无人机系统必须能够实时监测和识别这些快速移动的目标，确保及时的干预和应对措施。其次，不同类型的无人机具有各自独特的外观和行为特征，如多旋翼、固定翼或垂直起降等。因此，反无人机系统需要具备能够识别和分类这些多样化目标的能力。利用深度学习技术，特别是分类器和高效的特征提取器，可以有效区分无人机与其他飞行物体（如鸟类或其他飞行器），从而减少误报和漏报的风险。另外，随着新型无人机技术的不断发展和普及，反无人机系统也需要具备灵活的更新和学习能力。这包括及时调整模型参数、更新训练数据，甚至根据新型目标的特征调整检测算法。例如，新型无人机可能采用新的飞行路径或遮挡技术，对现有系统提出更高的检测要求。因此，反无人机技术必须能够快速适应这些变化，保持高效和准确的检测能力。

技术成熟度和适应性是反无人机技术在现实应用中需要克服的重要挑战。通过提升系统的实时响应能力、分类识别能力以及灵活的更新机制，可以有效应对城市环境中多样化和动态化的无人机威胁，确保公共安全和设施保护的高效运行。随着技术的进一步演进和应用场景的深入挖掘，反无人机技术将继续发挥其在安全防护领域中的关键作用。

隐私保护和法律合规问题是反无人机技术面临的重要考虑因素。这项技术通常涉及大规模的视频监控和数据处理，因此如何有效地保护个人隐私并遵守相关的法律法规成为一项挑战。首先，反无人机技术的实施往往需要在公共场所或私人领域进行。在公共场所，如机场、体育场馆或政府机构等，无人机可能被用于恶意侵入、间谍活动或潜在的极端组织行为。因此，实施反无人机技术可以有效地保护公共安全和设施安全。在私人领域的应用中，如住宅区或商业建筑，涉及更为敏感的隐私问题。其次，随着技术的进步和应用的普及，反无人机系统往往依赖于高分辨率的摄像头和先进的图像处理技术，用于实时监测和识别无人机。这些技术能够准确地检测无人机，并在必要时采取干预措施，如干扰信号或弹道打击。然而，这种大规模视频监控和数据处理的过程中，个人隐私的保护成为了一个不可忽视的问题。

在应对隐私保护和法律合规挑战时，几个关键点需要特别考虑：

① 数据收集和存储：反无人机系统通常需要收集大量视频数据进行分析和处理。在数据收集阶段，必须遵守相关的隐私法律和规定，如欧盟的《通用数据保护条例》（GDPR）或美国的《隐私权法案》（*Privacy Act*）。必须明确数据的收集目的、合法性和透明度，并采取适当的安全措施来保护存储的数据免受未经授权访问或泄露的风险。

② 数据处理和分析：在数据处理和分析过程中，应当采用匿名化或脱敏等技术手段，确保处理后的数据不会揭示个人身份信息或其他敏感信息。特别是在使用人脸识别或其他生物识别技术时，需要特别谨慎，确保只在严格控制和合法授权的情况下使用这些技术。

③ 合法合规性：所有反无人机技术的实施必须符合当地和国际法律法规的要求。这包括但不限于隐私保护法、数据安全法、电信法和监控法等。在部署反无人机系统之前，应当进行详尽的法律风险评估和合规性审查，确保技术的使用符合法律要求，并能够接受法律监管和审查。

④ 公众透明和参与：在公共场所应用反无人机技术时，应当进行充分的公众信息披露和透明沟通。这包括告知公众技术的目的、使用方法、数据处理方式以及个人隐私保护措施。此外，还应当允许公众对技术的使用进行监督和参

与，以确保合法性和公平性。

隐私保护和法律合规是反无人机技术在实际应用中必须认真考虑和有效解决的问题。通过遵守隐私法律、采用安全技术措施和实施合规性监管，可以有效平衡安全需求和个人隐私保护的关系，确保技术的合法、合理和可持续应用。这不仅是技术发展的要求，也是社会公众对安全和隐私保护的基本期待。

为应对无人机伪装技术的挑战，未来的反无人机系统可能需要结合多模态传感器来增强检测能力。这些传感器包括红外、雷达和其他光学成像技术的集成，以克服单一传感器在复杂环境下的局限性。例如，红外传感器可以通过捕捉热信号检测到伪装或隐形的无人机，而雷达则能够在恶劣天气条件下追踪无人机的运动轨迹，弥补光学系统在低光照或视觉遮挡环境中的不足。通过多种传感器的协同工作，反无人机系统将能够更准确地识别并追踪无人机，即使在伪装或复杂的多目标环境中，仍能保持高效的检测和响应能力。这种多模态技术结合不仅提高了系统的检测精度，还为无人机的早期预警和精确跟踪提供了更为全面的解决方案。

随着无人机在商业、娱乐和安全敏感领域的广泛应用，对反无人机检测技术的需求急剧上升，这些技术需要能够高效地进行实时检测和响应，以应对无人机可能在极短时间内对敏感区域造成的威胁。此外，反无人机系统需要覆盖广泛的空间，保持高准确性，以区分无人机与其他飞行物体，避免误报和漏报，特别是在多无人机环境下。这些系统还必须能够适应各种环境条件，如不同的光照和天气情况，同时，随着无人机技术的进步，反无人机系统也需要更新以对抗更高级的避障和隐身技术。面对如此大的需求，反无人机技术面临的挑战包括技术的快速发展需要系统不断地进行技术更新和升级，同时高度的自动化和智能化要求技术在不增加过多操作复杂性的情况下，保持用户友好性。此外，数据处理和分析的巨大需求要求系统有足够的处理能力和先进的算法，以实时处理和分析大量数据。隐私和法律问题也是未来反无人机技术需要严肃对待的挑战，技术和操作必须遵守相关法律法规，确保在维护安全的同时，不侵犯个人隐私。这些挑战需要行业、研究人员和政策制定者共同努力，发展更有效、更符合法规的反无人机技术。

5.3.1.2 挑战的应对方法

为应对以上挑战，反无人机视觉目标检测算法可利用预训练的深度学习模型，如 VGG、ResNet 或 MobileNet 等，在有限的数据集上进行微调，加速新型无人机目标的检测速度和精度。这种方法在实际场景中尤为重要，因为很少有足够大的数据集可以直接应用于训练新模型。通过优化神经网络的推理过程，例如量化网络权重、剪枝稀疏网络或使用低精度计算单元，以提高实时推理速度和降低功耗。

同时，还可利用数据融合和多模态信息处理，整合来自多个传感器的信息，如视觉、红外和雷达数据，通过融合不同传感器的优势，提高检测系统对复杂环境中目标的识别和跟踪能力，如图5-21所示。还有传感器选择和部署优化，根据具体应用场景和环境特点选择最合适的传感器组合，优化传感器的部署位置和工作模式，以最大化系统的覆盖范围和检测效率。

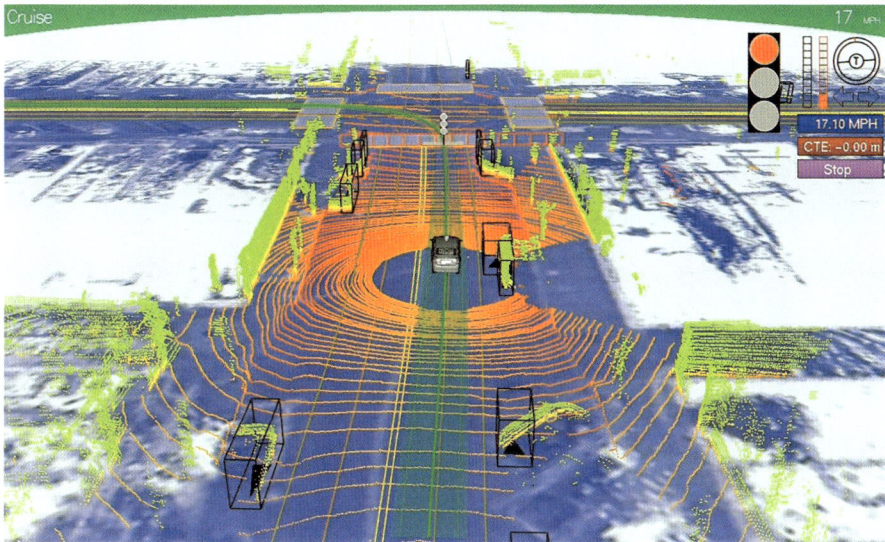

图 5-21　多传感信息融合[38]

对于算法优化方面，采取自适应学习和增强学习，引入自动化的算法优化方法，使系统能够根据实时反馈和场景变化自主调整参数和策略，以提升长期性能和适应性。建立有效的反馈机制，通过实时数据更新模型和算法，确保系统在不断变化的无人机威胁中保持高效和可靠性，建立实时更新和反馈机制。

关于城市中存在大量的电磁波源干扰这一问题：电磁干扰（EMI）可以从多种源头产生，包括无线电发射器、移动电话基站、无线网络设备以及其他多种电子设备。为了有效应对这一挑战，可以采取以下几种方法：首先，可以使用抗干扰技术来增强无人机的电磁兼容性（EMC）。通过改进无人机的设计，如使用屏蔽材料包裹敏感部件，或采用特殊的电路设计来减少外部电磁波的影响，可以显著提高无人机的稳定性和可靠性。其次，使用频谱管理和动态频率选择技术也是应对电磁干扰的有效方法。无人机系统可以设计成能够实时监测电磁环境，并自动切换到干扰较少的频段工作。这种技术可以通过先进的算法和信号处理技术来实现，以确保无人机在复杂的电磁环境中保持最优的通信和导航性能。另外，采用多传感器融合技术也是解决电磁干扰问题的一个有效途径。通过整合来自 GPS、惯性导航系统（INS）、视觉传感器等多种数据源，无人机可以在电磁干扰导致单一传感器失效时，仍能保持定位和导航的准确性。此外，建立强健的地面控制系统和冗余通信链路也对增强无人机系统的抗干扰能力至关重要。通过设立多个备份通信路径和采用多样化的通信协议，可以在主要通信链路受到干扰时快速切换到备用系统，保证无人机操作的连续性和安全性。最后，进行广泛的现场测试也是确保无人机在复杂城市环境中稳定运行的关键步骤。通过在实际的电磁环境中测试无人机的性能，可以更好地理解和评估各种抗干扰技术的实际效果，并根据测试结果调整和优化系统设计。通过上述措施，可以有效地减轻城市中电磁波源对无人机侦测和操作的干扰，提升无人机在复杂环境下的性能和可靠性。

在无人机的应用中，复杂的光照条件也常常是一个棘手的问题，尤其是在进行视觉侦测和定位时。光照条件的变化，如强烈的阳光直射、昏暗的环境或是反光和阴影，都可能严重影响无人机视觉系统的性能。为了克服这一挑战，开发和采用多种技术策略是至关重要的。首先，改进无人机的摄像头技术是解决光照问题的基础。使用具有高动态范围（HDR）的摄像头可以大幅提高在极端光照条件下的成像质量。HDR 技术能够同时捕捉光线最亮和最暗区域的细节，从而生成在所有光照条件下都表现优异的图像。其次，部署先进的图像处理算法也是提升无人机在复杂光照下性能的关键。例如，实时的图像增强算法可以调整图像的对比度和亮度，减少光照变化带来的影响。此外，机器学习和深度学习技术的应用，如卷积神经网络（CNN），可以训练模型以在各种光照条件下识别和跟踪目标。

采用多传感器融合技术也是一种有效的策略。结合使用光学相机、红外摄像头和雷达等多种传感器，无人机可以在光照不足或过强时利用其他传感器提供的信息来补充或校正视觉数据。例如，红外摄像头可以在夜间或低光照条件下有效工作，而雷达技术则不受光照影响，能够提供稳定的距离和速度数据。此外，对飞行路径和任务计划进行优化也是应对光照挑战的一个方法。在计划飞行任务时，可以预先分析光照条件，选择在光照较为稳定的时间段执行视觉依赖的任务，或调整飞行路线以避开光照影响最大的区域。最后，进行充分的现场测试是确保无人机系统能够适应各种光照环境的必要步骤。通过在不同光照条件下测试无人机的视觉系统，可以评估和调整传感器设置和算法，确保无人机在实际操作中达到最佳性能。

技术成熟度和适应性也是影响无人机侦测能力的重要因素，尤其是在不断变化的技术环境和多样化的应用场景中。为了提升无人机在这些方面的表现，可以采取一系列措施来确保无人机系统不仅技术先进，而且能够适应各种操作环境。首先，持续投资于研发是提高无人机技术成熟度的关键。通过不断的技术创新，可以开发出更为先进的传感器、更强大的处理器和更高效的算法，从而提升无人机的侦测能力和整体性能。例如，采用新型的光学传感器可以提高图像质量，而更先进的数据处理技术如机器学习和人工智能可以提升数据分析的速度和准确性。其次，强化无人机的适应性，使其能够在不同的环境和条件下都能有效工作，是确保其广泛应用的另一个重要策略。这包括对无人机进行模块化设计，使其各部分可以根据特定任务需求快速更换。此外，开发多模态传感系统，使无人机能够在不同的环境中切换使用最适合的传感器，如在光线不足时使用红外传感器，而在需要高分辨率图像时使用高清相机。进一步，对无人机进行广泛的测试和验证也是确保技术成熟度和适应性的关键环节。这不仅包括实验室测试，更重要的是在实际的应用环境中进行测试，如城市景观、农田、山区等不同地形和气候条件下的测试。这样的测试可以发现无人机在特定条件下的性能限制和潜在的故障点，进而指导后续的技术改进。此外，培训操作人员以适应无人机技术的快速发展也是非常必要的。通过定期的培训和更新课程，操作人员可以掌握最新的技术和操作技巧，确保无人机在各种情境下都能达到最佳性能。最后，建立和维护一个开放的技术生态系统，鼓励不同厂商和研究机构之间的合作，可以加速技术的成熟和推广。这种跨领域的合作不仅能够促进技术创新，还可以通过共享资源和知识，提升整个行业的适应性和灵活性。

通过这些策略的实施，可以有效提升无人机的技术成熟度和适应性，从而在面对复杂多变的应用环境时，保持高效的侦测能力和操作灵活性。

在隐私保护和法律合规问题方面，制定并严格遵守隐私保护政策至关重要。操作者需要确保所有任务均符合相关法律规定，如事先获得监控所需的许可，并且确保收集的数据仅用于合法的目的。此外，限制对私人住宅或其他敏感地区的监视，除非得到了明确的授权。采用适当的技术措施来保护数据同样重要。例如，通过数据加密和安全的数据存储方式，可以防止信息被未经授权的访问。同时，实施匿名化处理，如对面部识别数据进行匿名化，以保护个人身份信息的安全。实现和维护地理围栏技术能有效防止无人机飞入禁飞区或敏感区域。

这种技术设置了无人机不能越过的虚拟边界，帮助引导无人机保持在允许的飞行区域内。增强公众教育和透明度也是解决这些问题的关键。通过公开飞行计划和数据处理策略，解释无人机的使用目的和好处，不仅能增加公众的接受度，还能提高操作者的责任意识。最后，与法律专家密切合作，定期检查无人机操作的合法性至关重要。随着相关法律的不断演进，这种定期审查可以帮助无人机操作者及时调整政策和操作策略，以避免潜在的法律风险。无人机的操作者可以在达成侦测目的的同时，确保活动的法律合规性和对个人隐私的尊重。这种平衡对于无人机技术的可持续发展至关重要。

5.3.2　反无人机目标检测的发展前景

　　轻量级网络如 MobileNet 和 ShuffleNet 也在反无人机目标检测中得到了广泛应用。MobileNet 通过深度可分离卷积减少了模型参数和计算量，而 ShuffleNet 则通过分组卷积和通道混洗进一步降低了计算复杂度。这些轻量级网络在保证检测精度的同时，显著提升了计算效率，适用于资源受限的边缘计算平台。

　　多传感器融合技术也是提高反无人机视觉目标检测性能的重要手段。通过融合来自不同传感器的数据，可以获得更加全面和准确的环境信息，从而提高目标检测的准确性和鲁棒性。常见的传感器包括 RGB 相机、红外相机、激光雷达和雷达等。多传感器融合技术主要包括数据级融合、特征级融合和决策级融合。数据级融合直接对来自不同传感器的原始数据进行融合处理，适用于传感器同步性较好的情况。特征级融合则在提取各传感器的特征后进行融合，能够利用不同传感器的特征优势，提升检测性能。决策级融合在各传感器独立进行目标检测后，对检测结果进行融合，提高最终检测的准确性和可靠性。这些技术可以实现不同传感器数据的高效融合，提高目标检测的精度和鲁棒性，能够处理时空信息，提高动态目标的检测和跟踪能力。

　　反无人机检测算法在复杂多变的环境中执行任务，要求目标检测算法具备较高的自适应性和鲁棒性。自适应和鲁棒性提升方法的研究，旨在提高反无人机目标检测系统在不同环境和条件下的稳定性和可靠性。自适应方法主要包括自适应学习和在线学习。自适应学习通过在训练过程中引入环境变化因素，使模型能够适应不同的环境条件。在线学习则在无人机执行任务过程中，不断更新和调整模型参数，以适应实时变化的环境和目标物体。这些方法能够提高模型在动态环境中的表现，增强检测系统的实用性。鲁棒性提升方法主要包括数据增强、对抗训练和模型集成。数据增强通过对训练数据进行多种变换，增加数据的多样性，提升模型的泛化能力。对抗训练通过生成对抗样本，提高模型对恶劣环境和干扰的抵抗能力。模型集成则通过组合多个模型的预测结果，提高检测系统的稳定性和准确性。

近年来，研究者们还探索了自适应滤波和动态重构技术，通过在模型中引入自适应滤波器和动态重构单元，使反无人机视觉系统能够根据实时环境变化自动调整和优化检测参数，从而提高检测的精确度和稳定性。此外，基于强化学习的自适应技术也开始应用于反无人机目标检测，通过学习最佳的检测策略，进一步提高系统的自适应能力。

边缘计算与云计算的结合也是近年来的研究热点（图 5-22）。通过将部分计算任务分担到边缘设备上，可以有效降低无人机本地的计算压力，提高实时性和处理效率。同时，云计算提供了强大的计算能力和存储空间，可以进行复杂的计算和大规模数据处理。边缘计算与云计算的结合，可以实现高效、实时的目标检测和数据处理，提升反无人机目标检测系统的整体性能。

图 5-22　云计算与边缘计算相结合 [39]

此外，边缘计算与云计算的结合还可以实现群体协作和任务分配。通过边缘计算设备之间的协同工作，无人机可以共享数据和计算资源，进行协同目标检测和跟踪任务，例如：在机场净空监测中，多个监测站点可以通过边缘计算设备进行协同工作，快速定位和识别入侵滞空物，提高监测效率；而云计算平台则可以为监测站点集群提供任务规划和调度，优化资源分配和任务执行。

未来，反无人机视觉目标检测技术前景广阔，将在多个方面持续演进和应用。首先，随着深度学习和神经网络算法的不断发展，预计检测系统将变得更加智能和高效。未来的算法将更注重于处理大规模数据和复杂场景下的无人机检测，能够快速准确地识别各种类型的无人机，包括小型低空飞行的和高速飞行的目标。其次，传感器技术的进步将推动多传感器数据融合的应用，例如结合视觉、雷达、红外等多种传感器信息，提升系统的全天候、全天时性能。这种综合利用不同传感器的能力将增强系统对复杂电磁环境、恶劣天气和遮挡条件下的适应能力，从而提高检测的准确性和可靠性。随后，未来的发展趋势还包括对实时性和自动化处理能力的进一步优化。系统将更加注重快速响应，能够即时检测无人机的入侵并采取迅速有效的反制措施。这将涉及预测无人机的行为模式和意图，以及自动化地调整反制策略，提升系统的应对能力和操作效率。此外，技术的成本效益和可扩展性也将是未来技术发展的重要考量因素。随着市场需求的增加和技术的普及，预计反无人机技术将更加普及和成熟，逐步向更广泛的应用领域扩展，包括机场、边境、大型公共活动等重要场所的安全保障。最后，建立和完善相关的法律法规和技术标准也是未来发展的必然趋势。这些法规将帮助规范和管理反无人机技术的应用，确保其在维护公共安全和个人隐私的同时，不会对其他正常活动造成不必要的干扰或侵犯。综上所述，未来反无人机视觉目标检测技术有望在技术创新、应用扩展和规范管理方面实现更大的突破和进步。

综上所述，反无人机视觉目标检测技术在高效目标检测算法、多传感器融合、自适应与鲁棒性提升、边缘计算与云计算结合等方面取得了显著进展。这些研究进展不仅提升了反无人机视觉系统的性能和应用范围，也为未来无人机技术的发展提供了新的方向。随着技术的不断进步和创新，反无人机视觉目标检测有望在更多领域发挥更大的作用，为社会带来更多的价值和便利。通过跨学科的合作和创新，不断探索新的解决方案，人们可以期待反无人机视觉目标检测技术在未来取得更加辉煌的成就。

本章参考文献

［1］ Lowe D G. Distinctive Image Features from Scale-Invariant Keypoints［J］. International Journal of Computer Vision，2004，60：91-110.

［2］ Dalal N，Triggs B. Histograms of Oriented Gradients for Human Detection［C］//2005 IEEE Computer Society Conference on Computer Vision and Pattern Recognition （CVPR'05）. IEEE，2005，1：886-893.

[3] Girshick R，Donahue J，Darrell T，et al. Rich Feature Hierarchies for Accurate Object Detection and Semantic Segmentation[C]//Proceedings of the IEEE Conference on Computer Vision and Pattern Recognition，2014：580-587.

[4] Fang S，Zhang B，Hu J. Improved Mask R-CNN Multi-Target Detection and Segmentation for Autonomous Driving in Complex Scenes[J]. Sensors，2023，23（8）：3853.

[5] Li Z，Dong M，Wen S，et al. CLU-CNNs：Object Detection for Medical Images[J]. Neurocomputing，2019，350：53-59.

[6] 薛珊，王亚博，吕琼莹，等 . 基于 YOLOX-drone 的反无人机系统抗遮挡目标检测算法 [J]. 工程科学学报，2023，45（9）：1539-1549.

[7] Bay H，Tuytelaars T，Gool L V. Surf：Speeded up Robust Features[C]//Computer Vision-ECCV 2006：9th European Conference on Computer Vision，Graz，Austria，May 7-13，2006. Proceedings，Part I 9. Springer Berlin Heidelberg，2006：404-417.

[8] Gao W，Zhang X，Yang L，et al. An Improved Sobel Edge Detection[C]//2010 3rd International Conference on Computer Science and Information Technology. IEEE，2010，5：67-71.

[9] Platt J. Sequential Minimal Optimization：A fast Algorithm for Training Support Vector Machines[J]. 1998.

[10] Felzenszwalb P，Mcallester D，Ramanan D. A Discriminatively Trained，Multiscale，Deformable Part Model[C]//2008 IEEE Conference on Computer Vision and Pattern Recognition. IEEE，2008：1-8.

[11] Cao Y，Miao Q G，Liu J C，et al. Advance and Prospects of AdaBoost Algorithm[J]. Acta Automatica Sinica，2013，39（6）：745-758.

[12] Krizhevsky A，Sutskever I，Hinton G E. Imagenet Classification with Deep Convolutional Neural Networks[J]. Advances in Neural Information Processing Systems，2012，25.

[13] Deng J，Dong W，Socher R，et al. Imagenet：A Large-Scale Hierarchical Image Database[C]//2009 IEEE Conference on Computer Vision and Pattern Recognition. IEEE，2009：248-255.

[14] Ren S，He K，Girshick R，et al. Faster R-CNN：Towards Real-Time Object Detection with Region Proposal Networks[J]. Advances in Neural Information Processing Systems，2015，28.

[15] Girshick R. Fast R-CNN[C]//Proceedings of the IEEE International Conference on Computer Vision. 2015：1440-1448.

[16] Simonyan K，Zisserman A. Very Deep Convolutional Networks for Large-Scale Image Recognition[J]. ArXiv Peprint ArXiv：1409.1556，2014.

[17] He K，Zhang X，Ren S，et al. Deep Residual Learning for Image Recognition[C]//Proceedings of the IEEE Conference on Computer Vision and Pattern Recognition. 2016：770-778.

[18] Dai J，Li Y，He K，et al. R-FCN：Object Detection via Region-Based Fully Convolutional Networks[J]. Advances in Neural Information Processing Systems，2016，29.

[19] Everingham M，Eslami S M A，Gool L V，et al. The Pascal Visual Object Classes Challenge：A

Retrospective[J]. International Journal of Computer Vision，2015，111：98-136.

[20] He K，Gkioxari G，Dollár P，et al. Mask R-CNN[C]//Proceedings of the IEEE international conference on computer vision. 2017：2961-2969.

[21] Lin T Y，Maire M，Belongie S，et al. Microsoft coco：Common objects in context[C]// Computer Vision-ECCV 2014：13th European Conference，Zurich，Switzerland，September 6-12，2014，Proceedings，Part V 13. Springer International Publishing，2014：740-755.

[22] Liu W，Anguelov D，Erhan D，et al. Ssd：Single Shot Multibox Detector[C]//Computer Vision-ECCV 2016：14th European Conference，Amsterdam，The Netherlands，October 11-14，2016，Proceedings，Part I 14. Springer International Publishing，2016：21-37.

[23] Redmon J，Divvala S，Girshick R，et al. You Only Look Once：Unified，Real-time Object Detection[C]//Proceedings of the IEEE Conference on Computer Vision and Pattern Recognition. 2016：779-788.

[24] Redmon J，Farhadi A. YOLO9000：Better，Faster，Stronger[C]//Proceedings of the IEEE Conference on Computer Vision and Pattern Recognition. 2017：7263-7271.

[25] Redmon J，Farhadi A. YOLOv3：An Incremental Improvement[J]. ArXiv Preprint ArXiv：1804.02767，2018.

[26] Lin T Y，Goyal P，Girshick R，et al. Focal Loss for Dense Object Detection[C]//Proceedings of the IEEE International Conference on Computer Vision. 2017：2980-2988.

[27] Law H，Deng J. Cornernet：Detecting Objects as Paired Keypoints[C]//Proceedings of the European Conference on Computer Vision（ECCV）. 2018：734-750.

[28] Tan M，Pang R，Le Q V. Efficientdet：Scalable and Efficient Object Detection[C]//Proceedings of the IEEE/CVF Conference on Computer Vision and Pattern Recognition. 2020：10781-10790.

[29] 窦蕾萍，吴君钦. 基于改进Canny算法的图像边缘检测[J]. 软件导刊，2023，22（8）：216-220.

[30] 岳子皓，赵西金，胡滨. 一种基于自适应梯度阈值canny算子的边缘检测方法及其装置：202211553631.7[P]. 2023-11-08.

[31] Jindal A，Dhir R，Rani R. Diagonal Features and SVM Classifier for Handwritten Gurumukhi Character Recognition[J]. 2022.

[32] 李清泉，李必军，陈静. 激光雷达测量技术及其应用研究[J]. 武汉测绘科技大学学报，2000（05）：387-392.

[33] Huang T，Zhu J，Liu Y，et al. UAV Aerial Image Target Detection based on BLUR-YOLO[J]. Remote Sensing Letters，2023，14（2）：186-196.

[34] Zhu Y，Zhao C，Wang J，et al. Couplenet：Coupling Global Structure with Local Parts for Object Detection[C]//Proceedings of the IEEE International Conference on Computer Vision. 2017：4126-4134.

[35] Ma S，Lu H，Liu J，et al. Layn：Lightweight Multi-Scale Attention YOLOv8 Network for Small Object Detection[J]. IEEE Access，2024.

[36] Xia J，Shi D X，Song K，et al. Unified Single-Stage Transformer Network for Efficient RGB-T tracking[J]. ArXiv Preprint ArXiv：2308，2023：13764.

[37] 杨乾.民航无线电通信干扰分析及防范此类干扰的对策建议［J］.中国无线电，2015（11）：31-32.

[38] 蔡毅，汤锦亚.对红外热成像技术发展的几点看法［J］.红外技术，2000（02）：2-6.

[39] 郭戈，王兴凯，徐慧朴.基于声呐图像的水下目标检测、识别与跟踪研究综述［J］.控制与决策，2018，33（05）：906-922.

第 **6** 章
反无人机视觉目标跟踪

Vision Intelligence-Based Techniques for Anti-UAV Target Perception

反无人机目标感知技术：基于视觉智能

6.1
通用的目标跟踪

6.1.1　目标跟踪概念

　　过去数十年，视觉目标跟踪技术得到了广泛的研究和发展。根据目标跟踪的定义，给定视频序列第一帧目标的位置和尺寸，目标跟踪需对视频序列后续每一帧的目标位置及尺寸进行预测。由于目标跟踪方法要求可以跟踪任意类别、任意尺寸的物体，所以无法像目标检测那样，事前训练一个特定的分类器。为解决上述问题，近年来主要产生了两类主流解决方法：一是基于相关滤波的目标跟踪方法，从视频序列历史帧中提取样本图像，并逐帧更新模型，从而提高跟踪的鲁棒性；另一种方法即基于孪生神经网络的目标跟踪方法，通过孪生神经网络来实现相似性学习，把视频序列的第一帧图像作为模板，后续每一帧图像作为孪生神经网络的另一分支输入，从而得到相似性响应图，进而确定目标的位置。本部分介绍了相关滤波和孪生神经网络的基本原理以及相关技术在目标跟踪中的应用。

6.1.2　视觉目标跟踪典型算法

　　（1）基于相关滤波的目标跟踪

　　① 相关滤波基本原理。相关的概念来源于概率论和统计学，分为自相关和互相关，自相关是某一变量不同时刻之间的相似关系，而互相关用于衡量两个变量的相似程度。相关滤波即基于互相关的概念，通过计算目标模板与搜索区域之间的相似度来定位目标，实现目标跟踪。

　　假设两个连续信号 $f(x)$ 和 $g(x)$，其相关运算 $\otimes$ 可表示为

$$f(x) \otimes g(x) = \int_{\infty}^{\infty} f(\tau)g(x+\tau)\mathrm{d}\tau \tag{6-1}$$

　　相关运算 $\otimes$ 可以用于衡量 $f(x)$ 和 $g(x)$ 的相似程度，相关值越大，表示两个信号越相似。然而，相关运算的计算不够高效，直接运行相关运算无法满足实时跟踪的需求。而这两个信号的卷积运算表达式如下：

$$f(x)*g(x)=\int_{\infty}^{\infty}f(\tau)g(x-\tau)\mathrm{d}\tau \tag{6-2}$$

式中，* 表示卷积运算，用来反映信号 $g(x)$ 对信号 $f(x)$ 的影响，从物理意义上看，卷积和相关差异明显。但从数学公式上，两者的计算仅差一个负号，而考虑到卷积运算在傅里叶域中的高效计算，将相关运算转换为卷积运算，为相关滤波用于实时跟踪提供了可能。相关运算可表示为

$$f(x)\otimes g(x)=f(-x)^{*}*g(x) \tag{6-3}$$

式中，$f(-x)^{*}$ 为 $f(-x)$ 的复共轭，根据卷积定理，空间域中两个信号的卷积运算经过傅里叶变换后等于两个信号的傅里叶变换在频率域的乘积，因此相关运算可进一步表示为

$$\mathcal{F}[f(x)\otimes g(x)]=F^{*}(\upsilon)\odot G(\upsilon) \tag{6-4}$$

$$f(x)\otimes g(x)=\mathcal{F}^{-1}[F^{*}(\upsilon)\odot G(\upsilon)] \tag{6-5}$$

式中，F 和 $\mathcal{F}^{-1}$ 分别代表傅里叶变换和傅里叶逆变换；$F(\upsilon)$ 和 $G(\upsilon)$ 分别为 $f(x)$ 和 $g(x)$ 经过傅里叶变换后在频率域的表示；$\odot$ 表示点乘运算，即元素的内积。可以发现，虽然直接进行相关运算很复杂，但是通过卷积运算，并转化到频率域，可以大幅度降低计算量，取得实时的滤波跟踪速度。

相关滤波用于目标跟踪的原理如图 6-1 所示，假设视频序列的第 k 帧图像为 I_k，以上一帧预测的目标位置 (x_{k-1},y_{k-1}) 为中心，根据目标的尺寸 $w_{k-1}\times h_{k-1}$，确定一固定范围的待搜索区域 s_k，目标的定位方式如下：

$$R=s_k\otimes f_{k-1}=\mathcal{F}^{-1}[\mathcal{F}(s_k)\odot\mathcal{F}(f_{k-1})] \tag{6-6}$$

式中，f_{k-1} 为上一帧求解的相关滤波器；R 为二维分布的相关响应图，其峰值位置即当前帧的目标所处位置，峰值数值越大，说明当前帧预测的目标结果置信度越高。

然而，响应图的峰值只能反映目标的位置变化，而无法反映目标的尺寸变化。为此，Li 等人[8] 提出 SAMF 方法，引入图像金字塔进行尺寸搜索。假定待搜索区域 s_k 的尺寸为 $w_k\times h_k$，SAMF 通过事先设定的 5 个尺寸比例 $\{1.01^{-2},1.01^{-1},1.01^{0},1.01^{1},1.01^{2}\}$ 进行上下采样，裁剪出不同尺寸的样本图像 $s_{k1},s_{k2},s_{k3},s_{k4},s_{k5}$（例：样本图像 s_{k1} 的尺寸为 $1.01^{-2}w_k\times1.01^{-2}h_k$）。这 5 个不同尺寸的样本图像分别与相关滤波跟踪器进行相关运算，生成 5 个响应图，以峰值最高的响应图对应的样本图像尺寸比例为当前帧目标的新尺寸。

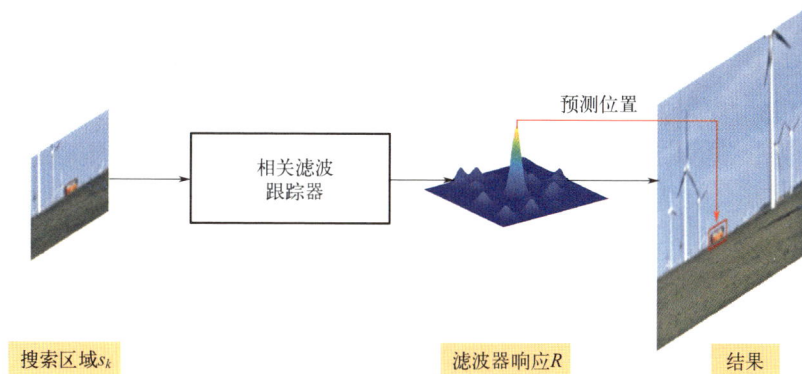

图 6-1　相关滤波器跟踪原理图

在实际应用中，相关运算通过一系列步骤实现目标检测和跟踪的功能。首先，无人机在任务初始阶段会捕获目标（如车辆或人员）的图像，并提取该区域作为模板 T，模板可以通过手动标注或自动算法生成，通常包含像素值、颜色分布、梯度特征或深度学习提取的高级特征。该方法能够学习到更加高级和鲁棒的特征表示，从而提高跟踪的准确性和鲁棒性。随后，无人机搭载的摄像头会实时捕获地面图像帧 $I(x, y)$，通过相关滤波计算模板 T 和图像 I 在不同位置的匹配程度，响应值的峰值位置即为目标的当前坐标。为了实现实时性，通常采用快速傅里叶变换（FFT）在频域中计算相关运算，大幅提升计算效率。通过对连续帧的匹配结果更新目标位置，无人机可以实现对地面目标的持续跟踪。同时，该方法在电力线路检测中也得到应用，例如将输电线路的正常形态作为模板，通过连续图像帧的相关计算快速定位异常点（如损坏或异物）。尽管相关运算在处理遮挡、快速尺度变化和低分辨率场景时可能遇到困难，但通过引入深度学习技术（如基于卷积神经网络的特征表示），可以显著提高模型的鲁棒性和准确性，从而满足实际任务需求。

② 模型更新策略。跟踪过程中，由于只给定了视频序列的第一帧目标的状态，跟踪器能够学习的目标信息有限，而随着跟踪的进行，目标存在形变、遮挡、旋转等外观变化，为了更好地学习目标在跟踪过程中的外观变化，相关滤波利用增量更新来构建外观模型，从而提升跟踪鲁棒性。

定义视频序列第 k 帧目标的外观模型为 m_k，外观模型的更新方式如下：

$$m_k = (1 - \eta)m_{k-1} + \eta k_{\text{new}}^m \tag{6-7}$$

式中，η 是事先设置好的学习率；m_{k-1} 为上一帧的目标外观模型；k_{new}^m 为从当前帧图像 I_k 根据预测结果裁剪的样本图像。增量更新是一个线性叠加过程，因此要求历史帧的目标外观模型 m_{k-1} 和裁剪的样本图像 k_{new}^m 具有相同的尺寸大小和通道数。

③ 相关滤波器设计。统计学中，一般通过构造目标函数和正则项来设计相关滤波跟踪器。相关滤波跟踪器的设计方法主要通过最小化目标外观模型与相关滤波跟踪器的互相关输出和理想的参考信号之间的均方差来实现。定义视频序列第 k 帧目标的外观模型为 m_k，相关滤波跟踪器 f_k，根据最小均方误差准则，相关滤波跟踪器的目标函数如下：

$$E(f_k) = \frac{1}{2}\left\| (m_k \otimes f_k) - y \right\|_2^2 \tag{6-8}$$

式中，y 为参考信号，一般采用理想的高斯函数，用于对样本图像进行标签值设定，令样本图像中心区域为正样本（标签值为 1），离中心越远的区域对应的标签值越低，逐渐降为 0。这个目标函数是相关滤波器用于图像匹配的最基础方法，由 Bolme 等人[1] 提出，是后续绝大部分相关滤波跟踪器[3, 4, 5, 7, 17] 设计所依据的基本准则。

原始的相关滤波跟踪器为了获取充足的正负样本进行模型训练，多是采用随机稀疏采样子窗口来从图像上采集不同的样本图像（如图 6-2 左侧所示，通过随机稀疏采样，获取真实的正负样本图像），样本图像数量越多，越有利于训练出鲁棒的跟踪器模型，但同时也影响了跟踪速度。Henriques 等人[2] 最早观察到循环结构在生成大量训练样本方面的优势，得益于循环矩阵的良态估计理论，结合循环矩阵和傅立叶变换，并使用快速傅里叶变换（fast Fourier transform，FFT）来实现高效的模型训练与目标位置检测。然而，循环矩阵产生的负样本均为正样本的移位拼接，如图 6-2 右侧所示，通过正样本（黄色虚线框），循环结构通过循环移位生成大量负样本，提升了跟踪速度。但这些生成的负样本并不是真实存在的负样本，这导致训练出来的相关滤波器对背景内容的鉴别能力一般，在目标存在剧烈形变、模糊、遮挡、翻转、光照变化时，容易产生跟踪漂移，从而导致跟踪失败。为提高相关滤波的跟踪精度，不少研究人员在相关滤波的模型求解过程中引入了多种针对性的正则项，通过对滤波器模型的学习进行约束，从而提高了跟踪的鲁棒性与精确性。

2017 年，Galoogahi 等人[4] 在国际计算机视觉会议提出 BACF 方法，该方法引入裁剪矩阵 $\boldsymbol{P}$ 来提升模型的鉴别能力。通过扩大搜索区域（图 6-2 中的黄色虚线框）以及裁剪真实的样本图像，缓解了虚假负样本对目标跟踪模型训练的影响，提升了跟踪精度。其目标函数如下所示：

$$E(f_k) = \frac{1}{2}\left\| \boldsymbol{P}_{m_k} \otimes f_k - y \right\|_2^2 + \left\| f_k \right\|_2^2 \tag{6-9}$$

式中，$\boldsymbol{P} \in \mathbb{R}^{M \times N}$ 即裁剪矩阵（二值矩阵，由 0 和 1 组成），通过裁剪矩阵，用于训练的外观模型 $\boldsymbol{P}_{m_k}$ 主要是提取了样本图像中心区域的内容用于模型训练，缓解了边界虚假样本带来的影响。同时 BACF 引入交替方向乘子方法进行模型迭代优化求解，保证了跟踪速度。得益于出色的性能以及速度，BACF 成为后续多种跟踪方法的基础[6, 16, 17]。

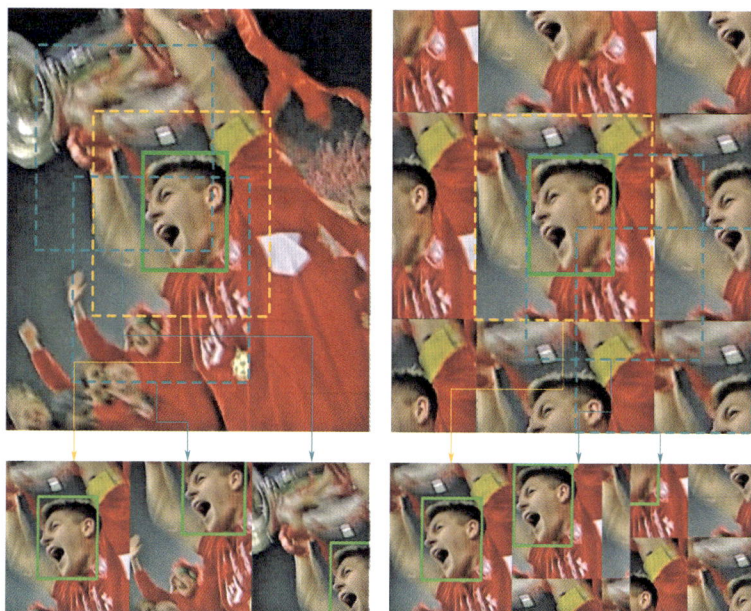

图 6-2　相关滤波方法正负样本生成方法图

基于相关滤波的目标跟踪技术在实际应用中表现出了一定的效果，但也面临着一些挑战。挑战包括目标的快速运动、尺度变化、遮挡和光照变化等。解决方案通常涉及使用多尺度策略来适应尺度变化、引入背景建模来处理遮挡问题，以及采用动态更新模型来适应光照变化。

（2）基于孪生神经网络的目标跟踪

① 跟踪定位原理。基于孪生神经网络的目标跟踪是视觉目标跟踪的另一重要分支，孪生神经网络是一种特殊的神经网络，由一对权值共享的子网络组成。孪生神经网络最初是用来衡量两幅输入图像的相似度，通过提取两幅输入图像的深层卷积特征，在高维空间计算两幅图像的相似性。而基于孪生神经网络的目标跟踪则是把视频序列的第一帧图像当成模板，与后续每一帧视频图像进行相似性衡量，相似性得分最高的位置即当前帧预测的目标位置，从而实现跟踪定位。

经典的孪生神经网络框架如图 6-3（摘自文献［13］图 1），孪生神经网络包含模板分支 z 和检测分支 x，模板分支利用视频序列第一帧给定的目标位置和尺寸，裁剪一固定尺寸大小的图像 $z \in R^{127 \times 127 \times 3}$ 作为输入。而检测分支则是以上一帧预测的目标位置为中心，裁剪一固定尺寸大小的搜索图像 $x \in R^{255 \times 255 \times 3}$ 作为输入。两分支的图像经过权值共享的特征提取网络（对 z 和 x 进行相同的变换 φ），分别得到 $\varphi(z) \in 6 \times 6 \times 128$ 和 $\varphi(x) \in 22 \times 22 \times 128$ 的深层语义特征，最终通过相关运算，得到 17×17 大小的输出响应图 $f(z,x)$：

$$f(z,x) = \varphi(z) * \varphi(x) + b \tag{6-10}$$

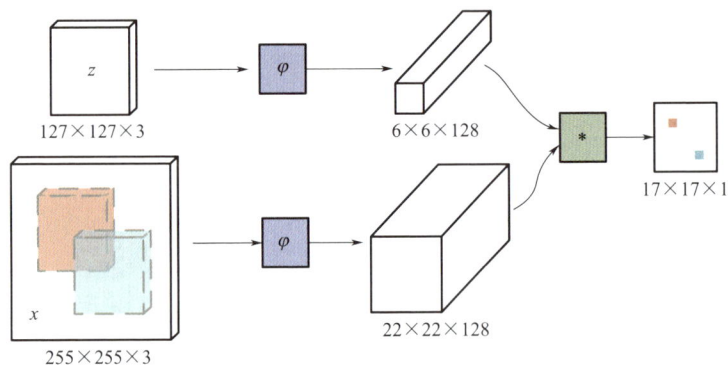

图 6-3　孪生神经网络跟踪原理图

式中，b 为常数。上述公式可以理解为将 $\varphi(z)$ 当成卷积核，在 $\varphi(x)$ 上进行卷积，根据相关的物理意义，相似度越大的位置，响应值越大，所以响应图 $f(z,x)$ 的峰值位置即目标在当前帧的位置。

由于深度特征提取的是目标的语义信息，因此孪生神经网络对于目标旋转，形变具有一定的鲁棒性。现阶段的孪生神经网络多是依赖离线训练模型的相似性衡量能力，而在跟踪过程中，仅仅利用第一帧模板进行后续帧的目标结果预测，而不进行模型更新，这导致孪生神经网络很依赖模型的离线训练。而当面对小目标跟踪时，第一帧能提取的深层语义信息相当有限，这就导致孪生神经网络在应对小目标跟踪时，表现乏力。

② 尺寸回归预测。经典的孪生神经网络只能输出响应图来确定目标位置，这就导致孪生网络难以对目标的尺寸变化进行预测。为此，SiamFC[13] 使用相关滤波常用的图像金字塔来简单地预测目标的尺寸变化。但这种方法难以应对跟踪过程中目标可能发生的纵横比变化，从而导致跟踪失败。为此，Li 等人[14]

提出 SiamRPN 方法，引入目标检测领域的候选区域生成网络（region proposal network，RPN）用于尺寸回归，使得孪生神经网络能够输出精准的包围框。

如图 6-4 所示（摘自文献［14］图 4），RPN 网络在特征图上以每一个像素点为中心，各自生成多个（5 个）不同纵横比（［0.33, 0.5, 1, 2, 3］）的预设锚点框作为初始的检测框，并通过分类网络进行目标类别鉴定以及回归网络对预测的锚点框进行尺寸修正。然而，不同于目标检测方法，跟踪方法无法事先得知跟踪目标的类别，所以 SiamRPN 把第一帧模板信息当成卷积核进行特征编码。如图 6-5（摘自文献［14］图 3），通过孪生网络进行特征提取（图中的 CNN 模块），RPN 网络把第一帧的模板信息当成卷积核，对待检测图像进行卷积运算，得到相关响应图。传统的孪生网络只能得到包含目标位置信息的响应图，因此无法进行尺寸回归，而 SiamRPN 网络将目标跟踪问题分为分类问题和回归问题，响应图（尺寸大小 17×17）上每一个像素点都对应 5 个锚点框，每个锚点框都有两种得分值：分类得分（$[p_{cls}, n_{cls}]$）和回归得分（$[x_{reg}, y_{reg}, w_{reg}, h_{reg}]$）。其中 p_{cls} 表示该锚点框包含目标的概率值，得分最高的锚点框即最终预测的包围框。然而由于事先设定的锚点框为固定比例（1:3，1:2，1:1，2:1，3:1），因此，需要回归得分（$[x_{reg}, y_{reg}, w_{reg}, h_{reg}]$）来修正初始的锚点框，从而得到精准的包围框。

RPN 网络的应用大幅提升了孪生神经网络跟踪方法的精度，越来越多的学者开始研究目标跟踪过程的尺寸回归。Martin 等人[9] 引入目标检测的 IoU-Net[10]，能够预测候选框与真实目标包围框的重叠率［Interaction over Union（IoU）］得分。跟踪时，通过对上一帧预测的目标包围框施加随机扰动，从而产生 10 个候选框即对应的 IoU 得分，并挑选前三的候选框取平均，从而得到精准的包围框预测。Wang 等人[11] 在孪生神经网络中引入图像分割分支，对目标的状态预测精准到了像素。Xu 等人[18] 提出一种新型的目标尺寸预测，通过预测目标的中心位置以及中心位置到包围框上下左右四个方向的距离，从而得到了目标当前帧的包围框。Du 等人[12] 通过预测目标包围框的左下角点和右上角点的位置，从而确定了目标包围框。随着各种出色的尺寸回归预测模块的提出，孪生神经网络性能大幅度提升，近年来，在各种跟踪竞赛上大放异彩。

③ 全局重检测跟踪框架。传统的目标跟踪方法多采用局部搜索的方式来对目标进行定位，即以上一帧预测的目标位置为中心，根据目标尺寸在当前帧以一定的比例裁剪一个固定搜寻区域进行目标搜索。这主要是因为对于跟踪视频，目标在相邻帧之间难以发生巨大的位置跳跃。然而，当目标从画面丢失时，局部搜索将失效，从而导致跟踪失败，为此基于全局重检测方式的孪生神经网络跟踪框架得到了广泛的研究。

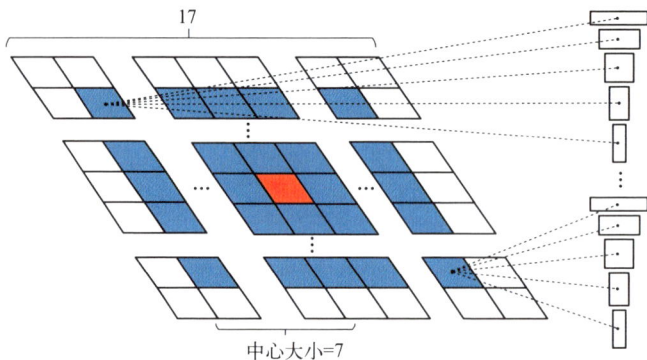

图 6-4　RPN 网络用于尺寸预测原理图

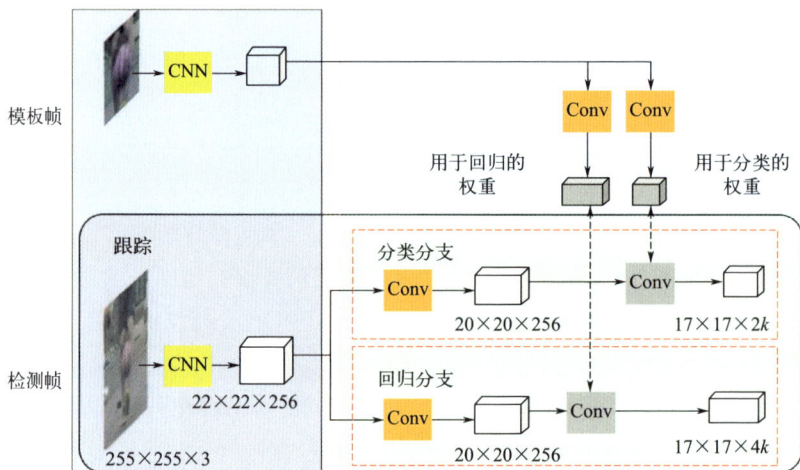

图 6-5　SiamRPN 网络跟踪原理图

SiamRCNN[15] 是一个两阶段重检测的孪生跟踪网络，其网络结构依次由三个模块组成：a. 一个特征提取模块，包含一个用于提取第一帧基准包围框特征（初始模板）的模板分支，以及一个测试分支，利用 RPN 网络 [19] 产生大量的候选框；b. 两阶段的重检测模块，第一阶段利用第一帧的初始模板与候选框进行相似度评估并根据相似度筛选候选框，第二阶段使用历史帧的预测结果来对第一阶段获取的候选框进行第二次相似度评估，即重检测；c. 动态子轨迹集合模块，利用时序信息和空间位置分布，对目标以及背景相似外观干扰物建立运动轨迹方程集合，配合两阶段的重检测模块，实现联合决策。

假定一条运动轨迹由 N 段不重叠的连续子轨迹组成 $A = (a_1, a_2, \cdots, a_N)$，每条子轨迹 $a_i, \forall i \in \{1, 2, \cdots, N-1\}$ 满足条件 $end(a_i) < start(a_i + 1)$，其中 $start$ 和 end 意

味着子轨迹 a_i 的开始和结束对应的时间位置。那么这条运动轨迹的相似度得分定义为

$$score(A) = \sum_{i=1}^{N} sim_{\text{eva}(a_i)} + \sum_{i=1}^{N-1} \omega_l loc_{\text{eva}(a_i, a_{i+1})} \qquad (6-11)$$

式中，sim_{eva} 为相似度衡量函数；loc_{eva} 为位置一致性衡量函数；ω_l 为一固定常数，用于调节两者的权重。sim_{eva} 主要是用于衡量子轨迹 a_i 的相似度得分，具体计算方式下：

$$sim_{\text{eva}(a_i)} = \sum_{t=start(a_i)}^{end(a_i)} \left[w_r sim(a_{i,t}, gt) + (1 - w_r) sim(a_{i,t}, a_{ff}) \right] \qquad (6-12)$$

式中，w_r 为一固定常数；gt 表示视频序列第一帧给定的目标基准包围框对应的模板图像；$a_{i,t}$ 表示子轨迹 a_i 的第 t 帧的模板图像。定义包含第一帧模板图像的运动轨迹为 F，a_{ff} 则表示运动轨迹 F 的最新模板。sim 即孪生神经网络，SiamRCNN 通过引入 Faster-RCNN[19] 作为重检测头，用于计算模板和待检测区域的相似性得分。公式（6-12）计算子轨迹 a_i 每一帧图像与视频序列第一帧模板以及子轨迹第一帧模板的相似性得分，这样做的好处在于不仅利用了视频序列第一帧的模板，而且历史帧的预测结果也加入到了跟踪预测中，通过利用目标不同时间段的外观信息，实现全面的跟踪预测。另外，SiamRCNN 还在跟踪预测中引入了空间信息，loc_{eva} 计算方式如下：

$$loc_{\text{eva}(a_i, a_{i+1})} = -\left| end_{\text{box}(a_i)} - start_{\text{box}(a_i, a_{i+1})} \right|_1 \qquad (6-13)$$

式中，end_{box} 和 $start_{\text{box}}$ 分别表示子轨迹 a_i 的最后一帧和子轨迹 a_{i+1} 的第一帧预测的包围框，而 loc_{eva} 则是用于衡量这两段相邻子轨迹的空间位置偏差，主要是通过 L_1 正则来衡量。假定两个包围框 (x_1, y_1, w_1, h_1) 和 (x_2, y_2, w_2, h_2)，这两个包围框的 L_1 正则可表示为

$$\left| (x_1, y_1, w_1, h_1), (x_2, y_2, w_2, h_2) \right|_1 = \max(|x_1 - x_2|, |y_1 - y_2|, |h_1 - h_2|) \qquad (6-14)$$

式中，max 表示取最大值。当两个包围框空间位置以及尺寸越接近，L_1 正则越小，loc_{eva} 的得分越大，该轨迹的得分 $score(A)$ 越高。最终，得分最高的轨迹所对应的预测结果即当前帧的预测结果。

SiamRCNN 每一帧都对整幅图像进行全局检测，并通过全面地记录目标以及背景相似干扰物的运动轨迹，从而抑制背景的干扰。但在小目标跟踪过程中，目标只在整幅图像中占据很小的比例，背景存在大量的相似外观的干扰物体，每一帧都使用全局检测来搜索目标很容易导致跟踪漂移。然而，传统的局部搜索虽然能在一定程度上抑制背景的干扰，但对于小目标跟踪，存在镜头转动而引起的小目标在相邻帧之间发生巨大的位置偏移，从而导致跟踪失败。

基于孪生神经网络的目标跟踪技术在多个领域展现了广泛的应用潜力，例如视频监控、自动驾驶、医疗图像分析和军事侦察等。在视频监控中，它被用于跟踪监控画面中的可疑人物或车辆，即使目标在不同摄像头视角间切换，系统依然可以通过提取的特征向量实现精准跟踪，有效应对遮挡或光照变化。在自动驾驶领域，孪生神经网络用于实时跟踪道路上的动态目标（如行人、自行车或其他车辆），通过分析初始帧中的特征并在后续帧中持续跟踪目标的运动轨迹，确保自动驾驶系统对环境的准确感知，提升驾驶安全性。在医疗图像分析中，该技术被用于跟踪动态医学影像中的器官或病灶，例如实时监测心脏的运动轨迹或肿瘤在放疗中的变化位置，为医生提供精准的诊断和治疗参考。这些实际应用充分体现了孪生神经网络在处理复杂场景中的鲁棒性和广泛适用性。其核心原理是通过构建一对共享权重的神经网络（孪生网络），分别处理目标模板和当前图像帧，以学习目标和候选区域之间的相似性评分。具体而言，初始阶段从第一帧中提取目标模板，通过孪生神经网络将模板和后续帧中的候选区域映射到一个共享的特征空间，计算其特征向量之间的相似性，从而定位目标。在处理目标外观变化、遮挡和光照变化等复杂场景时，该技术通过深度学习提取鲁棒性特征，有效应对这些挑战。同时，孪生网络通过端到端的训练方式，从大量数据中学习目标的先验信息和潜在变化模式，大幅提高了跟踪的准确性。然而，该技术在实际应用中仍然面临挑战，例如光照变化和背景干扰会降低模型的判别能力，目标的尺度变化和快速运动可能使网络难以适应；此外，由于孪生神经网络通常需要复杂的深度结构，计算开销较大，这在实时性和资源受限的应用中会成为瓶颈。尽管如此，通过引入轻量化网络架构、优化模型推理效率以及结合时序信息进行目标预测，可以进一步提升基于孪生神经网络的目标跟踪技术在实际场景中的适用性和性能。

6.2
特定于无人机场景的视觉目标跟踪

6.2.1 反无人机视觉目标跟踪概念

反无人机视觉目标跟踪是将被跟踪目标特定为无人机的单目标跟踪技术，其目的在于着手解决反无人机跟踪场景下被跟踪目标"低慢小"的问题，从而在现有通用跟踪方法的基础上，进一步提高跟踪方法在复杂跟踪场景下对无人机进行跟踪的速度与精度。反无人机概念由赵健[20]等人首次在计算机视觉顶级会议 CVPR2020 的 Workshop 上提出，并发布了首个反无人机的跟踪数据集Anti-UAV。随着社会反无人机的需求场景越来越多，反无人机技术逐渐成为科研人员研究的热点。当前，深度学习方法成为实现视觉目标跟踪的主流技术，研究人员围绕反无人机主题开展了大量基于深度学习的反无人机视觉目标跟踪技术的探索，并取得了一定的学术成果。

反无人机视觉目标跟踪方法要处理的视频图像主要是 RGB（视觉，可见光）图像和红外图像。根据反无人机视觉目标跟踪方法的输入图像是单一模态的图像数据，还是同时包含两个模态的图像数据，我们将现有反无人机视觉目标跟踪方法分为单模态视觉目标跟踪方法和 RGB-T 融合视觉目标跟踪方法。

在单模态反无人机视觉目标跟踪方法中，根据无人机消失后，视觉跟踪方法如何对无人机进行全局重检测，从而找回再次出现在相机视野的无人机的能力，单模态反无人机视觉目标跟踪方法被分为全局跟踪（短时跟踪）和局部 - 全局跟踪（长时跟踪）方法。其中，局部跟踪是在默认无人机从未完全消失在相机视野的情况下，依托上一帧对目标位置的预测结果，仅在下一帧该预测结果周围的局部区域对目标进行搜索的方法。局部跟踪方法在目标消失后会导致连锁的推理错误，不具备目标丢失后再次找回的能力，因此也被称为短时跟踪。由于不需要考虑目标外观消失的问题，现有基于深度学习的反无人机单模态视觉目标跟踪工作大都集中在跟踪网络结构的优化上，以此来建立更加鲁棒的无人机跟踪模型，从而在跟踪精度和跟踪速度两个评测指标上不断提高网络对无人机的跟踪性能。与局部跟踪相比，局部 - 全局跟踪以及全局跟踪则需要处理反无人机跟踪场景中，无人机滑出相机视野或被完全遮挡而导致的无人机频繁消失和再现的问题，即局部 - 全局和全局单模态视觉目标跟踪需要具备目标消失在当前搜索区域后，在整个相机视野下对目标进行重新检测并找回的能力。

当前，无论是使用 RGB 视频图像还是使用红外视频图像，单模态视觉目标跟踪都会有其各自使用场景的局限性。例如，在极端光照，低能见度天气和遮挡等恶劣可视跟踪场景下，无人机在 RGB 模态下的外观信息会面临部分或全部缺失的情况。RGB 单目标跟踪方法在面对这些挑战性跟踪场景时会出现跟踪性能急剧下降的问题，并且很难通过改进或者增强视觉目标跟踪方法的目标外观建模能力，来提高这些恶劣可视跟踪场景下的跟踪性能。同上，在热交叉等跟踪场景下，红外模态下的视觉目标跟踪方法会面临相同的问题。为了克服视觉目标跟踪中的难题，研究人员提出了 RGB-T（可见光 - 红外）融合技术，通过结合 RGB 图像和红外图像的信息，利用两种模态数据的互补特性实现更加鲁棒的目标定位。RGB 图像能够在白天或正常光照条件下捕捉目标的高分辨率细节，而红外图像则能够在夜间、弱光或恶劣天气条件下通过热信号感知目标，两者的结合有效提升了跟踪系统的适应性和鲁棒性。在技术实现上，首先分别从 RGB 和红外图像中提取目标的特征，利用双流卷积网络等深度学习模型确保对两种模态的精确表征。然后，通过模态对齐技术（如特征归一化或联合特征学习）处理 RGB 与红外特征的分布差异，使其在同一特征空间内融合。最终采用早期融合、晚期融合或特征加权等策略将两种模态的特性结合，从而实现全天时全天候的目标跟踪。RGB-T 融合技术已广泛应用于视频监控、自动驾驶、智能交通和人机智能交互等领域，同时也逐渐成为反无人机目标跟踪研究的热点，为提升系统的鲁棒性和多场景适应能力提供了有效手段。

本节首先按照全局跟踪，局部 - 全局跟踪的顺序，首先介绍单模态视觉目标跟踪如何针对反无人机跟踪场景，优化无人机外观模型的建立，以及如何解决无人机丢失后的对无人机进行重新检测并找回的问题。随后，介绍 RGB-T 融合跟踪方法的发展现状，及其在反无人机跟踪场景下的应用。

6.2.2 单模态全局反无人机视觉目标跟踪

（1）首个反无人机视觉目标跟踪数据集及其基线跟踪方法 DFSC

为了促进反无人机技术的发展，赵健等人[20]首先发布了第一个大规模多模态的反无人机跟踪基准，称为 Anti-UAV。该工作为更好地开发能够感知和监视无人机的视觉目标跟踪技术提供了数据基础，并提出了一种简单有效的无人机跟踪方法——DFSC（dual-flow semantic consistency，双流语义一致性）。该方法通过视频序列间的语义流调制，使跟踪器可以学习到更鲁棒的特定于无人机类别的语义信息，获取更具判别性的实例级特征。

反无人机数据集中只有一类目标——无人机。因此，即使在不同的视频序列中，前景信息也是相互关联的。受此启发，赵健等人[20]认为网络可以在训练过程中结合来自不同视频序列的特征，从而使学习到的特征更加鲁棒。基于这一思想，提出了双流语义一致性训练策略。如图 6-6 所示，DFSC 训练策略分为类级语义调制（class-level semantic modulation，CSM）阶段和实例级语义调制（instance-level semantic modulation，ISM）阶段。在 CSM 阶段，搜索区域图像的特征被来自不同视频序列的查询图像的 ROI 特征调制。在这种情况下，跟踪器将关注整个无人机类别中实例的潜在表示。然后在 ISM 阶段，被选择的提案（proposals）将仅根据当前视频序列查询图像的 ROI 特征进行调制。

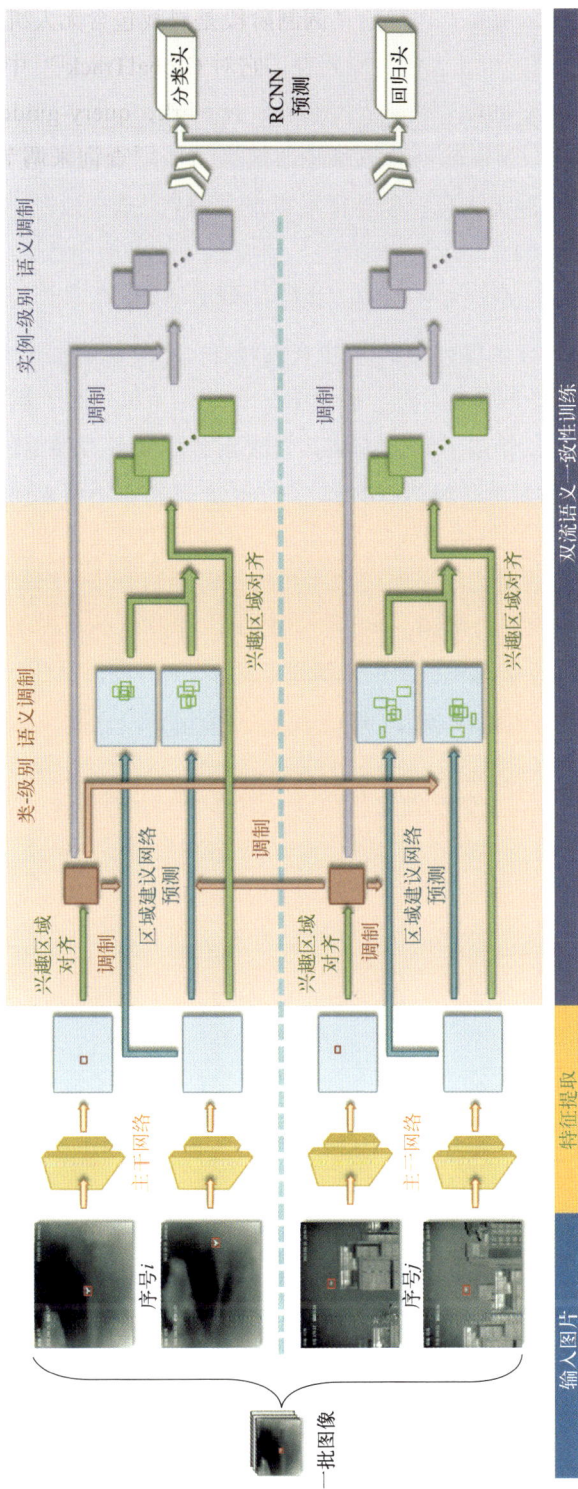

图 6-6　DFSC 训练策略的流程图

① 无人机类级语义调制。类级语义调制阶段是寻找包含无人机类别对象的候选框，这可以看作是一个无人机检测问题。它对 GlobalTrack[21] 中基于查询引导区域提案网络（query-guided region proposal network，query-guided RPN）的训练策略进行了改进。具体的训练策略是通过交叉序列查询来调节搜索区域。在 CSM 阶段得到的一般无人机调制特征可以定义为 $\hat{t}$。具体地说，交叉序列查询调制定义如下：

$$\hat{t}_{ij} = f_{\text{CSM}}(z_i, x_j) = f_{\text{out}} \{[f_z(z_i) \otimes f_x(x_j)]\} \tag{6-15}$$

式中，z_i 表示在第 i 个序列中的 ROI 查询特征；x_j 表示从主干中提取的第 j 个序列的搜索区域图像的特征。f_{CSM} 是使用 z_i 和 x_j 的不同组合，调制序列内和交叉序列的调制器。$\hat{t}_{ij}$ 保留了 x_j 的大小，它表示将用于生成提案的调制特征。利用 f_{out} 对 $\hat{t}_{ij}$ 和 x_j 的特征通道号进行对齐，f_z 和 f_x 分别作用于 z_i 和 x_j 得到投影特征。$\otimes$ 表示卷积算子。值得一提的是，i 和 j 的取值范围在 0 到当前批次大小 n 之间，当 i 和 j 不相等时，将采用交叉序列的图像调制方法。当 i 和 j 相等时，图像调制方法退化为序列内调制。根据上述定义，跟踪器的分类和回归部分在 CSM 阶段进行训练。在训练中，损失函数定义如下：

$$L_{\text{CSM}}(z_i, x_i, z_j, x_j) = L_{\text{same}} + \alpha L_{\text{cross}}$$

$$= \sum_{i,j \in n, i=j} L_{\text{rpn}}(\hat{t}_{ij}) + \alpha \sum_{i,j \in n, i \neq j} L_{\text{rpn}}(\hat{t}_{ij}) \tag{6-16}$$

式中，α 是调整 L_{cross} 和 L_{same} 之间比率的权重系数。L_{cross} 和 L_{same} 都是 RPN 的损失函数，其中 cross 表示交叉调制后的 RPN 预测，same 表示序列内调制后的 PRN 预测。具体来说，RPN 的训练损失函数表示如下：

$$L_{\text{rpn}}(\hat{t}_{ij}) = \frac{1}{N_{\text{cls}}} \sum_n L_{\text{cls}}(s_n, n_*^s) + \beta \frac{1}{N_{\text{reg}}} \sum_n L_{\text{reg}}(p_n, n_*^p) \tag{6-17}$$

式中，β 是用来平衡分类和回归损失的权重；s_n 和 n_*^s 分别表示估计的分类得分和相应的真值；而 p_n 和 n_*^p 是第 n 个提案的位置和相应的真值。

② 无人机实例级语义调制。在 CSM 阶段，选择可能属于无人机类的提案。而在 ISM 阶段，重点是无人机实例相关信息。此时，跟踪器的目标是将无人机从具有相似外观信息的干扰物中或复杂背景中区分并识别出来。给定当前特征所属序列的查询图像，将提案进行分类和边界框回归。z 和 x_k 之间的实例级语义调制执行如下：

$$\hat{t}_k = f_{\text{ISM}}(z, x_k) = out^f \{[z^f(z) \odot x^f(x_k)]\} \tag{6-18}$$

式中，x_k 表示选择的第 k 个提案；z 表示查询图像的 ROI 特征，该图像与当前特征 x_k 来自同一序列。f_{ISM} 是调制器，将实例的特殊信息调制到选定的提案中。our_k^f 保持 $\hat{t}_k$ 和 x_k 的大小相同。z_k^f 和 x_k^f 分别表示 z 和 x_k 的特征映射模块。⊙ 表示 Hadamard 积。随后，对 GlobalTrack QG-RCNN 进行训练。对调制后的 ROI 特征进行分类和回归，得到跟踪器的结果如下：

$$L_{\text{ISM}}(z, x) = \frac{1}{N_{\text{pnum}}} \sum_k L_{\text{rcnn}}(\hat{t}_k) \tag{6-19}$$

这里的 N_{pnum} 表示从 CSM 阶段选出的提案数量。对于每一个调制的 ROI 特征，损失函数可表示如下：

$$L_{\text{rcnn}}(\hat{t}_k) = cls_k^L(n^s, n_*^s) + \beta reg_k^L(n^p, n_*^p) \tag{6-20}$$

式中，n^s 和 n_*^s 分别表示预测置信度得分和相应的基本真值。n^p 和 n_*^p 是第 n 个提案的位置和相应的真值。

赵健等人[20]的工作构建了第一个反无人机跟踪的数据集 Anti-UAV，该数据集收集了 300 多个视频对，人工标注了 58 万多个边界框。此外，该工作在构建数据集基础上，提出了一种新的特定于反无人机跟踪的方法——DFSC。DFSC 使跟踪器能够充分利用不同无人机视频序列的语义信息，从而进一步提高跟踪器对无人机进行识别和跟踪的鲁棒性。值得注意的是，DFSC方法没有引入任何额外的推理时间。

（2）全局反无人机视觉目标跟踪 SiamYOLO

针对红外反无人机任务，Fang 等人[22]提出了一种实时抗干扰红外无人机跟踪器 SiamYOLO，该跟踪器采用全局实时感知机制寻找候选目标，然后利用时空信息获取真实的无人机目标。此外，在多尺度特征融合中集成了通道特征细化模块，以更好地增强无人机目标更细微特征在通道上的表征，从而提高跟踪性能。Fang 等人[22]研究了一种反无人机任务的基本思想的可行性和性能，即在给定框架中全局搜索候选目标，并利用时空信息丢弃干扰物。通过遵循这种跟踪范式，特别是在长期跟踪场景中，可以通过设计更精确的候选目标生成器和更鲁棒的运动模型来获得更好的跟踪性能。

具体来说，SiamYOLO[22]的网络结构如图 6-7 所示。它主要由一个实时全局跟踪组件和一个基于时空信息的抗干扰模块组成，主要有以下四个特点：

① 经典的长时跟踪算法采用局部跟踪结合目标消失后的重检测，但由于背景的干扰和遮挡以及飞行路线的不可预知性，容易导致无人机目标的丢失。因此，SiamYOLO 使用基于全局实例搜索的跟踪器在全局范围内搜索目标，克服了传统长时跟踪模式的缺点。

② 为了实现搜索区域增大的实时跟踪，借鉴速度优势显著的单阶段检测器 YOLO v3，构建了基于孪生网络的实时多尺度红外无人机跟踪器。

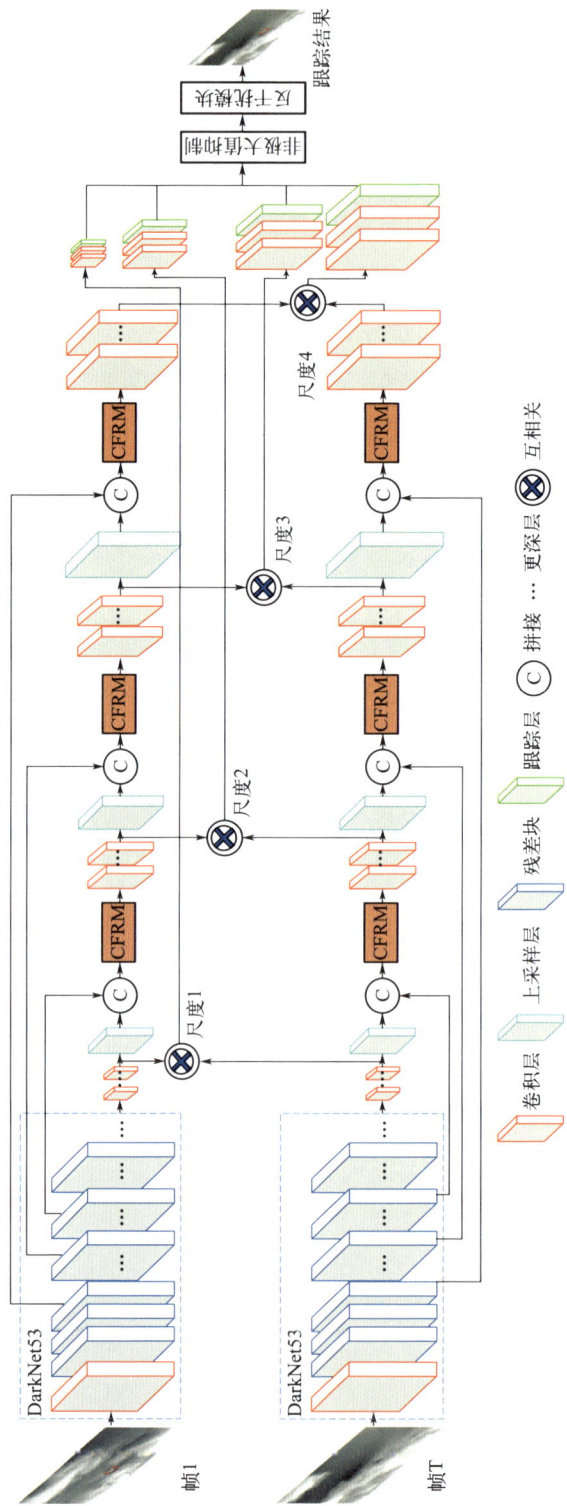

图 6-7 SiamYOLO 结构图

卷积层　上采样层　残差块　跟踪层　ⓒ 拼接　··· 更深层　⊗ 互相关

③ 为了更好地从背景和杂波中提取无人机目标的特征，将 CFRM 模块嵌入到多尺度特征融合中，在增强无人机目标特征的同时抑制其他特征，从而提高跟踪定位和鲁棒性。

④ SiamYOLO 利用无人机目标的时空线索，结合卡尔曼滤波[23]，根据当前航迹点预测目标位置，将候选目标与预测位置进行比较，最终保留真实无人机目标，舍弃其他目标。与仅计算视觉特征相似度相比，该方法具有相对更强的鲁棒性。

① 实时多尺度红外无人机跟踪组件。为了实现全局实时跟踪，Fang 等人[22]参考 YOLO v3 来建立基本跟踪组件。虽然并不是第一个将目标检测机制融入目标跟踪任务中，但是 SiamYOLO 与其他具有竞争力的方法相比仍然具有优势。例如，SiamFC[13] 和 SiamRPN[14] 跟踪位于图像中心附近的目标，这迫使网络学习偏离图像中心的位置，从而产生较差的跟踪结果。然而，SiamYOLO 是为了跟踪目标而设计的，无须关注目标在图像上的位置，突破了网络架构空间不变性的限制。此外，即使跟踪组件跟踪到干扰物，SiamYOLO 也能在时空维度上对跟踪结果进行重新跟踪和校正，表现出比 SiamRPN 和 GlobalTrack[21] 更强的鲁棒性。

SiamYOLO 的特征提取骨干网络是 Darknet-53[24]，使用其中的第 12、28、44 和 53 层的输出特征图，并将它们组合成金字塔结构，代表输入图像的多尺度特征。一方面，浅层特征图语义更粗但分辨率更细，有利于红外小型无人机目标定位。另一方面，深层特征图具有更大的感受野和丰富的语义信息，有利于无人机目标分类。

主干网络 ϕ 接收模板图像 Z 和搜索图像 X 作为它的两个输入，分别提取它们的特征，获得四尺度的模板图像特征 $\boldsymbol{f}_{z,i} = \phi(Z)$，$i\{1,2,3,4\}$，和搜索区域特征 $\boldsymbol{f}_{x,i} = \phi(X)$，$i\{1,2,3,4\}$。之后，使用感兴趣区域（RoI）对其从模板特征中剪裁并校准了四种不同尺度的无人机目标特征：

$$f_{obj\_i} = \mathcal{R}(b_{obj}, f_{z\_i}) \tag{6-21}$$

式中，$\mathcal{R}$ 表示 RoI 对齐操作；b_{obj} 是目标框的真实值；$i\{1,2,3,4\}$，$\boldsymbol{f}_{obj\_1} \in \mathbb{R}^{512\times3\times3}$，$\boldsymbol{f}_{obj\_2} \in \mathbb{R}^{256\times6\times6}$，$\boldsymbol{f}_{obj\_3} \in \mathbb{R}^{128\times12\times12}$，$\boldsymbol{f}_{obj\_4} \in \mathbb{R}^{64\times24\times24}$。随后，得到统一尺度的 f_{obj_i} 和 f_{x_i} 的相似度：

$$\hat{x}_i = \phi_z(f_{obj\_i}) \otimes f_{x_i} \tag{6-22}$$

式中，$\otimes$ 表示卷积；ϕ_z 把 $\boldsymbol{f}_{obj\_i}$ 转化成作用于 f_{x_i} 的 1×1 的卷积核。由此，$\hat{x}_i$ 和 $\boldsymbol{f}_{x\_i}$ 有了一样的尺度，为后续跟踪层的分类和边界框回归提供了便利。候选目标位置由跟踪层和基于 $i = 1_4^{\{\hat{x}_i\}}$ 的非极大值抑制（NMS）得到。

② 通道特征增强模块（CFRM）。主干网络能够从输入图像中提取特征，并沿着通道维度逐步堆叠，因此充分利用它们进行目标判别至关重要。为此，提出使用特征金字塔结构，融合来自深层的分类信息和来自浅层的定位信息。然而，当无人机目标变小和背景复杂时，直接使用金字塔结构的融合通道级特征是相对不准确的，会导致误跟踪或跟踪失败。这可能是由于特征金字塔结构已经将原始的通道级无人机目标特征与其他冗余特征淹没，因此后期的操作很难确定最具贡献的特征。

为了解决这个问题，SiamYOLO 在模型中引入了通道特征优化模块（channel feature refinement module，CFRM）。该模块示意图如图 6-8 所示，将其嵌入到特征金字塔结构的融合特征图中。目的是通过每个通道特征对红外无人机目标跟踪的贡献来对特征进行通道加权。由图 6-8 可知，该模块首先取一幅尺寸为 (C, H, W) 的输入图像，并使用全局平均池化（GAP）获得每个通道尺寸为 $(C, 1, 1)$ 的初始特征显著性统计。然后将统计量转发给一个卷积子网络，计算 $(C, 1, 1)$ 关系特征显著性统计量，这些统计量并不是通道互斥的。最后，这些统计量通过 sigmoid 函数进行归一化，并逐通道地乘到输入特征图上。

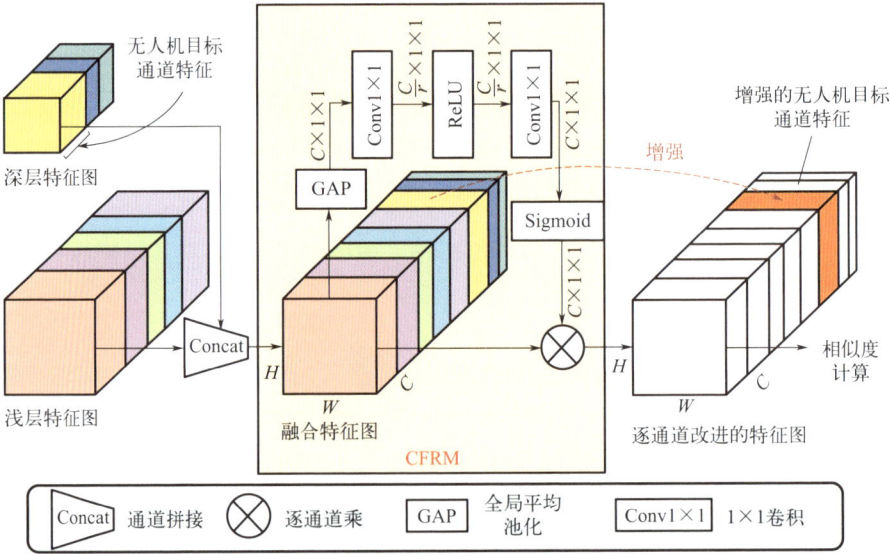

图 6-8　CFRM 模块示意图

通过引入 CFRM 模块，模型具有自动的通道特征加权机制。CFRM 作为通道特征加权分支，在特征图的每个通道中计算特征优先级，从而突出红外无人机目标并抑制其他不重要的干扰特征，进而有效地丢弃干扰物并保留真实的红外无人机目标，特别是在复杂背景和目标较小、被遮挡或被干扰的情况下。从这个角度来看，该模型能够自适应地从特征淹没中提炼通道级特征，从而在红外无人机跟踪过程中产生更精确和更鲁棒的结果，最终提高红外无人机目标跟踪的整体性能。

③ 基于时空信息的抗干扰组件。在使用跟踪组件捕获模板相似的候选目标后，仅通过视觉特征来区分两个相似的目标是相当耗时的。因此，Fang 等人[22]在空间和时间维度上提出了基于时空信息的抗干扰模块，以抑制来自干扰物和背景的干扰。该模块的主要思想是在目标连续运动的情况下排除异常值。首先利用模板帧（TempleteBbox）的位置初始化卡尔曼滤波器。随后，跟踪组件在 t 帧生成候选目标位置候选（target location candidate），卡尔曼滤波器根据轨迹片段（第 1 行）预测目标位置。之后，计算每个候选目标与预测位置之间的距离，选择距离最小的一个候选目标作为跟踪结果边界框 Bbox（第 2 行）。然后将该距离与阈值参数 τ 进行比较：若距离不大于 τ，则模块将相应的边界框作为最终的跟踪结果，并通过边界框 Bbox（第 3～5 行）对卡尔曼滤波器进行修正，否则模块认为图像中不存在无人机目标，并返回一个无结果的描述子（第 6~7 行）。基于经验，τ 设置为 50。

SiamYOLO 是 Fang 等人[22]针对反无人机任务，提出的一种具有全局感知机制和通道特征精化模块的实时抗干扰红外无人机跟踪器。它将 YOLO v3 与基于孪生网络的跟踪框架相结合，有利于对无人机目标进行快速、长期的跟踪。通过多尺度结构构建通道特征细化模块，可以进一步增强对无人机目标特征的提取能力。而抗干扰模块则从时空维度上消除虚假目标的影响，增强跟踪算法的鲁棒性。

（3）全局反无人机视觉目标跟踪 SDSTracker

Tang 等人[25]认为反无人机跟踪面临的背景复杂、无人机目标较小、运动模糊等挑战，使得现有的跟踪或检测方法难以直接应用。例如，一些最先进（SOTA）的单目标跟踪方法（如 OSTrack[26]）在遇到目标消失或相机偏移时表现不佳。现有的检测方法也难以直接应用于这一任务。Tang 等人[25]提出了一种基于检测的级联后处理方法 SDSTracker 来解决这一问题。SDSTracker 的整个过程包括生成检测候选框，通过视频分类调整候选框得分，通过一个简单的跟踪器链接不同帧之间的候选框，通过背景建模确定视频中的运动目标，然后将单目标跟踪作为后处理来修正未成功链接的结果。

如图 6-9 所示，SDSTracker 包括两个主要模块，即强检测器和简单跟踪器。

SDSTracker 选择了几种类型的检测器，并针对无人机目标的独特特征对每种检测器进行了优化，从而形成了一个强检测器。简单跟踪器使用级联规则将强检测器的结果链接起来，从而获得最终的跟踪结果。然而，在红外图像中，背景中的噪声块可能与前景目标相似，仅依靠单纯的检测方法时，检测或跟踪失败的概率很大。为了进一步提高模型的准确性，SDSTracker 利用时间信息设计了两个模块：视频检查器和运动模型。视频检查器是一种基于检测结果的视频分类器，它放大图像中的对象并从当前和过去的帧中裁剪出局部视频片段。然后将该片段输入到视频检查器中进行分类，从而为当前检测结果产生一个新的分数。运动模型采用帧差法进行背景建模，从而可以有效检测像素较少的小运动目标，在处理小目标和与前景目标相似的多个背景杂波时可以和检测任务相互补充。

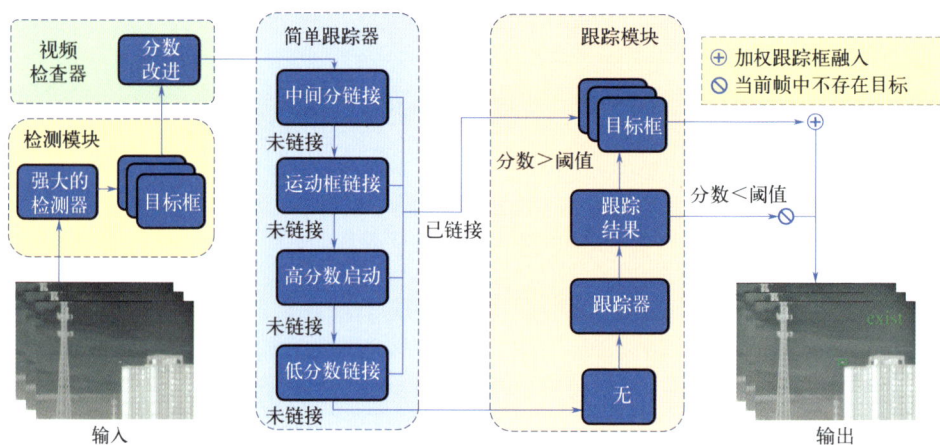

图 6-9　SDSTracker 方法的整体架构

　① 强检测器（strong detector）。在基于检测的目标跟踪方法中，精确的目标检测对于跟踪系统的整体性能至关重要。SDSTracker 精心挑选了一系列最先进的检测模型，包括单阶段、多阶段和基于 Transformer[27] 的模型，如 YOLO v8[28]、EVA[29] 和 DINO[30]。并选择了最大的开源模型 YOLO v8-YOLO v8x6、EVA-SwinL 和 DINO-SwinL 作为检测器。考虑到无人机目标分布不均匀、尺寸较小的特点，SDSTracker 在检测器训练过程中采用大输入尺寸、小目标过采样策略。此外，数据增强技术，如小目标的样本策略，也被用来提高检测器的鲁棒性。最后，采用集成融合方法对多个检测模型的输出进行组合，提高检测精度。

② 视频检查器（video checker）。虽然图像级检测可以提供很好的结果，但视频之间缺乏时间信息，会导致无法判断一些困难的样本。为了提高测试结果的准确性，SDSTracker 利用视频检查器来区分真阳性和假阳性。该方法仅通过当前帧和过去帧来有效地利用视频的历史信息，以及保持模型的在线属性。具体来说，SDSTracker 首先在训练集和测试集上训练 DINO[30] 去检测，以检测潜在的无人机目标。对于每张图像，选择前 20 个预测框，根据真值标注的位置构造正负样本，并将所有样本放大 5 倍。此外，对于每个样本，使用放大的边界框裁剪当前帧和前 30 帧。然后，使用所有的样本来训练视频检查器。在测试阶段，将样本提交给视频检查器以生成一个新的分数，这有助于对跟踪器进行最终判断。目前在测试过程中，只对单个检测器结果的前 1 个边界框进行了简单的分数校正，尚未对所有框进行校正。

③ 运动模型（motion model）。为了对视频序列中的小目标进行跟踪，SDSTracker 引入了背景建模方法 vibe[31]，用于红外无人机跟踪中的提案生成。对于每个序列，SDSTracker 首先在第一帧中初始化 vibe，并在每个后续帧中更新它以获得前景掩膜 F_M。然后在 F_M 上执行打开和关闭操作，通过 OpenCV 中的 findContours 和 boundingRect 函数获得预测方框。同时，在 F_M 上执行像素求和 S_p，如果 S_p 大于设置的阈值，则在当前帧中重新初始化 vibe。图 6-10 显示了 vibe 和检测结果的可视化比较。

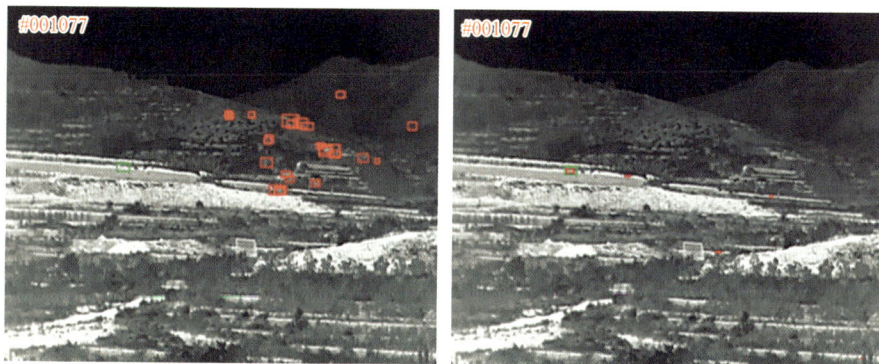

图 6-10　vibe 预测结果和检测结果的可视化比较

④ 简单跟踪器（simple tracker）。由于反无人机具有复杂多样的场景和小目标尺寸的挑战。基于单图像检测获得准确的目标位置是困难的，因此必须考虑视频中的时间信息。一种解决方案是模仿当前的 MOT 工作，例如使用 ByteTrack 或 StrongTrack 的后处理模块。然而，SDSTracker 为反无人机任务设

计了一个名为 SimpleTrack 的在线后处理模块，该模块仅涉及单一类型的无人机目标。为了保持跟踪结果的一致性，SimpleTrack 背后的理念是直观的，其首先尝试将当前帧的检测结果与过去的预测结果相匹配。如果成功，则更新结果。如果没有，并且当前帧中存在足够高置信度的检测框，则使用该检测框作为新的输出结果。SimpleTrack 使用 IoU 来衡量预测框之间的相似性，该相似性是通过计算预测框中心之间的欧氏距离除以盒子的长度和宽度来获得的。如果没能链接过去的几个帧，SimpleTrack 会为当前跟踪的预测结果设置一个截止时间，并清除过去的结果。SimpleTrack 会进行三次匹配，首先是中置信度匹配，其次是运动模型预测结果匹配，最后是低置信度匹配。由于运动模型生成的预测框缺乏置信度，因此将其置于中低置信度区间，并在匹配时提高其 IoU 阈值。

⑤ 集成（ensemble）。为了提高跟踪性能，SDSTracker 在集成阶段使用了加权预测框融合[32]（WBF）的改进版本。这是因为传统 WBF 直接融合预测框结果，可能会改变分数分布，阻碍跟踪器参数调整。为了克服这个问题，SDSTracker 提出了一种两步方法，称为加权跟踪预测框融合（WTBF）方法：在第 1 步中，将每个检测器的结果分别送入跟踪器，得到跟踪结果；在第 2 步中，使用集成技术将每个跟踪器生成的跟踪框组合在一起。该设计避免了跟踪与集成的冲突，简化了参数调整。

⑥ 单目标跟踪（single object tracking）。检测模型会对整个图像进行检测，而没有考虑到物体的运动轨迹，SDSTracker 将单目标跟踪器连接到 SimpleTrack 来改进检测结果。选择 Mixformer[33] 和 OSTrack[26] 作为单目标跟踪器。对于未检测到目标的每一帧，选择目标存在的最近的前一帧作为模板。然后使用 WTBF 对跟踪结果进行组合。最后，根据跟踪器的分数确定目标在每个重跟踪帧中的存在。

SDSTracker 提出了一种基于检测的跟踪策略，以解决使用单目标跟踪（SOT）网络跟踪无人机时面临的挑战。该策略包括两个主要模块：强检测器和简单跟踪器。SDSTracker 选择了几种类型的检测器，并针对无人机目标的独特特征对每种检测器进行了优化，从而形成了 SDSTracker 的强检测器。SDSTracker 简单跟踪器使用级联规则将强检测器的结果连接起来，以获得最终的跟踪结果。由于背景中的噪声与无人机前景目标相似，在红外图像上仅依靠纯粹的检测方法可能会带来挑战。为了进一步提高精度，SDSTracker 利用时间信息，设计了视频检查和运动模型两个模块。

6.2.3　单模态局部 - 全局反无人机视觉目标跟踪

（1）局部 - 全局反无人机视觉目标跟踪方法 IRRTracker

在 Anti-UAV 数据集发布后，Wu 等人[34] 在红外视频上开展了特定于无人机目标的视觉跟踪研究，他们认为在红外视频图像中，无人机目标往往是无纹理的，特别是对于远距离无人机平面目标。此外，摄像机的运动和无人机的意外运动增加了跟踪的难度，通常导致现有的目标跟踪算法失去目标。Wu 等人[34] 通过在全卷积分类器中加入特征注意力模块和目标搜索扩展策略，提出了一种针对红外无人机的鲁棒实时跟踪算法。整个算法的形式化描述如下：

a. 输入序列的第一帧，根据无人机的初始状态在线训练分类器。

b. 在随后的帧中开始跟踪。利用具有特征注意力机制的骨干网络提取搜索区域图像的特征。响应图由分类器获得。

c. 通过目标响应峰值分数判断跟踪成功或失败。

d. 如果追踪失败，开始扩展搜索区域。

e. 输出估计的目标状态，更新分类器。

如图 6-11 所示，基于主干网从当前跟踪帧中提取的红外视觉特征，训练后的分类器通过预测目标置信度评分来区分目标和场景。该分类器由预训练的特征提取骨干网络和在线训练的两个卷积层组成。为了实时运行，骨干网采用在 ImageNet[35] 上预训练的 ResNet18[36]，并使用 block 4 输出的特征进行分类。其中，分类器中的第一个卷积层由 1×1 卷积层 w_1 组成，它将特征维数降至 64。第二层卷积层采用 4×4 卷积核 w_2，以及单特征输出通道。随后使用连续可微指数参数线性单元 PELU（parametric exponential linear unit）$s = \begin{cases} t, & t \geq 0 \\ \alpha\left(e^{\frac{t}{\alpha}} - 1\right), & t \leq 0 \end{cases}$ 作为激活函数。其中，将 α 设置为 0.05 可以较好地忽略损失中容易出现的负样本。与 ATOM[9] 样，分类器的学习目标也是基于 l^2 分类误差。

$$L(\boldsymbol{w}) = \sum_{j=1}^{N} \gamma_j \left\| f(x_j;\ \boldsymbol{w}) - y_j \right\|^2 + \sum_{k} \lambda_k \left\| \boldsymbol{w}_k \right\|^2 \qquad （6-23）$$

对于每个训练样本的特征图 x_j，以目标位置为中心，使用高斯函数生成的分类置信度 $\gamma_j \in \mathbb{R}^{W \times H}$ 进行标注。其中，N 是样本数。每个训练样本的影响由权重 γ_j 控制，$\boldsymbol{w}_k$ 的正则化的权重由 λ_k 设置，其中 $\lambda_1 = 0.1, \lambda_2 = 0.0001$。初始权值和为 1，最小权值和为 0.25。回归问题通过优化单通道输出卷积层来解决。训练样本从具有真值的初始帧和带有跟踪对象的历史帧中采样。特征提取总是从大小为288×288 的图像区域中提取，这些图像区域大小约为估计目标尺寸的 5 倍。为了进一步使分类器在干扰物存在时具有更好的鲁棒性，该方法采用了在许多视觉跟踪器中很常见的硬负样本挖掘策略[37]。如果在分类分数中检测到干扰峰，将该训练样本的权重加倍，并立即使用标准设置进行一轮优化。然后根据响应图的峰值位置确定目标位置。

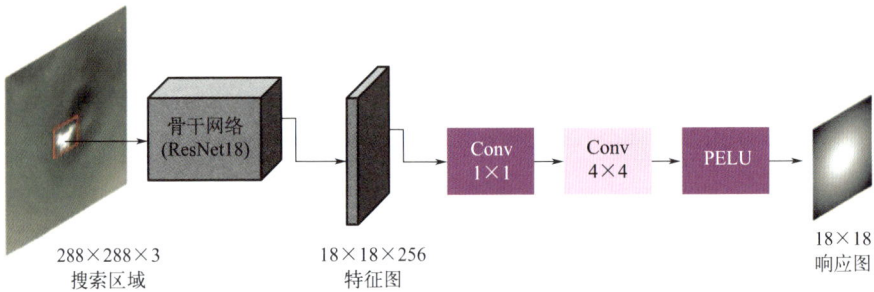

图 6-11　分类器网络架构

① 特征注意力。骨干网从原始图像空间中提取目标的结构信息和语义信息。IRRTracker 提出了一种特征注意机制来提升主干网对无人机特征的表示能力，从而可以更加鲁棒地跟踪无人机。如图 6-12 所示，重新分配的注意权重直接应用到基本模块输出的特征图上，例如 ResNet18 的残差模块。对于一个基本的ResNet18 块，用 X 表示其输出特征图，其特征维度按照（C, H, W）的常规顺序排列（即通道，高度和宽度）。一个基本块包括一个残差模块和一个残差连接。残差模块由 3×3 卷积层、BN 层[38]、ReLU 层[39]、3×3 卷积层、BN 层组成，它们依次相连。受 SENet[40] 和 CBAM[41] 的启发，IRRTracker 使用全局平均池化（GAP）和全局最大池化（GMP）分别生成通道级的输出。然后将两个输出在共享网络上执行前向计算，分别生成特征通道示意图。共享网络由两个全连接（FC）层和一个 ReLU 层组成。第一层 FC 减少通道数量，第二层 FC 恢复通道数量，以学习通道之间的非互斥关系。接下来，两个特征图沿着通道被连接在一起。由于平均池化可以自适应地利用特征映射的所有信息，IRRTracker 使用 GAP 操作的输出来生成融合系数。为了自适应融合 GAP 操作和 GMP 操作的输出，将 GAP 操作的输出输入到一个 FC 层，在经过一个 softmax 函数后，输出一组线性组合系数。在经过矩阵相乘之后，通过 sigmoid 激活函数得到每个特征通道的最终权值。特征注意模块的输出是通过最终权重对残差特征图进行重

新缩放得到的。基本块的输出 Y 是 X 与特征注意模块输出之和。通过注意机制，主干网可以自适应地修改特征空间，以采用红外跟踪过程中获得的新的无人机外观特征，而不会过度拟合。

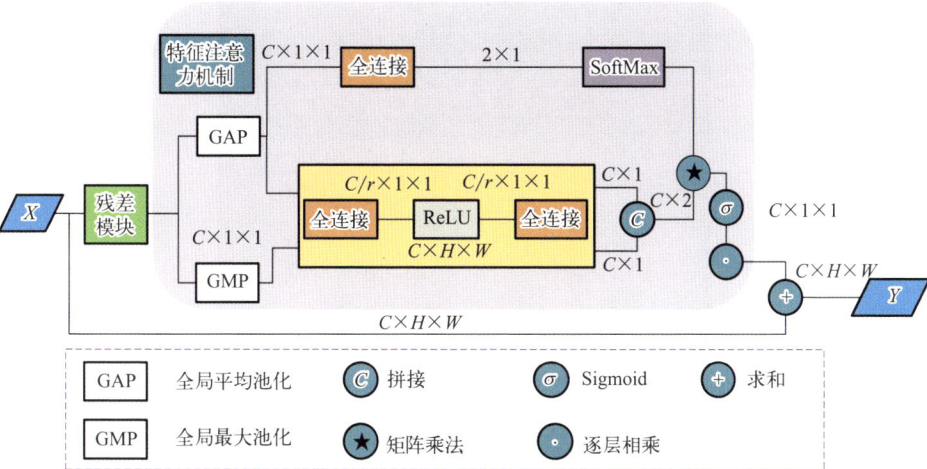

图 6-12　特征注意机制示意图

② 无人机目标扩展搜索策略。通常，根据视频图像帧间的平滑性和相关性，当前帧的搜索区域以前一帧预测的目标位置为中心，其大小为目标预测大小的 5 倍。然而，在真实场景中，摄像头和无人机可能会同时快速移动，导致相邻两帧之间任意方向上的大规模位移，破坏了无人机轨迹的平滑性。一旦发生，上述搜索区域可能不包含目标，跟踪置信度将很低。如果跟踪置信度低于 0.1，IRRTracker 将改变搜索区域的中心。如图 6-13 所示，搜索中心相对于初始搜索中心进行了左、右、上、下移动，移动的步长为目标在相邻两个历史帧之间最大位移的 2.5 倍。为了避免引入更多的干扰信息，搜索区域仍然是目标预测大小的 5 倍左右。

将四个额外搜索区域的响应峰进行比较，得到最大值。IRRTracker 使用在第二帧中获得的峰值作为参考值。如果最大值大于参考值的 0.8 倍，则将峰值对应的偏移距离视为目标与搜索中心的偏移量。否则，就再次改变搜索区域的中心，位移的步长为目标在相邻两个历史帧之间最大位移的 5 倍。如果最大值大于参考值的 0.8 倍，则将峰值对应的偏移量视为与新搜索中心的目标偏移量，否则，目标位置仍保持为初始搜索结果。采用扩展搜索策略，不仅可以稳定地跟踪目标，而且可以解决摄像机或目标的突然运动而导致目标大规模位移的问题。

IRRTracker 提出了一种鲁棒实时红外无人机跟踪方法，该方法主要包括在全卷积分类器中增加特征关注机制和扩展搜索策略。所提出的红外跟踪算法对真实红外场景中的实时挑战具有鲁棒性。

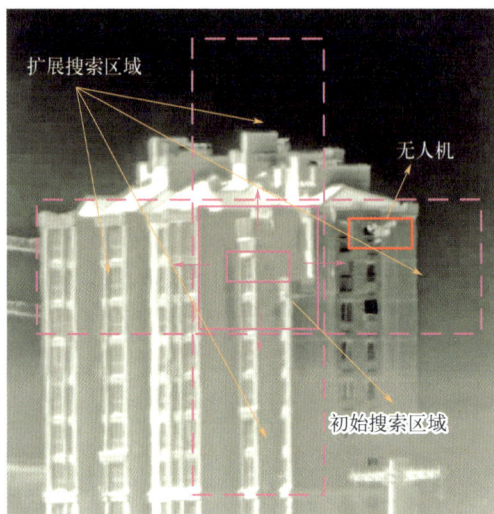

图 6-13　目标扩展搜索策略示意图

（2）局部 - 全局反无人机视觉目标跟踪 UATracker

随着摄像机和目标的运动逐渐变得复杂，被跟踪目标经常会出现摄像机运动、目标离开视野、尺度剧烈变化等情况，严重影响跟踪性能。Zhao 等人[42]认为由于无人机具有速度快、尺寸小等特点，因此设计一个鲁棒的无人机跟踪框架至关重要。Zhao 等人[42]精心设计了一个统一的框架——UATracker，包括局部跟踪器、相机运动估计模块、边界框精化模块、重检测模块、模型更新器和验证器。相机运动估计模块实现对局部跟踪器的运动补偿。然后，边界框精化模块旨在测量一个更加准确的包围盒。如果目标丢失，当目标重新出现时，我们切换到重检测模块对目标进行重新定位。UATracker 还采用了模型更新器来控制更新过程，过滤掉不可靠的样本。

模型框架由六个模块组成：相机运动估计（CME）模块、边界框精化（BBR）模块、重检测（RD）模块、模型更新器（MU）、局部跟踪器（LT）、验证器。由于 SuperDiMP 方法的有效性，采用 SuperDiMP 方法作为局部跟踪器。总体框架如图 6-14 所示。CME 对每一帧中的相机运动进行建模，通过比较当前帧和过去选择的参考帧，给出一个可靠的搜索区域。局部跟踪器从搜索区域中导出目标边界框。BBR 将局部跟踪器的结果作为输入，输出更精确的边界框。RD 模块在局部跟踪器错过被跟踪目标时进行目标检测。此外，使用 MU 模块来控制跟踪器的更新。此框架可以通过这样的精心设计来提高基础跟踪器在各种模态和场景的复杂条件下的鲁棒性。

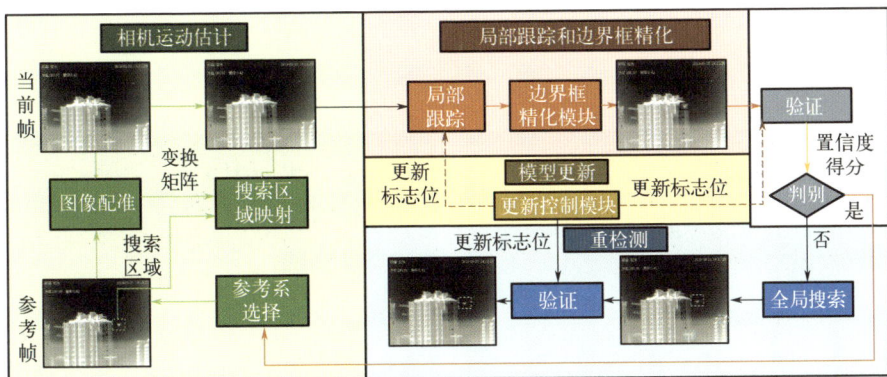

图 6-14　UATracker 总体结构图

① 相机运动估计模块。突然的相机运动会让预测目标位置变得困难。因此，Zhao 等人[42]提出了 CME 模块，重新设置基于图像配准的局部跟踪器的搜索区域，将参考帧的搜索区域映射到当前帧。由于三维实体的建模是困难的，假设深度差异可以忽略，并且所有的物体都在一个二维平面内。在 CME 中，首先提取参考帧和当前帧的尺度不变特征变换（SIFT）[43]关键点。在实验中，从最近的 10 帧中选择了最新的可靠图像，它是由一个后来移动的验证者测量的参考帧。值得注意的是，由于重检测模块输出的是一个不连续的目标轨迹，Zhao 等人[1]移除了之前利用全局跟踪器结果的帧作为最终结果。然后，我们通过异常值去除方法（RANSAC）匹配它们的关键点，并获得转换矩阵 O 来建模相机运动。最后，通过得到的变换矩阵 O 将参考 R_{t_r} 的搜索区域映射到当前帧，如图 6-15 所示，提供了基于 CME 的搜索区域映射示意图。可以得到当前帧 R_t 的搜索区域为

$$R_t = T(R_{t_r}; O) \tag{6-24}$$

式中，$T(\cdot; O)$ 表示用参数变换矩阵 O 的变换函数。在实验中采用仿射变换作为 T。通过这种方式，所提出的 CME 将稳定的搜索区域引入到局部跟踪器中，并实现鲁棒的目标跟踪。

② 边界框精化模块。在这个框架中，采用 SuperDiMP 作为局部跟踪器，它结合了 DiMP 的分类器[44]和 PrDiMP 的边界框回归器[45]。然而，边界框回归

器不能给出低分辨率和低对比度帧的准确边界框。受多阶段跟踪策略的启发，Zhao 等人[42]试图通过两个步骤来解决这个困境：局部跟踪器的粗略定位和边界框精化模块的位置精化。Alpha Refine[46]是一个即插即用的模块，具有强大的回归能力，可以高效地优化局部跟踪器的输出。由于 Alpha Refine 模块的灵活性和有效性，采用它作为 BBR。

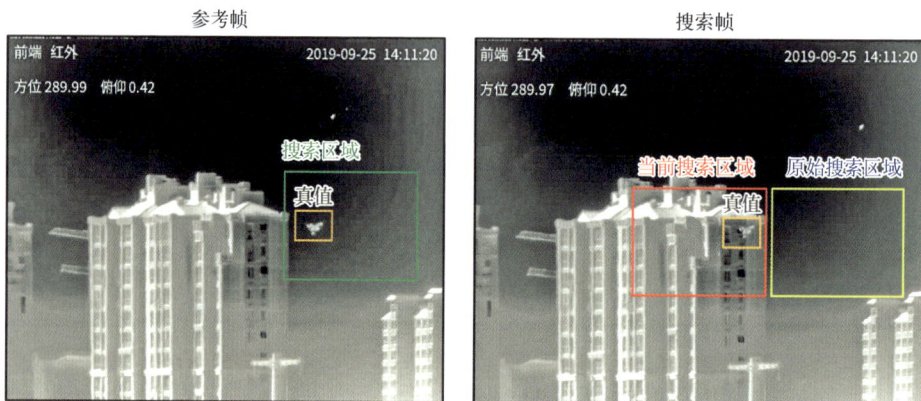

图 6-15　基于 CME 的搜索区域映射

如图 6-16 所示，BBR 可以分为 4 个步骤：

a. 将局部跟踪器的粗略结果扩展到一个同心圆搜索区域。

b. 对搜索框得到的搜索区域和具有参数共享主干的第 1 帧模板区域进行特征提取。

c. 将得到的特征与特征融合层进行融合。

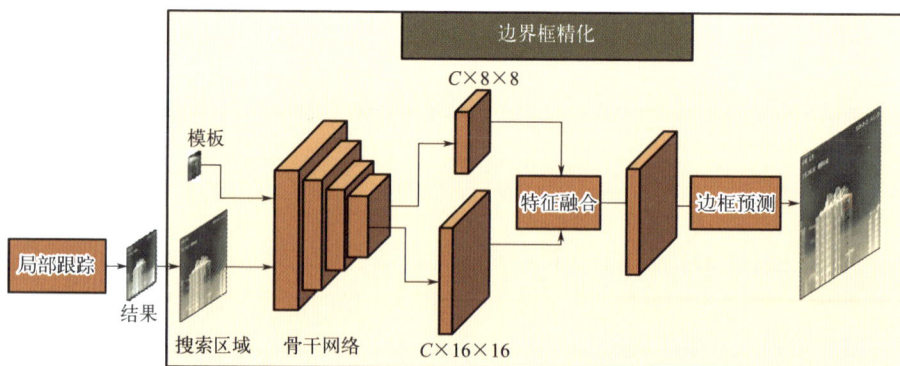

图 6-16　BBR 模块（Alpha Refine）示意图

d. 通过目标框回归器将目标坐标与融合后的特征图进行回归。具体来说，采用像素相关性作为特征融合层，采用角点头部作为边界框回归器，直接预测左上角和右下角。通过这种方式，提出的 BBR 将强大的回归能力引入到框架中，并促进准确的目标跟踪。

③ 重检测模块。当目标在视野外或受到背景干扰时，局部跟踪器对目标的检测是脆弱的。为了解决这个问题，当目标再次出现时，采用 RD 对目标进行定位。然而，不恰当的再检测往往会导致干扰物问题。只有当局部跟踪器丢失目标时，重新检测目标才是必要的。借用了长时跟踪中的重检测方案，采用 MDNet[37] 作为验证器。验证器在每一帧中对局部跟踪器结果的正确性进行评估，并给出置信度评分。一个切换器来监控获得的置信度分数：如果置信度分数低于连续 5 帧的阈值，则 RD 将被激活。

当 RD 被激活时，采用 GlobalTrack[21] 的方法给出可能的候选者。GlobalTrack 方法是一种全局实例搜索方法，不需要任何局部性假设或时间一致性假设。具体来说，通过主干网络从查询帧（第 1 帧）和搜索帧（当前帧的整幅图像）中提取特征，并应用卷积算子生成特定于查询的候选对象。然后通过 Query-Guided RCNN 网络对得到的候选项进行分类和精炼。保留按分类得分排序的前 K 名候选人。在实验中，K 取为 5。通过施加先验信息（例如面积、长宽比等）来剔除不合适的候选项。然后，每个候选者被验证者赋予一个置信度分数，最高置信度的候选项被视为最后的输出。一旦 RD 给出结果，将重置局部跟踪器的搜索区域。

④ 模块更新器。局部跟踪器和验证器需要在整个跟踪过程中进行更新。然而，不恰当的更新可能导致不稳定的跟踪。采用 MU（转引自 Meta-Updater[47]）来判断每一帧中跟踪器是否需要更新。它考虑了判别性、几何和外观线索，并通过离线训练的级联 LSTM 模块给出了确定更新的有效标记。对于级联的 LSTM 模块来说，将重要的线索编码成向量是必不可少的。对于几何线索，MU 利用了目标框的时间变化来表示关于目标的运动信息。第 t 帧的目标框记为 $\boldsymbol{b}_t$。对于判别性线索，MU 使用局部跟踪器（在第 t 个框架下）的响应图 $\boldsymbol{M}_t$ 来表示判别性信息。定义了置信度分数和响应向量来表示 $\boldsymbol{M}_t$。具体来说，置信度得分 t_C^s 可以通过以下公式得到：

$$t_C^s = \max(\boldsymbol{M}_t) \tag{6-25}$$

相应向量 $\boldsymbol{t}_R^v$ 可以通过以下公式得到：

$$\boldsymbol{t}_R^v = f^R(\boldsymbol{M}_t; \ W^R) \tag{6-26}$$

式中，$f^R(\bullet; W^R)$ 表示参数为 W^R 的 CNN 模型。对于外观线索，在 MU 中应用了外观得分，它测量了第一个帧的模板区域 I_0 和第 t 个帧的跟踪结果 I_t 之间的差异。

外观分数 t_A^s 可以通过以下公式得到：

$$t_A^s = \left\| f^A(I_t, W_A) - f^A(I_0, W_A) \right\|_F \tag{6-27}$$

式中，$f^A(\bullet, W_A)$ 表示参数为 W_A 的基于 ResNet-50[36] 的 CNN 模型。

如图 6-17 所示，在每一帧中，将得到的 b_t、t_C^s、t_R^v、t_A^s 连接成一个向量，记为 $\boldsymbol{x}_t$。将得到的序列向量 $\boldsymbol{x}_{t-t_s+1}, \cdots, \boldsymbol{x}_{t-1}, \boldsymbol{x}_t$ 送入三级级联 LSTM 网络。级联 LSTM 的输出 t_3^h 通过两个全连接层进一步处理，得到二进制更新标志位。

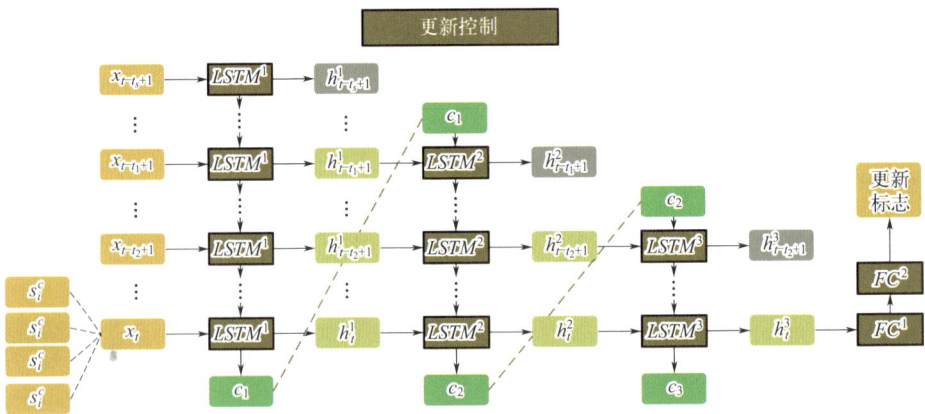

图 6-17　模型更新模块（Meta-updater）结构图

⑤ 局部跟踪器的更新细节。根据 DiMP 原有的更新策略[3]，局部跟踪器在第 1 帧通过数据增广生成一组样本来初始化分类器。在跟踪过程中，当局部跟踪器给出高置信度分数时采集训练样本，每隔 20 帧和每一个干扰物更新一次分类器。MU 被用来决定是否需要更新分类器。在跟踪过程中，每当 MU 给出高于阈值的更新分数时，收集训练样本，更新分类器。训练样本集大小的限制设置为 50。

⑥ 验证器的更新细节。采用 MDNet[6] 作为验证器。MDNet 原有的更新策略分为两部分：置信度小于阈值时的短期更新和固定间隔的长期更新。通过应用 MU，当给定一个较高的更新分数时，将收集一帧的积极特征和消极特征，以便验证者可以用收集的特征在每一个固定的间隔进行更新。

Zhao 等人[42]针对反无人机跟踪中存在的相机运动、运动到视野外和尺度变化等挑战性问题，提出了一种视觉、热红外和长期跟踪的统一跟踪框架。首先，通过相机运动估计模块对相机运动引起的运动进行补偿。然后，利用重检测机制来检测和处理目标移出视野的情况。最后，采用精确的目标框回归模块来获得精确的尺度估计。Zhao 等人[42]的框架在处理视觉/热红外、短期和长期跟踪场景方面具有很强的潜力，可以广泛应用于现实世界中的反无人机跟踪场景中。

（3）局部 - 全局反无人机视觉目标跟踪 SiamSTA

随着无人机入侵的威胁越来越大，对反无人机技术的要求也越来越高。反无人机目标跟踪，特别是热红外（TIR）视频中的目标跟踪，仍面临着反无人机场景中普遍存在的小尺度和快速运动等问题。为了解决这一问题，Huang 等人[48]提出了一种简单而有效的基于时空注意力的 Siamese 网络，命名为 SiamSTA，通过交替执行可靠的局部跟踪和大范围重检测来实现对无人机的鲁棒跟踪。具体来说，跟踪是通过在局部邻域内对候选提案生成施加空间和时间约束，从而消除背景干扰，以更好地感知小目标。当目标因快速运动而从局部区域丢失时，引入三阶段重检测机制，通过基于变化检测的相关滤波器，利用有价值的运动线索从全局角度重新检测目标。最后，采用状态感知的切换策略，自适应地集成局部跟踪和全局重检测，并利用它们的互补优势进行鲁棒跟踪。

SiamR-CNN[15]是一个具有精细重检测机制的两阶段孪生跟踪算法。其网络架构依次由 3 个模块组成：

a. 主干特征提取模块，包含一个模板分支用于提取目标区域的真实特征，以及一个测试分支用于在搜索区域准备可能的 RPN 提案；

b. 重检测头模块，该模块执行两个阶段的重检测，使用初始模板和先前的预测来学习相似性评估；

c. 基于时空线索隐式跟踪感兴趣目标和潜在相似干扰物的在线动态规划模块。在至关重要的第三个模块中，SiamR-CNN 保留了大量不连续的轨迹，以便作出最全面的决策。假设一条跟踪轨迹由 N 个互不重叠的子轨迹组成，$A = (a_1, a_2, \cdots, a_N)$，每个子轨迹 $a_i, \forall i \in \{1, 2, \cdots, N-1\}$ 满足 $end(a_i) < start(a_{i+1})$，其中 $start$ 和 end 分别表示子轨迹的开始和结束时刻。这样的轨迹的整体测量分数是通过下式计算得到的：

$$score(A) = \sum_{i=1}^{N} sim_{eva(a_i)} + \sum_{i=1}^{N-1} w_l loc_{eva(a_i, a_{i+1})} \tag{6-28}$$

式中，相似性评价 sim_{eva} 和位置一致性评价 loc_{eva} 定义如下：

$$sim_{eva(a_i)} = \sum_{t=start(a_i)}^{end(a_i)} [w_r sim(a_{i,t}, gt) \tag{6-29}$$
$$+ (1 - w_r) sim(a_{i,t}, a_{i,start})]$$

$$loc_{\text{eva}(a_i, a_{i+1})} = -\left| end_{\text{box}(a_i)} - star_{\text{box}(a_{i+1})} \right|_1 \qquad (6\text{-}30)$$

式中，w_l 和 $w_r s$ 为互补比；$a_{i,t}$ 表示 t 时刻子轨迹 a_i 的检测；$a_{i,start}$ 表示 a_i 的第一次检测；$sim(a_{i,t}, gt)$ 和 $im(a_{i,t}, a_{i,start})$ 分别返回 a_i 利用第一帧地面真值参考和当前子轨迹的初次检测的重检测置信度。利用 a_i 的最后一个目标框与 a_{i+1} 的第一个目标框之差的负 L1 范数计算相邻两个子轨迹之间的位置一致性评价。SiamR-CNN 备份了大量的轨迹，保证了重检测的成功率。但另一方面，由于语义目标特征的严重缺失和复杂的终端背景，复杂的搜索机制会直接降低跟踪性能。为了解决这个问题，更好地利用时空先验知识是一个可行的解决方案。

① SiamSTA 网络结构。受 SiamR-CNN 的启发，Huang 等人[48]基于一个三阶段的重检测机制来构建 SiamSTA，该机制首先保留初始帧中的模板信息，然后整合历史帧中的预测信息，最后通过基于 CF 的变化检测来提高对微小物体的识别能力，如图 6-18 所示。为了处理背景干扰物，引入了几个使用时空注意力的实用准则来调节候选提议。SiamSTA 进一步融入了局部搜索和全局检测相结合的协同策略，以方便在线跟踪。

② 时空约束（spatio-temporal constraints）。在实际的 TIR 跟踪中，无人机目标通常非常小，没有显著的纹理或固定的形状，因此很难被区分。为了缓解这一问题，SiamSTA 引入了一种新的时空约束。从空间角度考虑，考虑到目标的剧烈位置变化不太可能出现在由远程静态摄像机捕获的相邻两帧中，SiamSTA 认为通过在局部邻域内搜索目标而不是全局检测目标可以获得可靠的跟踪结果。从时间的角度，SiamSTA 引入记忆库来存储目标有价值的历史状态，即目标大小和纵横比，从所有以前的帧中学习，以更好地区分潜在的干扰物。

具体来说，网络记录了目标在之前所有帧中出现的历史最小和最大尺寸以及长宽比，分别记为（S_{min}，S_{max}）和（R_{min}，R_{max}），以表示其潜在的尺度变化范围。SiamSTA 初始化 $S_{min}=S_{max}=S$，$R_{min}=R_{max}=R$，其中尺寸 S 和纵横比 R 为第一帧中指定的真实目标边界框。对于任意一帧 c，网络指定前一个目标中心周围的一个局部邻域作为目标最有可能出现的搜索区域。只有在指定的搜索区域内找到了置信度高的提议，其大小 S_C 和长宽比 R_C 满足 $S_C \in [0.8 \times S_{min}, 1.2 \times S_{max}]$，$R_C \in [0.8 \times R_{min}, 1.2 \times R_{max}]$ 以下的约束，网络才认为检测结果是可靠的，轨迹是连续的。然后，网络更新存储的目标状态：

$$S_{min} = \min\left(S_{min}, S_C\right), S_{max} = \max\left(S_{max}, S_C\right) \qquad (6\text{-}31)$$

$$R_{min} = \min\left(R_{min}, R_C\right), R_{max} = \max\left(R_{max}, R_C\right) \qquad (6\text{-}32)$$

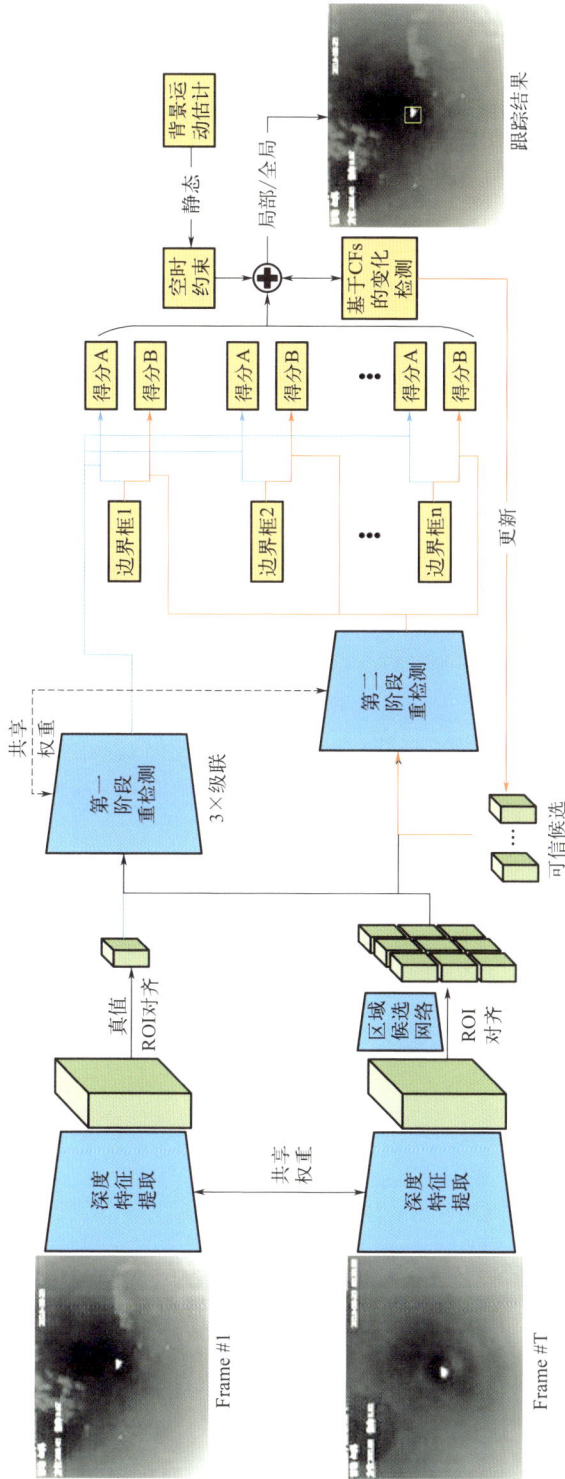

图6-18 SiamSTA 的总体架构构

上述过程一直持续到一条轨迹结束。SiamSTA 定义可信轨迹为 $C = (C_1, C_2, \cdots, C_L)$，并计算候选提案的评估分数 CC，如下式：

$$score(CC) = w_r sim(CC, gt)$$
$$+ (1 - w_r) \frac{1}{L} \sum_{i=1}^{L} sim(CC, C_{i,start}) + w_l iou(CC, C_{L,end}) \qquad (6\text{-}33)$$

式中，$iou(CC, C_{L,end})$ 是 $bbox(CC)$ 和 $bbox(C_{L,end})$ 的交并比（IoU）。得益于时空约束，剩余候选提案的数量可以非常少，甚至是唯一的，这极大地缓解了干扰因素的影响。然而，如果目标暂时丢失，局部搜索策略可能导致跟踪器完全失效。为了减轻目标丢失的影响，特别是严重遮挡或视野外的影响，全局重检测技术是必不可少的，它与在局部跟踪和全局搜索之间有条件切换的相互补偿机制有关，具体如下。

③ 全局运动估计（global motion estimation）。反无人机跟踪中的目标通常非常小，语义信息较少，容易导致早期跟踪失败。幸运的是，这种跟踪场景中的背景场景通常在整个序列中保持不变，这为利用运动特征重新捕获丢失的目标提供了可行性。基于此，SiamSTA 建立了一个全局运动估计模型来揭示背景场景的动态变化。具体来说，网络从背景区域中提取 ShiTomasi[49] 关键点，并跟踪这些点来估计背景场景的运动。令 $I(x,y)$ 表示像素 (x,y) 在输入图像 I 上的强度值。关键点应该在灰度值上有明显的梯度变化，例如角点。设 $[u,v]$ 为局部位移，则局部邻域内的梯度变化向量可计算为

$$E(u,v) = \sum_{x,y} \tau(x,y)[I(x+u, y+v) - I(x,y)]^2 \qquad (6\text{-}34)$$

式中，$\tau(x,y)$ 为高斯窗函数。公式可进一步简化为

$$E(u,v) \cong [u,v] M \begin{bmatrix} u \\ v \end{bmatrix} \qquad (6\text{-}35)$$

式中，M 为 2×2 矩阵：

$$M = \sum_{x,y} w(x,y) \begin{bmatrix} x_2^I & I_x I_y \\ I_x I_y & y_2^I \end{bmatrix} \qquad (6\text{-}36)$$

式中，I_x 和 I_y 分别表示图像 I 在水平和垂直方向上的导数。可以得到 M 的两个特征值 λ_1、λ_2，其关键点响应函数定义为

$$G = \lambda_1 \lambda_2 - k(\lambda_1 + \lambda_2)^2 \qquad (6\text{-}37)$$

当 $G > 0$ 时，点 (x,y) 被认为是关键点，更多的细节详见参考文献 [49]。SiamSTA 将关键点的数量控制在 5 ～ 100 的范围内。然后使用 Lucas-

Kanade（L-K）光流算法[50]来跟踪这些关键点，并使用前后向（F-B）误差[50]来评估连续两帧之间关键点的匹配精度。将 F-B 误差小于预设阈值的关键点视为跟踪成功点。如果在连续 5 帧图像中所有成功跟踪点的平均空间位移小于 0.5 像素，则 SiamSTA 认为背景场景是静态的，没有相机抖动。

④ 基于 CFs 的变化检测（change detection based CFs）。在准确估计背景运动的基础上，SiamSTA 进一步发展了基于变化检测的相关滤波（change detection based correlation filter，CDCF）跟踪器，以利用目标的运动特征。当背景静止时，每个像素在时域上呈正态分布，在某一阈值内的像素被判定为背景，反之则被判定为运动目标。基于这个假设，SiamSTA 建立了一个高斯混合模型（GMM）来捕获运动目标。记 X_t 为第 t 帧像素（x,y）的强度值，则 GMM 模型为

$$P(X_t) = \sum_{i=1}^{K} \kappa_{i,t} \eta(X_t, \mu_{i,t}, \sum_{i,t}) \tag{6-38}$$

式中，K 是高斯分量的个数；$\kappa_{i,t}$ 是分量 i 在第 t 帧的权重；$\mu_{i,t}$ 和 $\sum_{i,t}$ 分别是分量 i 的均值和方差矩阵。高斯概率密度函数 $\eta(X_t, \mu_{i,t}, \sum_{i,t})$ 定义为

$$\eta\left(X_t, \mu_{i,t}, \sum_{i,t}\right) = \frac{1}{(2\pi)^{\frac{n}{2}} |\Sigma|^{\frac{1}{2}}} e^{-\frac{1}{2}(X_t - \mu_t)^T \Sigma^{-1}(X_t - \mu_t)} \tag{6-39}$$

对于一个像素值 X_t，将从现有的 K 个高斯分量中进行检查，直到找到匹配。如果像素值 X_t 在组件标准差的 2.5 倍以内，则认为匹配成功。然后，SiamSTA 将 GMM 模型更新为

$$\kappa_{i,t} = (1-\alpha)\kappa_{i,t-1} + \alpha Q_{i,t} \tag{6-40}$$

式中，α 为学习率，匹配成功时 $Q_{i,t}$ 等于 1，否则为 0。保持不匹配分量的参数 μ，Σ 不变，更新匹配分量为

$$\mu_t = (1-\rho)\mu_{t-1} + \rho X_t \tag{6-41}$$

$$\sum_t = (1-\rho)\sum_{t-1} + \rho(X_t - \mu_t)^T(X_t - \mu_t) \tag{6-42}$$

式中，ρ 为学习率。

$$\rho = \alpha \eta(X_t \mid \mu_k, \sigma_k) \tag{6-43}$$

如果 X_t 与 K 个分量中的任何一个不匹配，则将该像素归类为运动目标。最后，网络获得准确的前景候选区域，如图 6-19 所示。然而，相邻帧中的候选区

域是不连续的，因此不适合单目标跟踪。因此，SiamSTA 引入相关滤波器（CF）来辅助 GMM 模型。SiamSTA 使用初始帧训练一个 CF 跟踪器，并在后续帧中执行相关操作来跟踪目标。当背景静止时，利用运动特征定位目标，否则在目标最后出现的局部区域利用 CF 跟踪器搜索目标。

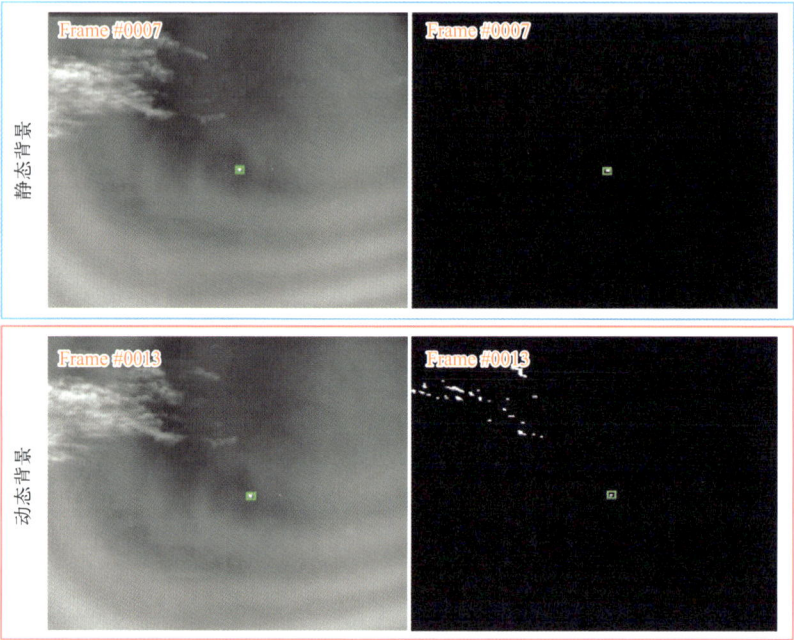

图 6-19　CDCF 运动特征的可视化

⑤ 在线跟踪与更新（online tracking and updating）。如前所述，具有时空约束的局部跟踪有助于定位语义信息有限的小目标。相反，在长期跟踪中遇到遮挡和目标丢失等挑战时，全局重检测可能更加可靠。因此，学会自适应地在局部跟踪和全局重检测之间切换到它们的互补强度是至关重要的。假设 $c_i = \left[c_{i,start}, c_{i,start+1}, \cdots, c_{i,t-1} \right]$ 是从帧 $start(c_i)$ 开始的连续子轨迹，$c_{i,t-1}$ 是在帧 $t-1$ 的可信跟踪结果。对于第 t 帧，将 $[c_1, c_2, \cdots, c_i]$ 中之前的可信预测反馈到重检测的第二阶段。对于静态背景，只有与 $c_{i,t-1}$ 中的边界框重叠度大于 0.01 的候选区域才被认为是目标候选区域。如果重检测发现置信度得分超过 0.5 的建议，则认为局部跟踪有效，并将其对应的结果 c_i 添加到 c_i 中。否则，局部跟踪暂停，表明此连续轨迹结束。

从失败帧开始，进行全局再检测。与 SiamR CNN 一样，网络也跟踪潜在的相似干扰物，并记录它们的轨迹 A。然后 SiamSTA 引入 CDCF 的结果来指导全局重检测。SiamSTA 将 CDCF 预测的目标框大小 S_{CD} 与前几帧的目标大小进行比较。当背景静止且 $S_{CD} \in [S_{min}, S_{max}]$ 时，判断 CDCF 结果可信，初始化新的子轨迹 c_{i+1}，重新启动局部跟踪。否则，SiamSTA 将其作为参考结果，以方便选择合适的方案作为当前帧的输出。

SiamSTA 充分利用了先验知识来激励当前跟踪器作出最优决策。首先使用时空注意力机制来限制候选建议集中在验证区域，并减少背景干扰物造成的干扰。然后引入 CDCF 重检测子模块，以应对目标遮挡和视野外的挑战。最后，结合局部搜索和全局检测，实现高精度的在线跟踪和高置信度的反馈更新。

（4）局部 - 全局反无人机视觉目标跟踪 GLTF-MA

未经授权的无人机可能因违反航空法规而对公共安全构成威胁。Li 等人[51]为了解决红外反无人机中的实际问题，提出了一种由运动和外观共同驱动的全局 - 局部跟踪框架（GLTF-MA），框架包括四个模块。首先，周期性地执行一个全局检测（periodic global detection，PGD）模块，在整幅图像中重新定位无人机，以考虑无人机频繁出现、消失和飞行路径不稳定的情况。同时，为应对无人机的微小尺寸和背景干扰，作者实现了包含先验阶段切换机制、运动 - 外观匹配机制和运动估计惩罚项的多阶段局部跟踪（multi-stage local tracking，MLT）模块。之后，网络执行目标消失判断（TDJ）模块，给出一个鲁棒的目标消失标志，然后执行边界框精化（BBR）模块，当 TDJ 模块认为目标存在时，BBR 模块对目标框进行精化。

GLTF-MA 的总体架构如图 6-20 所示，它由四个模块组成：PGD 模块、MLT 模块、TDJ 模块和 BBR 模块。首先，网络框架周期性地执行 PGD 模块，确保目标包含在 MLT 模块的搜索区域内，处理目标频繁出现 / 消失和飞行路径不稳定的情况。MLT 模块几乎在每一帧都被执行，它根据当前的跟踪可靠性分阶段执行相应的搜索技术。然后，TDJ 模块根据跟踪状态判断目标是否离开视野。最后，当目标被认为在视野中时，BBR 模块调整 PGD 和 MLT 模块的输出，以给出更准确的目标。

① 周期性全局检测模块（periodic global detection module，PGDM）。现有的跟踪器往往根据前一帧中的目标位置裁剪当前搜索区域，其性能强烈依赖于前一帧中预测位置的准确性。然而，无人机具有视野中频繁出现或消失和飞行路径无规律的特点，这大大降低了当前目标位置与最后一个目标位置之间的相关性，使得现有的跟踪器失效。为了解决这个问题，使用 PGD 模块在全图范围内重新定位目标，以确保 MLT 模块的搜索区域包含目标。在网络框架中，由于 YOLO v7[52] 其推理速度快和检测精度高，使用 YOLO v7 作为全局检测器。与

其他 YOLO 变体 [53, 54, 24] 相比，YOLO v7 设计了可训练的 bag-of-freebies 方法，使得实时目标检测方法可以在不增加推理成本的情况下大大提高检测精度。此外，YOLO v7 针对实时目标检测器提出了"扩展"和"复合缩放"方法，可以有效利用参数和计算量。因此，采用 YOLO v7 作为 PGD 模块中的基准检测器。

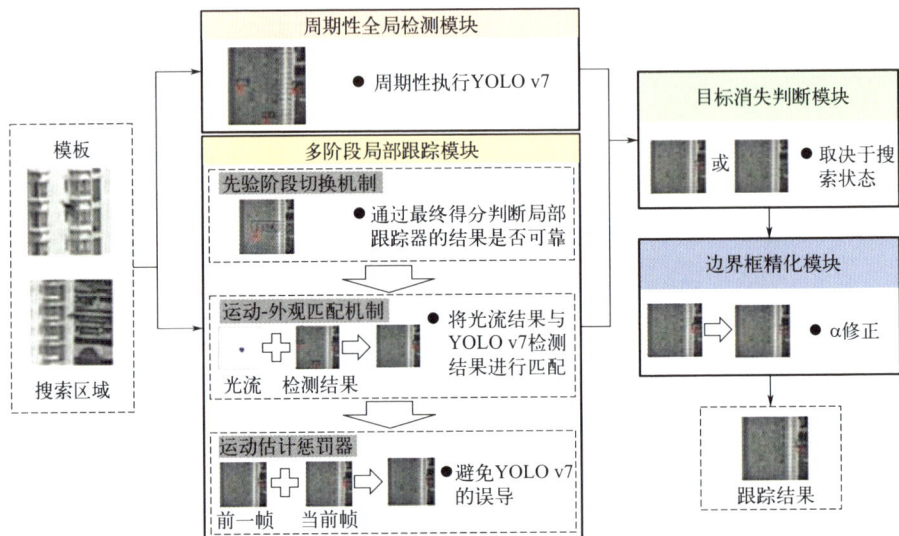

图 6-20　GLTF-MA 的总体架构图

具体来说，首先使用第三届反无人机挑战赛训练集中的无人机作为新的类别，对 YOLO v7 的可训练参数进行微调。然后，训练好的 YOLO v7 每隔 1 帧对整幅图像进行全局无人机检测。如果检测结果中最佳框的置信度得分大于阈值 δ，则选择该框作为当前帧的跟踪结果。否则，网络执行 MLT 模块搜索目标位置。

② 多阶段局部跟踪模块（multi-stage local tracking module，MLTM）。无人机飞行背景复杂，缺乏外观信息，使得单一的局部跟踪器容易丢失目标。在本书中提出了包含 PSS 机制、MAM 机制和 MEP 的 MLT 模块来解决这个问题，具体介绍如下。

③ 先验阶段切换机制（priori stage switching mechanism，PSSM）。首先，将模板和视频帧 t 的搜索区域输入到局部跟踪器，即 MixFormer[33]，以获得具有 SPM 分数的初始目标框 t_{loc}^{s}。t_{loc}^{s} 由一个四元组 $\left[t_{loc}^{x}, t_{loc}^{y}, t_{loc}^{w}, t_{loc}^{h}\right]$ 组成，其中 t_{loc}^{x} 和 t_{loc}^{y} 表示目标框中心，t_{loc}^{w} 和 t_{loc}^{h} 表示盒子的宽度和高度。SPM 得分来源于 MixFormer 的 SPM 分支，表示初始模板的外观与 t_{loc}^{s} 包含的区域之间的相似度。

然而，当跟踪器跟踪失败时，SPM 得分仍然较高，这可能是因为无人机外观信息有限并且图像分辨率较低，误导了 SPM 分支的判断。为了解决这个问题，在第三届反无人机挑战赛的训练集中观察无人机的统计特性。与前一帧中的目标框相比，当前帧中目标框的绝对面积、纵横比和中心位置变化不大。因此，引入这些先验知识来计算 t_{loc}^s 的最终得分 F_s，以判断 t_{loc}^s 是否真正跟踪目标以及是否切换到下一个跟踪阶段。F_s 计算公式如下：

$$F_s = SPM - 100\left(4P_{\text{area}} - P_{\text{move}} - \frac{P_{\text{ratio}}}{1000}\right) \tag{6-44}$$

式中，$P_{\text{area}} = \left| t_{\text{loc}}^w * t_{\text{loc}}^h - t - I_{\text{loc}}^w * t - I_{\text{loc}}^h \right|$ 是绝对面积惩罚项；$P_{\text{move}} = \left| dis([t_{\text{loc}}^x, t_{\text{loc}}^y]) / dis([0,0],[w,h]) \right|$ 是移动距离惩罚项（w 和 h 表示整幅图像的宽度和高度，$dis(\cdot,\cdot)$ 表示两点的欧氏距离）；$P_{\text{ratio}} = \left| \dfrac{t_{\text{loc}}^w}{t_{\text{loc}}^h} - \dfrac{t_{\text{loc}}^w}{t_{\text{loc}}^h} \right|$ 为比例变化惩罚项。如果 F_s 的值大于阈值 α，则认为 t_{loc}^s 是可靠的，t_{loc}^s 直接输入 BBR 模块，标记为 case1。否则，网络激活 MAM 继续跟踪。

④ 运动-外观匹配机制（motion-appearance matching mechanism，MAM）。一旦 MAM 机制被激活，仅利用外观信息进行局部跟踪是不可靠的。为了充分利用视频中固有的时间和空间信息，一方面，作者使用全局检测器（即 YOLO v7）在整幅图像上检测无人机，它可能会检测多个标记为 $\{t_{\text{glo}_1}^s, t_{\text{glo}_2}^s, \cdots, t_{\text{glo}_n}^s\}$ 的目标框。另一方面，使用视频帧 $t-1$ 和视频帧 t 来计算稠密光流[55]，以找到 t 最突出的运动位置 t_{of}^l。$t_{\text{of}}^l = \{x^{\text{of}}, y^{\text{of}}\}$ 是表示像素位置的二元组，其中 x^{of} 和 y^{of} 分别是沿 x 轴和 y 轴的像素值之和在光流图上最小的位置索引。接下来，将 $\{t_{\text{glo}_1}^s, t_{\text{glo}_2}^s, \cdots, t_{\text{glo}_n}^s\}$ 与 t_{of}^l 进行匹配，找到最有可能成为目标的区域。特别地，当 $n > 0$ 时，在 $\{t_{\text{glo}_1}^s, t_{\text{glo}_2}^s, \cdots, t_{\text{glo}_n}^s\}$ 中找到距离 t_{of}^l 最近的一个框，并将其标记为 $t_{\text{glo}_{\text{best}}}^s$，其中最短距离标记为 t_{glo}^d。否则，计算 t_{of}^l 和 S_{t-1}（视频帧 f_{t-1} 中的目标框）之间的距离，并标记为 t_{of}^d。然而，大量实验表明，基于 $t_{\text{glo}_{\text{best}}}^s$ 和 t_{of}^l 的匹配结果进行目标定位并不是绝对可靠的。因此，有必要引入运动估计惩罚来进一步避免跟踪失败。

⑤ 运动估计惩罚器（motion estimation punisher，MEP）。为了避免运动表观匹配机制对后续跟踪的误导，增加了一个利用相邻帧之间目标适度运动的 MEP。特别地，当 MAM 机制中 YOLO v7 检测结果个数大于 0 时，如果 $t_{\text{glo}}^d < 0.2 dis([0,0],[w,h])$，则将 $t_{\text{glo}_{\text{best}}}^s$ 输入到 BBR 模块中，标记为 case2。否则，将 S_{t-1} 输入 BBR 模块，记为 case3。当 YOLO v7 检测结果个数等于 0 时，若

$t_{of}^{d} < 0.2ds([0,0],[w,h])$，则将 t_{of}^{d} 输入 BBR 模块，标记为 case4，否则，将 S_{t-1} 输入 BBR 模块，记为 case5。

⑥ 目标消失判断模块（target disappearance judgement module，TDJM）。目前的跟踪器通常能够输出一个具有相应置信度分数的目标框，但不具备区分目标是否离开视野的能力。大量实验表明，PGD 和 MLT 模块中的 case1～4 是合理的，而 case5 往往偏离目标。因此，当连续 θ 帧以上为 case5 时，则认为目标在当前帧处于视野之外。

⑦ 边界框精化模块（bounding box refinement module，BBFM）。由于红外无人机边界模糊、缺乏纹理信息，导致跟踪器得到的结果精度有限。为了进一步提高跟踪性能，作者在 TDJ 模块之后加入了 BBR 模块来对边界框进行微调，其中 AlphaRefine[22] 由于其便捷性被用作 BBR 模块中的主要组件。Alpha-Refine 的核心部件包括像素相关性、角点预测头和辅助掩膜头。Alpha-Refine 是一个灵活准确的精化插件，它提取并保持了详细的空间信息，可以显著提高预测框的质量。

⑧ 训练和推理。GLTF-MA 的训练过程由两部分组成。首先，利用第三届反无人机挑战赛的训练集对局部跟踪器 MixFormer 进行微调，其训练过程与文献［33］相同，只是第 1 阶段和第 2 阶段的 epoch 分别为 50 和 10。其次，通过创建一类新的无人机来训练全局检测器 YOLO v7，其中训练数据来源于第三届反无人机挑战赛训练集中的无人机图像，训练过程与文献［52］相同。

⑨ 模板的选择与更新（template selection and update）。在 MixFormer 的推理过程中，多个模板和搜索区域一起用于特征提取和交互，但用于选择在线模板的 SPM 分数是有偏差的。因此，使用最终得分来代替 GLTF-MA 中的 SPM 得分，即在 200 帧的时间间隔内，选择最终得分最高的在线模板来代替之前的模板。

⑩ 推理（inference）。在推理过程中，每隔 I 帧激活 PGD 模块，进行全局检测。如果来自 PGD 模块的最佳边界框的置信度得分大于阈值 δ，则跳过 MLT 模块，将该边界框送入 TDJ 模块。否则，网络将一个初始模板，两个在线模板和一个搜索区域送入 MLT 模块，以产生不同情况的边界框。当 TDJ 模块认为视场中存在目标时，BBR 模块对边界框进行细化，得到更精确的边界框。否则，GLTF-MA 直接认为目标是不可见的。

在 GLTF-MA 这项工作中，Li 等人[51] 提出了一种由运动和外观驱动的红外反无人机全局 - 局部跟踪框架，即 GLTF-MA，包括 PGD、MLT、TDJ 和 BBR 模块。PGD 模块周期性地对无人机进行重定位，以保证局部跟踪器的搜索区域包含目标。同时，MLT 模块进行多级跟踪，防止局部跟踪器错误跟踪，接下来执行 TDJ 模块判断目标是否出视野。最后，如果目标在视场中存在，BBR 模块对边界框进行微调。在第三届反无人机挑战赛和 ANTI-UAV 基准测试集上的大量实验结果表明，GLTF-MA 优于当前最先进的跟踪器，特别是在快速运动和低分辨率的情况下效果更佳。

6.2.4 通用 RGB-T 融合视觉目标跟踪

本书首先对近年来基于深度学习的 RGB-T 单目标跟踪方法的发展历程进行总结，通过时间线的方式绘制一些具有影响力的工作，如图 6-21 所示。

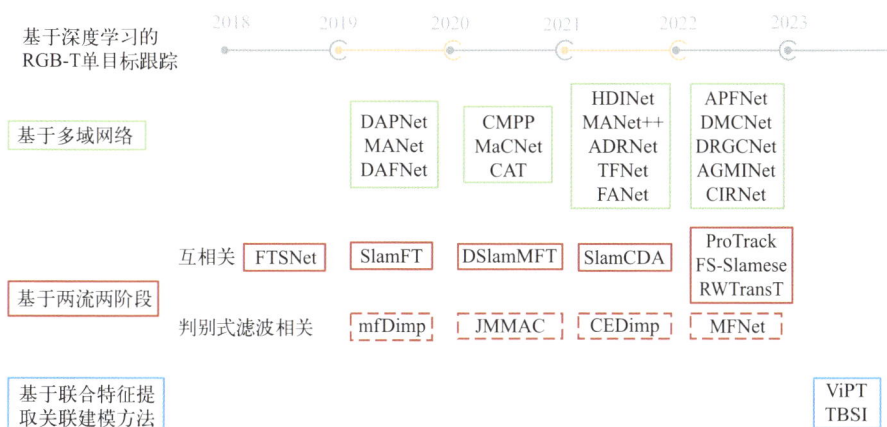

图 6-21 基于深度学习的 RGB-T 单目标跟踪方法相关文献时间线

RGB-T 单目标跟踪方法通常是在 RGB 单目标跟踪方法的基础上设计的。为了对现有工作进行更好的分类，本书对基于深度学习的 RGB 单目标跟踪方法和 RGB-T 单目标跟踪方法进行了更加细致的功能划分。如图 6-22 左侧所示，RGB 单目标跟踪主要由两个重要的功能部分组成，分别为提取 RGB 目标模板图像和 RGB 搜索区域图像特征的特征提取部分，以及构建目标模板与搜索区域之间信息交互，使搜索区域完成目标感知的关联建模部分。RGB-T 单目标跟踪方法则是在此基础上增加了特征融合部分。现有 RGB-T 单目标跟踪方法基本都是直接采用已有的 RGB 单目标跟踪方法的网络作为基线跟踪网络架构，在直接继承其特征提取和关联建模方式的基础上，重点关注特征融合模块或机制的设计和优化，从而获得能够有效利用目标双模态信息互补优势的融合特征用于关联建模。按照特征提取和关联建模方式的不同，基于深度学习的 RGB 单目标方法可以分为 3 类：多域网络 RGB 单目标跟踪方法、两流两阶段 RGB 单目标跟踪方法，以及联合特征提取关联建模 RGB 单目标跟踪方法。按照所选基线跟踪网络的不同，RGB-T 单目标跟踪方法也可以被划分与之对应的 3 类：基于多域网络的 RGB-T 单目标跟踪方法、基于两流两阶段的 RGB-T 单目标跟踪方法，以及基于联合特征提取关联建模的 RGB-T 单目标跟踪方法。如图 6-22 右侧所示，以上三类 RGB-T 单目标跟踪方法又均可被归纳为一种三阶段的融合跟踪范式，即先使用两个具有相同结构的特征提取分支，在目标模板和搜索区域中分别提取 RGB 特征和红外特征，再通过特征融合模块或机制获取目标模板的融合特征和搜索区域的融合特征，最后执行目标模板融合特征与搜索区域融合特征之间的关联建模，并将关联后的搜索区域融合特征用于最终的结果预测。

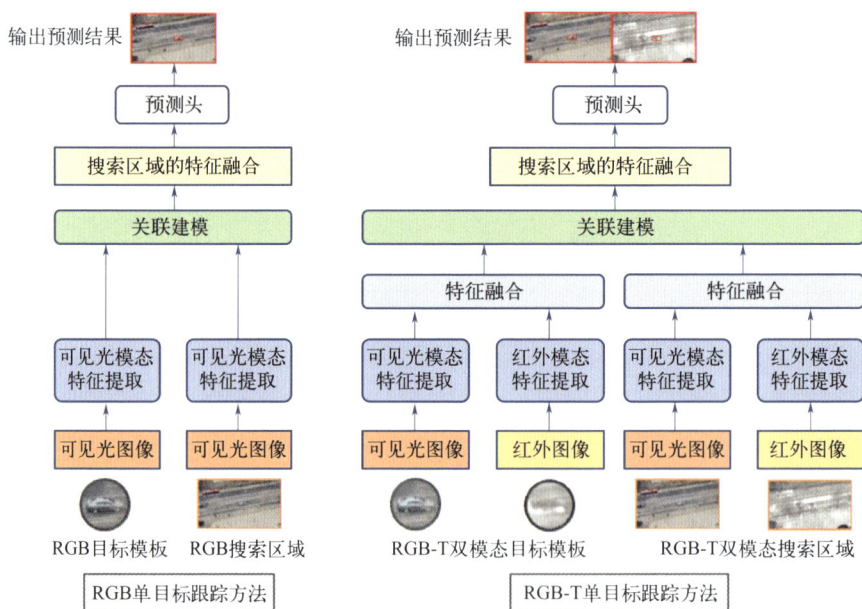

图 6-22　按功能划分基于深度学习的 RGB 单目标跟踪方法和 RGB-T 单目标跟踪方法

　　本书先从特征提取和关联建模的角度，对当前 RGB-T 单目标跟踪所采用的基线 RGB 单目标跟踪的原理进行概述，然后在此基础上从特征融合的角度出发，梳理 RGB-T 单目标跟踪方法所采用的不同特征融合方式。

（1）基于深度学习的基线 RGB 视觉目标跟踪

　　作为 RGB-T 单目标跟踪方法的基线跟踪网络架构，根据特征提取方式和关联建模方式的不同，将基于深度学习的 RGB 单目标跟踪方法分为以下三类：多域网络 RGB 单目标跟踪方法、两流两阶段 RGB 单目标跟踪方法，以及基于联合特征提取关联建模方法的 RGB 单目标跟踪方法。

① 多域网络 RGB 单目标跟踪方法。MDNet[56] 首次提出了基于多域网络的单目标跟踪方法，它是一种早期完全基于卷积神经网络（convolutional neural network，CNN）的单目标跟踪网络。MDNet 通过对目标区域候选框进行前景-背景分类和回归的方式来确定目标的位置。具体结构如图 6-23 所示，MDNet 包含共享层（shared layers）和特定域层（domain-specific layers），这里的域对应训练集上不同的视频序列。在 MDNet 的训练过程中，共享层会在每个域上都进行迭代训练，从而获取目标通用的特征表示。每个特定域层则只在使用对应的视频序列数据进行训练时才进行迭代，获取对应目标的特定表示。在推理阶段，MDNet 会先固定共享层网络的参数，然后将特定域层的多个分支替换成一个新的分支。随后，MDNet 会基于带有目标标注的视频首帧图像训练一个特定于该目标的特定域层和分类回归预测网络。最后，该网络会基于上一帧预测位置的附近区域，生成区域候选框，并利用训练好的分类回归网络给出候选区域目标分类得分以及位置估计，从而实现目标跟踪任务。

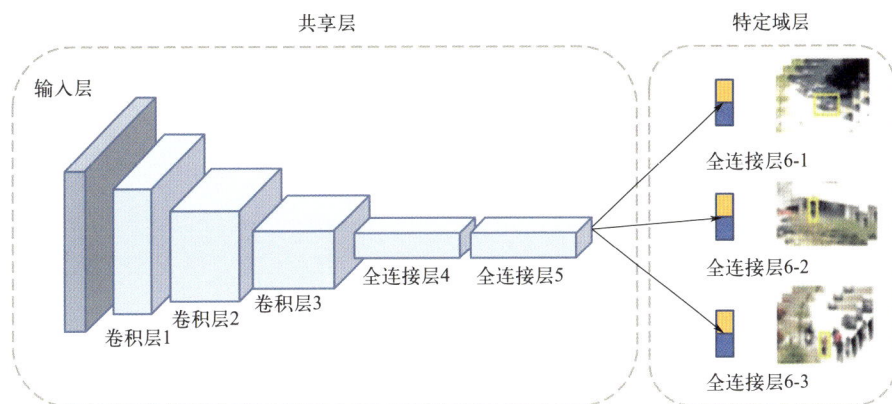

图 6-23　MDNet 网络架构图

MDNet 在每帧图像上随机生成的候选区域会被分别送入特征提取网络来提取候选区域特征，导致 MDNet 虽然在当时取得较优的跟踪性能，但仅有约 1 帧 /s 的 GPU 运行速度，无法满足实时跟踪的需求。受 Faster-RCNN[19] 中使用 ROI Align 操作的启发，Jung 等人 [57] 提出 RT-MDNet（real-time MDNet），在 MDNet 上使用 ROI Align 操作加速候选区域特征提取的过程，并加入多任务损失函数，建立更加鲁棒的外观模型，获取更优的跟踪性能。RT-MDNet 的运行速度是 MDNet 的 25 倍，但跟踪精度几乎不变。MDNet 及其变体通过在线训练跟踪目标的方式使它们对训练数据集规模的要求较低。

多域网络 RGB 单目标跟踪网络的特点是，其特征提取方式为通过单个 CNN 网络直接提取包含目标的 RGB 搜索区域的特征，其关联建模方式为通过首帧标注，在线训练一个特定于被跟踪目标的特定域层和分类回归网络来实现网络对目标模板信息的记忆，从而完成了目标模板与搜索区域之间的关联建模操作，使网络可以直接基于搜索区域的特征信息对目标进行定位。

在 2022 年之前，RGB-T 单目标跟踪数据集规模较小，缺乏大规模训练数据集，因此，在 2018 年至 2021 年期间，大部分 RGB-T 单目标跟踪方法普遍选择 MDNet 或者 RT-MDNet 作为其基线跟踪方法。

② 两流两阶段 RGB 单目标跟踪方法。这类方法都是受孪生网络（siamese network）的启发而设计的 RGB 单目标跟踪方法。两流是指在特征提取阶段，使用两个结构相同的特征提取子网络，来分别提取目标模板图像特征和搜索区域图像特征的特征提取方式。两阶段是指跟踪网络被拆分为特征提取和关联建模两个阶段来分别设计，即先使用两流网络提取目标模板图像和搜索区域图像的特征，再由特定的关联模块执行目标模板特征与搜索区域特征之间的关联建模操作，使搜索区域完成对目标信息的感知。此类方法在特征提取阶段的操作基本相同，而在关联建模阶段，不同的两流两阶段方法会采用互相关操作[13, 14]、判别式相关滤波操作[9,44]或交叉注意力机制[58,59]来构建目标模板与搜索区域之间的关联建模操作。最后，执行关联建模操作后的搜索区域特征最终会被用于最终的预测。下面根据不同的关联建模方式对此类方法分别进行介绍。

互相关关联建模方式。2016 年，Bertinetto 等人[13]提出双流方法 SiamFC，开启了孪生网络结构在跟踪方法中的应用。该方法将跟踪任务构建为目标模板与搜索区域之间的相似度匹配问题。先通过两个结构相同的两流特征提取子网络来分别提取目标模板 RGB 图像和搜索区域 RGB 图像的特征，然后通过互相关操作寻找和目标模板特征最相似的搜索区域特征进行目标定位，来完成目标模板与搜索区域之间的关联建模操作。由于孪生跟踪算法的目标 - 背景判别能力是通过离线阶段大量数据训练得到的，不需要模型的在线更新，因此具有较为出色的跟踪效率。随后，大量基于 SiamFC 的优化方法及其变体[13, 14]被提出，极大丰富了此类方法在视觉单目标跟踪领域的应用。考虑到孪生网络在 RGB 单目标跟踪上的成功应用，一些工作[60,61,62]尝试将此类方法引入 RGB-T 目标跟踪中，来提升计算效率。

判别式相关滤波关联建模方式。2019 年，Bhat 等人首次将相关滤波算法的建模方式应用于两流两阶段的深度学习目标跟踪框架中，并提出 DiMP[44] 单目标跟踪网络。该方法将目标跟踪任务视为对搜索区域图像使用特定于目标设计的滤波器进行相关滤波，输出响应图的最大值位置就是目标位置。由于该算法结合深度学习框架，并采用共轭梯度策略，可以在模型推理阶段对分类器进行快速的参数更新，提高目标跟踪算法的目标 - 背景判别力，对目标外观变化具有良好的适应能力，也受到了广泛的关注。受 DiMP 及其变体 [9, 44] 在视觉单目标跟踪领域的成功应用，大量 RGB-T 单目标跟踪方法也尝试将其作为基线跟踪器来提升 RGB-T 目标跟踪网络的目标 - 背景判别力，进而提升跟踪性能。

交叉注意力关联建模方式。随着 ViT 和注意力机制被引入 RGB 单目标跟踪，TransT[58] 借助于注意力机制全局信息的获取能力，率先在两流两阶段的 RGB 单目标跟踪框架下提出第三种新的基于交叉注意力机制的关联建模操作。该方法通过交叉注意力机制的全局信息获取能力，使搜索区域图像可以跨图像直接获取目标模板图像信息，从而完成目标模板与搜索区域的关联建模操作。凭借优异的性能表现，此类方法 [58, 59] 为 RGB-T 单目标跟踪提供了新的强大基线跟踪网络架构。

③ 基于联合特征提取关联建模方法的 RGB 单目标跟踪方法。随着视觉 Transformer[63] 网络 ViT[27] 的引入，越来越多基于 Transformer 的 RGB 单目标跟踪方法被提出，早期的一些方法 [58, 59, 64, 65] 仍然遵循两流两阶段方法的网络架构，只是在特征提取阶段或关联建模阶段完成对 CNN 网络的替换，例如 TransT[58] 提出堆叠一系列自注意层和交叉注意层进行关联建模。TrDiMP[65] 则基于 Transformer 跨多个目标模板帧来学习一个全局对象过滤器。STARK[59] 则是在两流两阶段的跟踪网络架构下，通过多个自注意力层来实现关联建模。这些方法借助于注意力机制强大的全局上下文特征提取的能力，使两流两阶段的 RGB 单目标跟踪网络在性能上得到了不小的性能提升。但是两流两阶段方法先使用两个独立的特征提取分支分别提取目标模板和搜索区域特征，再执行目标模板与搜索区域之间关联建模的方式，会导致提取的搜索区域特征缺乏特定于目标的感知能力，限制了搜索区域特征的目标 - 背景判别能力。采用该目标跟踪网络作为基线跟踪网络架构的 RGB-T 单目标跟踪方法也面临着类似的问题。直到 MixFormer[33]，SimTrack[66] 和 OSTrack[26] 的提出，这些方法将目标模板图像的特征嵌入和搜索区域图像的特征嵌入看作一个整体，通过注意力机制来对目标模板特征与搜索区域特征执行联合特征提取和关联建模，使网络在目标模板的引导下提取更加特定于目标的搜索区域特征，从而增强搜索区域特征的目

标 - 背景判别能力，进一步提升网络的跟踪性能。基于联合特征提取关联建模方法 RGB 单目标跟踪方法在跟踪精度和速度上取得了巨大的成功，是当前性能最先进的 RGB 单目标跟踪方法，为 RGB-T 单目标跟踪方法提供了全新且强大的基线跟踪网络架构。一些最新的 RGB-T 单目标跟踪方法 [67, 68] 在三阶段融合跟踪范式下，直接选择 OSTrack 作为基线跟踪网络架构，获得了较大的性能提升。

（2）基于深度学习的 RGB-T 融合视觉目标跟踪

根据选取的基线跟踪网络架构的不同，本书将基于深度学习的短时 RGB-T 单目标跟踪方法分为以下三类：基于多域网络 RGB-T 单目标跟踪方法、基于两流两阶段的 RGB-T 单目标跟踪方法，以及基于联合特征提取关联建模方法的 RGB-T 单目标跟踪方法。

① 基于多域网络的 RGB-T 单目标跟踪方法。一些方法从挖掘两个模态特征互补信息的角度出发，探索有效的模态特征融合方式。Zhang 等人 [71] 将 MDNet 应用于 RGB-T 单目标跟踪任务，采用一个双流网络分别提取 RGB 图像特征和 T（红外）图像特征，以级联的方式对模态特征进行融合，然后输入到特定域层和分类回归网络，从而获得最终的预测结果，相较于当时传统 RGB-T 目标跟踪算法，该方法取得了较好的跟踪性能。为了充分挖掘不同模态图像和不同层级特征包含的互补信息，Zhu 等人 [72] 提出 DAPNet，该方法通过密集聚合模块获取两种模态图像的鲁棒特征表示，并设计特征剪枝模块来减少冗余特征和噪声信息的影响。Zhang 等人 [73] 基于注意力机制和竞争学习策略提出三分支结构的 MaCNet，该方法首先使用双流网络分别提取 RGB 图像特征和 T 图像特征。然后，使用模态感知注意力模块来学习不同层级不同模态特征的自适应权重，并采用加权相加的方式获取融合特征。此外，该方法分别在 RGB 特征分支、T 特征分支和融合特征分支上，分别加装一个分类回归预测网络，并通过构建竞争学习损失函数，引导网络向多模态信息协作互补的方向来优化模态特征的融合。为了能够使两张模态图像的信息充分交互，从而进一步挖掘 RGB-T 数据的互补优势，Mei 等人 [74] 提出 HDINet，该方法通过交叉注意力机制实现了不同层级内模态信息的充分交互。由于上述方法只能通过离线训练后的固定卷积核对模态图像进行处理，不能根据测试数据来实时调整不同模态要提取的特征信息，因此 Wang 等人 [75] 提出 MFGNet，该方法首次提出通过动态滤波的方式处理测试数据。该方法首先使用双流网络来分别获取 RGB 图像和 T 图像的单模态特征并将他们级联在一起，随后送入两个模态滤波器生成网络，预测用于处理每个模态图像的动态卷积核，通过这些动态卷积核来提取每个模态图像的动态特征。最后，两个模态的动态特征以级联的方式用于分类回归任务。

一些方法则从在特征提取阶段有效提升不同模态图像特征表征能力的角度出发，探索有效的模态特征提取方式。为了更好地挖掘模态共有信息（例如轮廓、部分细粒度纹理等）和模态特有信息（热信息或颜色信息等）的潜在价值，Li 等人 [76] 提出 MANet。LU 等人 [77] 在 MANet 的基础上提出 MANet++，通过提出 HD 损失（hierarchical divergence loss）来进一步挖掘模态共有信息和模态特有信息，并将 MANet 的基线跟踪网络架构由 MDNet 更换为 RTMDNet，大幅提升了 MANet++ 的推理速度。Xu 等人 [78] 认为仅使用特征提取网络最后一层的融合特征，或使用简单的操作（如求和、级联）聚合每个模态多层级特征的方式，限制了多层级特征的有效性。为了有效地聚合来自不同特征层的模态信息，他们提出了 RGB-T 单目标跟踪算法 CBPNet，该方法在实现分层特征融合之前，使用通道注意力机制 [41] 对所有卷积层特征实现特征通道的自适应标定，并通过交叉积对任意两层特征进行双线性池化操作，从而有效聚合目标的深层语义信息和浅层纹理信息。此外，Gao 等人 [79] 还提出 DAFNet，递归地自适应聚合不同层级和不同模态特征。Zhu 等人 [80] 在 DAPNet[72] 的基础上设计了 TFNet，该方法设计了包含 RGB 特征分支，T 特征分支以及融合特征分支的三分支网络结构，在保留 DAPNet 的密集聚合网络的同时，也为每个分支内都加入特征剪枝模块，剪除冗余特征，避免网络过拟合。Zhu 等人 [81] 提出 FANet，在挖掘多层级特征的重要性的同时，还设计了自适应聚合子网络，根据不同模态的可靠性聚合特征，能够缓解低质量源引入的噪声影响。还有一些方法则从 RGB-T 目标跟踪所面临的不同挑战场景的角度出发，探索更加有效的模态特征融合方式。Li 等人 [82] 提出 CAT，是第一个考虑挑战场景属性的 RGB-T 目标跟踪算法，Zhang 等人指出以往的工作主要是利用有限的属性建立特定于具体属性的模型，无法覆盖所有的跟踪场景。因此，他们提出 ADRNet[83]，将挑战场景分为四个典型属性，为每个属性设计特定于该属性的特征提取分支。并将这些属性特征在通道和像素级别上进行加权聚合，从而覆盖未知的挑战属性。Xiao 等人 [84] 通过场景属性分解融合过程，提出 APFNet，以较少的参数提高融合有效性，同时减少对大规模训练数据的依赖。

　　这些基于多域网络的 RGB-T 单目标跟踪方法，可以被归纳为一种三阶段的融合跟踪范式。从特征提取阶段来看，基于多域网络的 RGB-T 单目标跟踪方法使用两个 CNN 网络分支分别提取搜索区域的 RGB 特征和 T 特征。从特征融合的角度来看，虽然大量工作从不同的角度提出了各种复杂的特征融合方法或机制，但其本质是在上述模态特征提取的基础上，添加额外的特征融合模块，从而获取聚合了搜索区域 RGB 模态和 T 模态互补信息的融合特征，用于最终的关联建模操作。从关联建模方式的角度来看，这些方法与其基线跟踪网络 MDNet 相同，都是通过首帧标注来训练一个特定于被跟踪目标的特定域层和分类回归分支网络，来完成目标模板信息的记忆，从而完成目标模板域搜索区域之间的关联建模操作，使网络可以直接基于搜索区域的融合特征对目标进行定位。

随着 RGB-T 单目标跟踪的高质量大规模数据的不断发布，基于多域网络的 RGB-T 单目标跟踪无法有效使用大规模优质数据集的缺点日益明显，而且其通过首帧训练和在线更新来实现目标跟踪的方式也有明显的速度瓶颈，无法取得较好的实时跟踪性能。

② 基于两流两阶段的 RGB-T 单目标跟踪方法。在采用互相关关联建模方式的 RGB-T 单目标跟踪方法中，Zhang 等人[85] 提出 SiamFT，使用两个并行的孪生网络分别提取 RGB 图像特征和红外图像特征，并设计自适应模态权重生成模块，用于多模态特征融合。Zhang 等人[60] 提出 DSiamMFT，设计基于动态孪生网络[61] 的 RGB-T 跟踪器，采用级联的方式获得融合特征用于互相关关联建模操作。

上述方法虽然达到了较快的运行速度，但由于大规模 RGB-T 目标跟踪数据集的缺乏，上述方法无法得到充分的训练，性能较差。为了解决这一问题，Zhang 等人[62] 提出 SiamCDA，首先针对目前缺少大规模 RGB-T 多模态跟踪数据集的问题，提出语义感知的图像生成方法，构建大规模的 RGB-T 合成数据集。在采用判别式相关滤波关联建模方式的 RGB-T 单目标跟踪方法中，Zhang 等人[86] 提出 mfDiMP，将 DiMP 作为基线跟踪方法，研究不同层次的融合机制，寻找最优的融合方法，包括图像级融合、特征级融合和决策级融合。Zhao 等人[87] 提出 CEDiMP，其通过通道动态交换的融合方式，增强多模态特征表示。针对缺乏训练数据集的问题，使用图像转换模型[88] 生成一个用于训练的 RGB-T 数据集 LaSOT-RGBT[89]，并借助于 LaSOT-RGBT 数据集，提高跟踪器应对经典挑战跟踪场景的能力和泛化能力。为了更好地学习可见光模态和红外模态的共有信息和特有信息，Zhang 等人[90] 提出 HMFT，其使用两个 DiMP 网络作为其基线跟踪方法，为其中一个 DiMP 网络设计 CIF（complementary image fusion，互补图像融合）模块，学习两种模态内的共有信息。为另一个 DiMP 网络设计 DFF（discriminative feature fusion，判别特征融合）模块，学习模态的特有信息。在两个融合跟踪网络的基础上，进一步设计了 ADF（adaptive decision fusion，自适应决策融合）模块，从两个跟踪网络的预测结果中选择最终的预测结果。为了能有效地利用历史预测结果，Zhang 等人[91] 提出 JMMAC，该方法首次利用目标的运动轨迹信息来辅助目标位置的预测，可以很好地应对目标外观信息不可靠时的挑战场景，进一步提升目标跟踪的性能。

在采用交叉注意力机制关联建模方式的 RGB-T 单目标跟踪方法中，Feng 等人 [92] 在 TransT[58] 的基础上，提出 RWTransT，该方法在浅层进行多模态特征融合，再将融合后的特征送入 TransT，获取最终的跟踪结果。借助强有力的基线跟踪算法，显著提升基于两流两阶段的 RGB-T 目标跟踪算法性能，并保持实时的模型推理速度。

这些基于两流两阶段的 RGB-T 单目标跟踪方法，依然遵循三阶段的融合跟踪范式。在特征提取阶段，都是采用两个并行的孪生网络来分别提取目标模板和搜索区域的 RGB 模态特征和红外模态特征。在特征融合阶段，基于其基线跟踪网络架构，设计定制的特征融合模块或机制，来获取目标模板和搜索区域的融合特征。在关联建模阶段，根据其所选基线跟踪方法的关联建模方式（互相关操作，判别式相关滤波操作或者交叉注意力机制操作）来执行目标模板融合特征与搜索区域融合特征之间的关联建模操作，完成搜索区域对目标模板信息的感知。执行关联建模操作后的搜索区域融合特征最终会被用于最终的预测。

③ 基于联合特征提取关联建模方法的 RGB-T 单目标跟踪方法。受 OSTrack 联合特征提取关联建模方法的启发，发表在计算机视觉顶级会议 CVPR2023 上的最新两篇 SoTA（性能最先进）工作 TBSI[68] 和 ViPT[67]，选用非常强大且高效的 RGB 单目标跟踪方法 OSTrack 作为基线跟踪方法，尽管借助 OSTrack 实现了特征提取和关联建模操作的统一，但仍然遵循三阶段融合跟踪范式，将特征融合部分作为一个独立的部分来进行设计。它们可以被看作在不同的模态上分别运行一个共享参数的 OSTrack，然后将设计好的融合模块插入到两个 OSTrack 的同一层编码器中间完成模态信息的融合，最后将每个模态最后一层编码器的输出通过相加或级联的方式用于最终的预测。值得注意的是，与 ViPT[67] 固定主干网预训练参数，仅仅设计一个简单的辅助模态提示模块来获取融合特征的方式不同，TBSI[68] 设计了一个复杂的交叉注意力融合模块来完成特征融合，最后通过堆叠编码器 - 融合模块作为主干网来获取搜索区域的融合特征用于预测。这种方式在一定程度上缓解了模态特征在特征提取阶段缺少交互的问题，性能得到了大幅的提升，但由于额外的交叉注意力特征融合模块的加入，其并没有充分发挥 OSTrack 基线跟踪器高效的推理效率，导致其勉强实现实时跟踪。

6.2.5 反无人机 RGB-T 融合视觉目标跟踪

无人机目标在可见光和红外模态下的外观特征通常具有尺度多变且伴有低对比度的特点，与常见的汽车、行人等目标相比，其在图像中所占比例也通常不到 8%。这使得无人机目标在图像中不仅尺寸较小，而且难以与背景形成鲜明对比，从而加大了目标检测和跟踪的难度。传统的目标跟踪算法主要对常规目标如行人、车辆进行优化，通常假设目标尺寸较大且具备明显的边缘和纹理特征。导致这些传统算法在处理无人机目标时表现不佳，难以对其小尺度特征进行有效跟踪。因此，如何构建合理的多尺度模型，使算法能够有效提取微小状态和正常状态下无人机的特征，既能利用神经网络的浅层特征保留目标的形态、细节、纹理等详细信息，又能利用深层特征提取图片的语义信息，是解决多尺度下无人机，特别是小微尺度下的跟踪任务的关键。

除上述问题之外，目前针对无人机威胁的主要防御手段集中在基于单模态的跟踪方法上。然而，仅仅依赖可见光图像或红外图像的跟踪方法在某些复杂场景下存在明显的局限性。如图 6-24 所示，在夜间和恶劣天气条件下，红外图像因其具有优越的穿透能力，依然能够在这些条件下有效工作，但其对于目标细节的识别能力相对较弱，容易受到热量分布不均、目标遮挡以及环境温度变化等因素的影响。这导致红外图像在复杂环境下难以稳定地跟踪无人机目标。相比之下，可见光图像在白天和良好光照条件下能够提供更为清晰的目标细节信息，有助于准确识别和跟踪无人机。然而，在夜间或低光照条件下，可见光图像的效果显著下降，容易受到光照变化、强光反射和阴影等因素的干扰，使得目标跟踪变得困难。因此，仅依赖单一模态的跟踪方法难以在各种复杂环境下都能保证良好的跟踪效果。如何充分发挥每个模态的优势，并利用不同模态对场景认知的"偏见"来实现模态间的优势互补，是解决无人机目标跟踪问题的一个重要突破口。针对上述难点和挑战，Zhang 等人[70]提出了一种渐进式跨模态特征融合的跟踪算法 SiamFusion。

图 6-24　红外图像与可见光图像对比[70]

SiamFusion 以 TransT[58] 算法的基础框架为起点，并在此基础上针对无人机目标特性与多模态融合任务进行了深入改进。具体包含以下两个方面：首先，SiamFusion 对主干特征提取模块进行了修改，实现了多尺度的特征融合，从而能够更好地捕捉目标的细节信息；其次，SiamFusion 增加了渐进式多模态融合模块，实现模态间的信息互补，提升了算法在复杂环境下的鲁棒性。其主要贡献体现在以下几个方面：

a. 为了有效解决目标的多尺度问题，SiamFusion 利用多层次的特征图来构造不同环境和不同尺度下无人机目标的特征表示，充分利用目标在不同尺度下的特征信息，从而提高跟踪的准确性和鲁棒性。

b. 为了克服单个模态下对目标特征表征得不完整、不充分的固有缺陷，SiamFusion 提出了将可见光和红外图像的信息进行融合的策略，以充分利用它们各自的优势实现模态间的互补，进而实现更为准确和可靠的无人机跟踪。

c. 通过广泛的实验对比，分析验证了多尺度和多模态机制的有效性。

SiamFusion 所提出的渐进式跨模态特征融合的跟踪算法主要由四个部分构成：主干特征提取模块、渐进式特征融合模块、特征互相关模块以及跟踪预测头。如图 6-25 所示，主干网络首先分别从搜索图像和模板图像中提取特征。随后，渐进式特征融合模块对两个模态进行特征融合。在特征融合完成之后，搜索图像的特征将作为查询向量对模板图像的特征进行"互相关操作"。最后，跟踪预测头将根据上一步输出的向量进行分类和回归，以定位目标的边界。

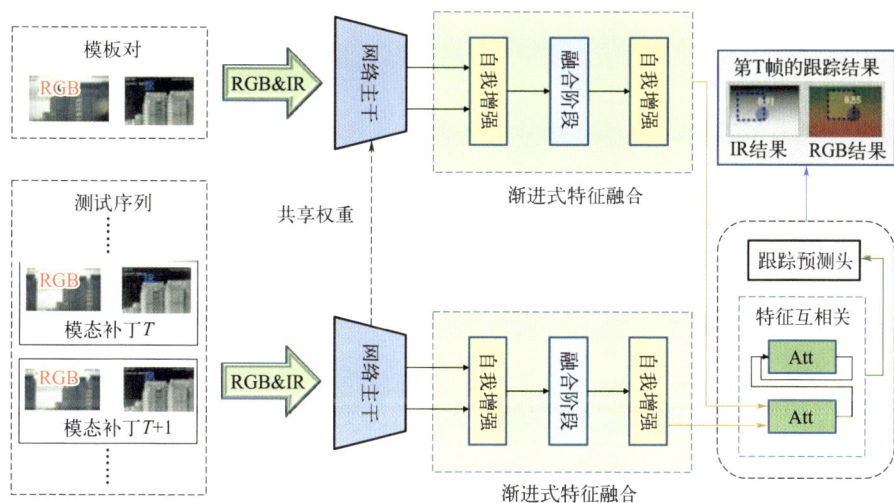

图 6-25　渐进式跨模态特征融合的跟踪算法框架图

① 主干特征提取模块。浅层神经网络和深层神经网络所包含的信息以及对目标的感受野是不同的。在浅层神经网络中，网络主要学习更细节的特征，例如边缘、颜色等，但它在提取更加复杂的目标特征和全局信息方面的能力相对有限。此外，浅层网络的感受野相对较小，只能捕获输入图像的局部信息。深层神经网络通过增加网络的层数，逐层叠加信息处理能力，从而学习到更加抽象和复杂的特征表示。例如，在深层网络中，不仅可以识别出基本的边缘和颜色，还能够学习到更高层次的特征如形状、语义信息以及目标与背景的复杂关系。深层网络的感受野更大，能够捕获输入图像中更广泛的上下文信息。

为了应对无人机这一小目标以及目标大小变化的挑战，仅使用浅层特征提取网络或仅使用深层特征提取无法准确对无人机目标进行有效表征。为此 SiamFusion 借鉴了特征金字塔网络（FPN）的思想，通过对多个尺度的特征图进行输出。SiamFusion 使用轻量化的 Swin-Transform[69] 作为算法的特征提取模块，并保留了每个中间层的特征，使其能够捕捉到丰富的细节信息和语义信息。如图 6-26 所示，对于两对搜索图像 $\{S_{\mathrm{ir}}, S_{\mathrm{rgb}}\}$ 和模板图像 $\{T_{\mathrm{ir}}, T_{\mathrm{rgb}}\}$，主干特征提取模块对于搜索区域其输出的特征图尺寸为（16, 64, 256），其维度为256。模板区域的特征图尺寸为(8,32,128)，输出的通道维度与搜索区域一致。

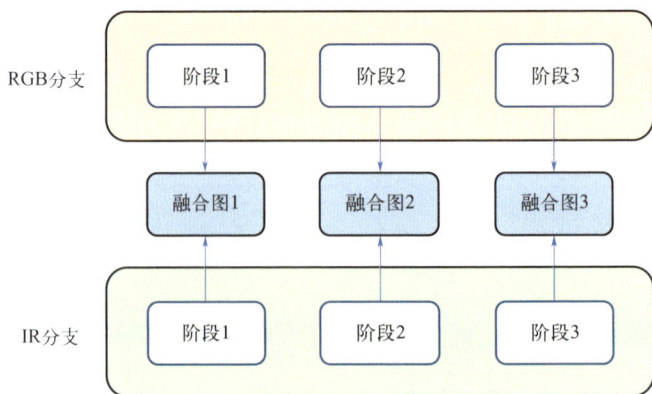

图 6-26　多阶段的主干提取网络示意图

② 渐进式特征融合模块。在众多的多模融合策略中，基于特征维度的融合往往效果最佳。因此，SiamFusion 借助注意力机制，提出了一种基于多阶段注意力机制的 RGBT 无人机目标跟踪方法。该方法能够渐进式地自适应地为每个模态赋予不同的权重，从而实现基于特征软选择的自适应融合。针对主干特征提取网络得到的特征图，SiamFusion 提出的多模融合模块将分为双分支与三阶段来进行特

征融合。如图 6-27 所示，SiamFusion 将通过 Transformer 交叉查询的方式来提高模型对多模态信息的利用，引导一个模态向另一个模态查询隐含特征。

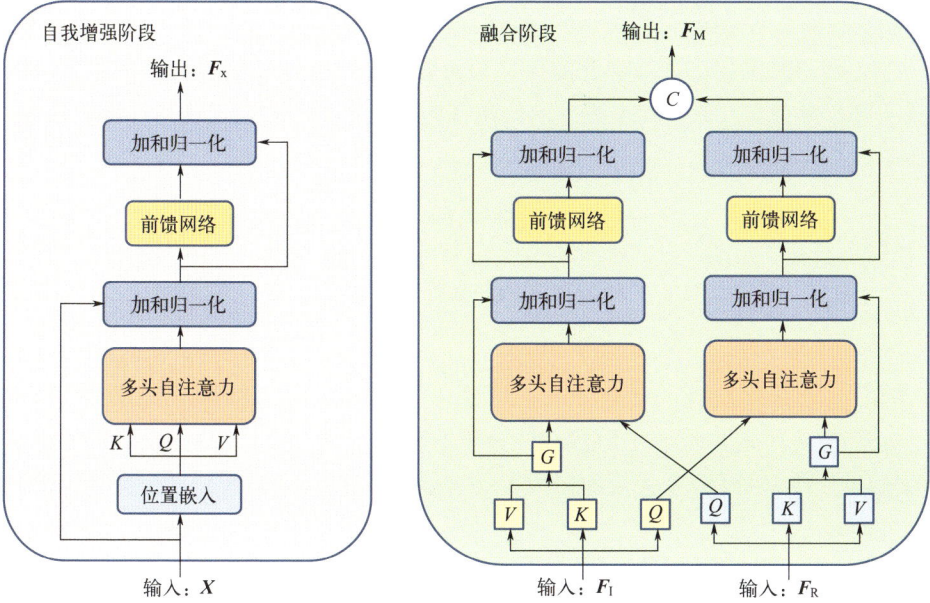

图 6-27　多模态融合模块示意图

a. 第一阶段：在特征融合的第一个阶段，SiamFusion 使用自注意力机制以增强每个模态自身的上下文特征从而增强模型对目标区域的感知能力，如式（6-45）、式（6-46）所示：

$$x_1^F = X + \text{MultiHead}(X + P_x, X + P_x, X) \tag{6-45}$$

$$F_x = x_1^F + \text{FFN}(X) \tag{6-46}$$

式中，X 表示由特征提取模块之后所得到的特征；P_x 表示特征经嵌入层的输出；FFN 表示三层带残差的全连接函数；F_x 表示第一阶段的输出，x_1^F 表示中间特征，MultiHead 函数表示多头注意力函数，如公式所示：

$$\text{MultiHead}(\boldsymbol{Q}, \boldsymbol{K}, \boldsymbol{V}) = \text{Concat}(H_1, \cdots, H_n)\boldsymbol{W}^O \tag{6-47}$$

$$H_i = \text{Attention}\left(\boldsymbol{Q}i_{\boldsymbol{Q}}^{\boldsymbol{W}}, \boldsymbol{K}i_{\boldsymbol{K}}^{\boldsymbol{W}}, \boldsymbol{V}i_{\boldsymbol{V}}^{\boldsymbol{W}}\right) \tag{6-48}$$

$$\text{Attention}(\boldsymbol{Q}, \boldsymbol{K}, \boldsymbol{V}) = \text{softmax}\left(\frac{\boldsymbol{Q}\boldsymbol{K}^{\text{T}}}{\sqrt{d_k}}\right)\boldsymbol{V} \tag{6-49}$$

式中，Q、K 和 V 分别表示查询、键和值，均经过 $1×1$ 卷积进行变维；d_k 表示尺度因子；W^O 表示多头注意力拼接的权重矩阵；n 表示注意力头的个数；T 表示转置；Concat 表示级联操作；i_Q^W 表示查询向量的权重系数矩阵；i_K^W 表示键向量的权重系数矩阵；i_V^W 表示值向量的权重系数矩阵。

b. 第二阶段：在特征融合的第二个阶段，使用互注意力机制将两个模态的特征进行融合交互，使两个模态的特征分别作为查询向量交叉使用注意力机制，如下列公式所示：

$$G = \text{Concat}(\boldsymbol{I}_2^F, \boldsymbol{R}_2^F) \tag{6-50}$$

$$\boldsymbol{I}_2^F = \text{MultiHead}(\boldsymbol{R}_1^F, \boldsymbol{I}_1^F, \boldsymbol{I}_1^F) \tag{6-51}$$

$$\boldsymbol{R}_2^F = \text{MultiHead}(\boldsymbol{I}_1^F, \boldsymbol{R}_1^F, \boldsymbol{R}_1^F) \tag{6-52}$$

式中，$\boldsymbol{I}_1^F$ 表示上一个阶段红外分支的输出，$\boldsymbol{R}_1^F$ 表示上一阶段可见光模态的输出，$\boldsymbol{I}_2^F$ 与 $\boldsymbol{R}_2^F$ 分别表示本阶段两个分支的输出，G 表示经过融合之后的此阶段的输出。

c. 第三阶段：在特征融合的第三个阶段，再次使用与第一阶段相同的操作，使用自注意力机制以增强融合后的特征，以增强模型对目标区域的感知能力。

③ 特征互相关模块。特征互相关模块是衡量目标相似度的关键步骤。在 SiamFusion 中，互相关模块由两层基于注意力机制的互相关子网络构成。通过引入注意力机制，网络能够更加专注于目标特征，从而有效减少干扰物对跟踪过程的影响。SiamFusion 利用注意力机制实现了模板图像与搜索图像之间的交叉感知，通过将基于搜索的多模态融合特征图与基于模板的多模态融合特征图以注意力机制为基础进行相关操作。

具体包含两个步骤，第一步通过互注意力机制实现不同向量之间的交叉查询，将搜索特征作为 key 和 value，将模板特征作为 query，如下公式所示：

$$\boldsymbol{F}^1 = \text{MultiHead}(\boldsymbol{F}_t, \boldsymbol{F}_s, \boldsymbol{F}_s) \tag{6-53}$$

$$\boldsymbol{M}_1^F = \text{FFN}(\boldsymbol{F}^1) + \boldsymbol{F}^1 \tag{6-54}$$

式中，$\boldsymbol{F}_s$ 表示搜索特征；$\boldsymbol{F}_t$ 表示模板特征；$\boldsymbol{F}^1$ 表示中间特征；$\boldsymbol{M}_1^F$ 表示融合之后的特征；FFN 表示三层带残差的全连接函数。在构建互相关模块的第二步，算法通过自注意力机制，增强模型对无人机目标的特征感知，加强对目标的定位能力，进而提高目标的识别准确度，具体如下列公式所示：

$$F^2 = \text{MultiHead}(M_1^F, M_1^F, M_1^F) \tag{6-55}$$

$$M_2^F = \text{FFN}(M_1^F, M_1^F, M_1^F) \tag{6-56}$$

式中，M_2^F 表示最终输出；F^2 为中间特征。

④ 跟踪预测头。跟踪预测头包含两个目标分类器和两个目标定位器，并分别作用于两个模态。其中，目标分类器由三层全连接网络构成，其主要任务是判定图片对应位置是否存在目标。分类器使用 softmax 函数计算二分类损失，并输出相应的置信度。最终，分类器输出一个维度为 1024×2 的向量，其中输出值 0 和 1 分别代表像素块中是否包含目标。目标定位器同样由三层全连接网络组成，它的输出维度为 1024×4，代表目标框的归一化坐标。

⑤ 损失函数。参照目标检测领域中的 YOLO[53] 对图片划分网格再进行分区识别的思想，SiamFusion 同样将图像划分为 D 个网格。预测头的输出可以被视为对图像中特定区域的映射，每一个网格对应跟踪预测头输出的一个维度。为了得到包含目标的多个边界框，SiamFusion 对目标的边界框进行随机扰动处理，并将这些扰动后的边界框取并集。随后，SiamFusion 假设与这些并集区域相对应的边界框为正样本，而其他未被选中的区域则被视为负样本。

由于反无人机 RGB-T 融合单目标跟踪是一个多模态跟踪任务，SiamFusion 提出的损失函数必须包含两部分：可见光损失和红外损失。总损失可表示为公式：

$$L_{\text{total}} = \lambda_1 L_{\text{RGB}} + \lambda_2 L_{\text{IR}} \tag{6-57}$$

式中，L_{RGB} 表示可见模态下的损失；L_{IR} 表示红外模态下的损失；λ_1 和 λ_2 负责调整两个模态的收敛速度，以使它们达到平衡。对于每个模态，其损失包括两部分，分类损失和回归损失，可以定义为公式：

$$L = \partial_1 L_{\text{cls}} + \partial_2 L_{\text{reg}} \tag{6-58}$$

式中，L_{cls} 为分类损失，L_{reg} 表示回归损失。参数 ∂_1 和 ∂_2 用于调节分类损失和回归损失之间的权重。在分类损失中，SiamFusion 采用二元交叉熵损失作为分类损失，如公式所示：

$$L_{\text{cls}} = -\sum_i [y_i \log(p_i) + (1 - y_i)\log(1 - p_i)] \tag{6-59}$$

式中，y_i 表示样本的真实标签，p_i 表示是模型对样本属于正类的预测概率。在回归损失方面，SiamFusion 采用了真实边界框与预测边界框之间的 L_1 损失和 IoU 损失，可以定义为公式：

$$L_{reg} = L_{giou} + L_1(b_{gt}, b_p) \qquad\qquad (6\text{-}60)$$

式中，L_{reg} 表示回归损失；L_{giou} 表示真实目标与预测目标的交并比损失；b_{gt} 表示真实回归框；b_p 表示预测框。

Zhang 等人[70] 首先分析了"低慢小"无人机的目标特性，阐述了当前算法跟踪无人机的痛点问题，并说明了多模态方法以及多尺度方法解决无人机跟踪问题的可行性，提出了一种跨模态特征融合的跟踪算法。该算法在原有的孪生网络架构模型中引入了渐进式融合模块并通过多尺度学习使网络能准确识别无人机目标。最后通过在反无人机数据集上的实验，证明了 SiamFusion 算法对比其他现有算法在解决尺度问题和模态"偏见"问题上的突出优势，提高了跟踪的准确率。

6.3
反无人机视觉目标重识别

随着无人机技术的快速发展，无人机的应用范围逐渐扩展至民用和军用领域。然而，无人机在带来便利的同时也带来了安全隐患。非法无人机的入侵、窃取信息，甚至用于极端组织行为等威胁已经成为全球安全防护的新挑战。因此，反无人机技术成为一种必然的需求。反无人机技术不仅需要检测和跟踪目标无人机，还要能够对其进行识别和干扰，而在识别环节中，Re-ID（re-identification，重识别）技术发挥着重要作用。

Re-ID 技术最早应用于行人识别场景，旨在从不同摄像头视角下识别出同一目标。随着技术的成熟，Re-ID 逐渐扩展到多种应用场景，如车辆再识别、宠物再识别等。在反无人机场景中，Re-ID 技术可以用来识别和跟踪同一架无人机，特别是当无人机从一个摄像头监控区域转移到另一个摄像头监控区域时，确保能够连续跟踪目标，避免误报或漏报。

6.3.1　视觉目标重识别概念

Re-ID 技术的核心是从图像或视频中提取特定目标的特征信息，并通过深度学习等技术将其特征进行编码，从而实现跨视角下的目标匹配。常用的 Re-ID 技术包括以下几个步骤：

① 特征提取：通过卷积神经网络或其他深度学习模型，提取目标的外观特征，例如形状、颜色、纹理等。

② 特征匹配：将提取的特征向量进行比对，衡量不同图像中目标之间的相似度。

③ 特征学习：通过有监督或无监督学习方式训练模型，使其能够有效区分不同的目标。

④ 排序与匹配：根据相似度排序，找到最匹配的目标。

对于反无人机应用来说，特征提取和匹配是关键步骤。无人机的外观特征较为固定，比如机型、尺寸、颜色等，而这些特征在 Re-ID 过程中可以为识别和跟踪提供有效依据。

6.3.2　重识别技术的挑战

尽管 Re-ID 技术在行人和车辆识别中已经取得了一定的成果，但应用到反无人机领域时仍面临诸多挑战：

① 多视角问题：无人机在飞行过程中，其外观特征会随着飞行角度的变化而产生显著变化，尤其是当摄像头位于不同角度时，这对 Re-ID 算法的鲁棒性提出了更高要求。

② 背景干扰：无人机经常在复杂的环境中飞行，如天空、建筑物、树木等复杂背景，这些背景容易干扰 Re-ID 算法的判断，尤其是在远距离情况下，背景和无人机的对比度较低。

③ 外观相似问题：市面上大量的消费级无人机外观相似度较高，尤其是同一型号的无人机，它们的差异可能非常细微，传统的视觉特征提取方法难以区分。

④ 运动速度：无人机的速度较快，且可以作出快速的机动动作，这给实时的特征提取和匹配带来了额外的困难，如何保证实时性是 Re-ID 技术应用中的一大难题。

6.3.3　重识别技术在反无人机中的应用

① 无人机追踪：在复杂环境中（如城市或野外），无人机的追踪面临着多视角切换、背景干扰及目标丢失等挑战。Re-ID 技术通过提取无人机的唯一视觉特征，如外观形状、颜色分布和运动轨迹，构建一个特征描述向量。在多摄像头布控区域内，每个摄像头会独立提取进入视野的无人机特征，并通过比对数据

库中存储的特征向量，确认无人机身份。这一过程基于深度学习的特征提取算法（如 ResNet、Transformer 等），能够在无人机飞出一个摄像头区域后，在下一个摄像头中实现无缝跟踪。尤其在多无人机同时活动的场景中，Re-ID 算法结合目标检测技术（如 YOLO 或 Faster R-CNN）可精准区分不同目标，防止目标跟踪混淆或丢失，从而确保飞行路径的连续监控。

②无人机身份认证：Re-ID 技术在无人机身份认证中的核心在于数据库的建立与特征比对。系统首先通过合法无人机的注册过程，采集其独有的外观特征（如机身标志、旋翼位置和光谱特征）并存储为向量表示。当检测到飞行中的无人机时，系统会实时提取其视觉特征并与数据库中的合法无人机特征进行比对。如果特征匹配失败，该无人机会被标记为非法目标，触发预警或防御措施。该方法不仅避免了误伤友方无人机，还能有效区分伪装或恶意改装的非法无人机，提升空域管理的安全性。

③联合作战中的无人机识别：在军事场景中，敌方和友方无人机混杂的复杂环境对目标识别提出了更高要求。Re-ID 技术结合多模态数据（如 RGB、红外、雷达信号等），利用深度学习模型提取无人机的全方位特征（包括热信号特性、机动模式等），形成多维度特征向量。这些特征被用来对战场中的无人机进行分类和身份确认，确保友方无人机不会被错误打击。例如，当敌方无人机与己方外观相似时，Re-ID 技术通过分析细微的外观差异（如材质反光特性或运动模式）实现精准区分，从而提高目标打击的准确性。

Re-ID 技术在反无人机领域的应用具有重要意义，能够帮助系统在复杂的环境中准确识别和跟踪无人机。然而，Re-ID 技术在实际应用中仍面临多视角、背景干扰、外观相似等挑战。随着深度学习和多模态融合技术的发展，Re-ID 技术将在反无人机系统中发挥越来越重要的作用，为无人机的安全管理和防御提供更加有效的技术手段。

反无人机视觉目标跟踪技术在应对无人机"低慢小"特点和复杂场景下的追踪需求方面，取得了显著进展。基于相关滤波和孪生神经网络的跟踪算法，分别提供了计算效率和匹配准确性的优势，适用于不同的应用场景。与此同时，单模态与 RGB-T 融合技术的结合，进一步提升了系统在各种环境下的适应性和跟踪稳定性，尤其是在全天候条件下的表现。局部 - 全局的跟踪策略通过引入特征注意力和扩展搜索机制，使无人机的跟踪更加鲁棒，特别是在红外跟踪中的应用效果显著。视觉目标重识别技术的引入，成功解决了无人机在遮挡和丢失后的重定位问题，为无人机的长时间稳定跟踪提供了有力的支持。未来，随着无人机技术和场景的复杂化发展，反无人机目标跟踪系统仍需不断创新。多模态融合、深度学习与传统算法的协同优化，以及结合更智能的环境感知技术，将成为提升系统鲁棒性和适应性的关键方向。

本章参考文献

[1] Bolme D，Beveridge J，Draper B，et al. Visual Object Tracking Using Adaptive Correlation Filters［C］// In Proceedings of the IEEE Conference on Computer Vision and Pattern Recognition，2010：2544-2550.

[2] Henriques J F，Caseiro R，Martins P，et al. Exploiting the Circulant Structure of Tracking-by-Detection with Kernels［C］// In Proceedings of the European Conference on Computer Vision，2012：702-715.

[3] Henriques J F，Caseiro R，Martins P，et al. High-Speed Tracking with Kernelized Correlation Filters［J］. IEEE Transactions on Pattern Analysis and Machine Intelligence，2015，37（3）：583-596.

[4] Galoogahi H K，Fagg A，Lucey S. Learning Background-Aware Correlation Filters for Visual Tracking［C］// In Proceedings of the IEEE International Conference on Computer Vision，2017：1144-1152.

[5] Li F，Tian C，Zuo W，et al. Learning Spatial-Temporal Regularized Correlation Filters for Visual Tracking［C］// In Proceedings of the IEEE Conference on Computer Vision and Pattern Recognition，2018：4904-4913.

[6] Dai K，Wang D，Lu H，et al. Visual Tracking via Adaptive Spatially-Regularized Correlation Filters［C］// In Proceedings of the IEEE Conference on Computer Vision and Pattern Recognition，2019：4670-4679.

[7] Li Y，Fu C，Ding F，et al. Auto Track：Towards High-Performance Visual Tracking for UAV with Automatic Spatio-Temporal Regularization［C］// In Proceedings of the IEEE Conference on Computer Vision and Pattern Recognition，2020：11923-11932.

[8] Li Y，Zhu J. A Scale Adaptive Kernel Correlation Filter Tracker with Feature Integration［C］// In Proceedings of the European Conference on Computer Vision，2014：254-265.

[9] Danelljan M，Bhat G，Khan F S，et al. ATOM：Accurate Tracking by Overlap Maximization［C］// In Proceedings of the IEEE Conference on Computer Vision and Pattern Recognition，2019：4660-4669.

[10] Jiang B，Luo R，Mao J，et al. Acquisition of Localization Confidence for Accurate Object Detection［C］// In Proceedings of the European Conference on Computer Vision，2018：784-799.

[11] Wang Q，Zhang L，Bertinetto L，et al. Fast Online Object Tracking and Segmentation：A Unifying Approach［C］// In Proceedings of the IEEE Conference on Computer Vision and Pattern Recognition，2019：1328-1338.

[12] Du F，Liu P，Zhao W，et al. Correlation-Guided Attention for Corner Detection Based

Visual Tracking [C]// In Proceedings of the IEEE Conference on Computer Vision and Pattern Recognition, 2020: 6836-6845.

[13] Bertinetto L, Valmadre J, Henriques J F, et al. Fully-Convolutional Siamese Networks for Object Tracking [C]// In Proceedings of the European Conference on Computer Vision, 2016: 850-865.

[14] Li B, Yan J, Wu W, et al. High Performance Visual Tracking With Siamese Region Proposal Network [C]// In Proceedings of the IEEE Conference on Computer Vision and Pattern Recognition, 2018: 8971-8980.

[15] Voigtlaender P, Luiten J, Torr P H, et al. Siam R-CNN: Visual Tracking by Re-Detection [C]// In Proceedings of the IEEE Conference on Computer Vision and Pattern Recognition, 2020: 6578-6588.

[16] Huang Z, Fu C, Li Y, et al. Learning Aberrance Repressed Correlation Filters for Real-Time UAV Tracking [C]// In Proceedings of the IEEE International Conference on Computer Vision, 2019: 2891-2900.

[17] Chen J, Xu T, Li J, et al. Adaptive Gaussian-Like Response Correlation Filter for UAV Tracking [C]// In International Conference on Image and Graphics, 2021: 596-609.

[18] Xu Y, Wang Z, Li Z, et al. SiamFC++: Towards Robust and Accurate Visual Tracking with Target Estimation Guidelines [C]// In Proceedings of the AAAI Conference on Artificial Intelligence, 2020: 12549-12556.

[19] Ren S, He K, Girshick R, et al. Faster R-CNN: Towards Real-Time Object Detection with Region Proposal Networks [J]. Advances in Neural Information Processing Systems, 2015, 28.

[20] Jiang N, Wang K R, Peng X K, et al. Anti-UAV: A Large Multi-Modal Benchmark for UAV Tracking [C]// In Proceedings of the IEEE/CVF Conference on Computer Vision and Pattern Recognition (CVPR). 2021.

[21] Huang L, Zhao X, Huang K. GlobalTrack: A Simple and Strong Baseline for Long-term Tracking [C]// In Proceedings of the 34th AAAI Conference on Artificial Intelligence, 2020: 11037-11044.

[22] Fang H, Wang X, Liao Z, et al. A Real-time Anti-Distractor Infrared UAV Tracker with Channel Feature Refinement Module [C]// 2021 IEEE/CVF International Conference on Computer Vision Workshops (ICCVW). 2021: 1240-1240.

[23] Kalman R E. A New Approach to Linear Filtering and Prediction Problems [J]. Journal of Basic Engineering, 1960, 82 (1): 35-45.

[24] Redmon J Farhadi A. YOLOv3: An Incremental Improvement. CoRR, vol. abs/1804.02767, 2018.

[25] Tang Z, Gao Y, Xun Z.et al. Strong Detector with Simple Tracker [C]// 2023 IEEE/CVF Conference on Computer Vision and Pattern Recognition Workshops (CVPRW), 2023: 3047-3053.

[26] Botao Ye B T, Chang H, Ma B P, et al. Joint Feature Learning and Relation Modeling for

Tracking: A One-Stream Framework [C]// In Computer Vision ECCV 2022: 17th European Conference.2022: 341-357.

[27] Dosovitskiy A, Beyer L, Kolesnikov A, et al. An Image is Worth 16×16 Words: Transformers for Image Recognition at Scale [C]// ArXiv preprint arXiv: 2010.2020: 11929.

[28] Varghese R Sambath. M. YOLOv8: A Novel Object Detection Algorithm with Enhanced Performance and Robustness[C]// 2024 International Conference on Advances in Data Engineering and Intelligent Computing Systems (ADICS).2024: 1-6.

[29] Fang Y X, Wang W, Xie B H, et al. Eva: Exploring the Limits of Masked Visual Representation Learning at Scale. ArXiv Preprint ArXiv: 2211.07636, 2022.

[30] Zhang H, Li F, Liu S L, et al. Dino: Detr with Improved Denoising Anchor Boxes for End-to-End Object Detection [C]// In The Eleventh International Conference on Learning Representations, 2022.

[31] Barnich O, Droogenbroeck M V. Vibe: A Powerful Random Technique to Estimate the Background in Video Sequences [C]// In 2009 IEEE International Conference on Acoustics, Speech and Signal Processing, IEEE, 2009: 945-948.

[32] Solovyev R, Wang W M, Gabruseva T. Weighted Boxes Fusion: Ensembling Boxes from Different Object Detection Models [J]. Image and Vision Computing, 2021, 107: 104117.

[33] Cui Y T, Jiang C, Wang L M, et al. Mixformer: End-to-End Tracking with Iterative Mixed Attention[C]// In Proceedings of the IEEE/CVF Conference on Computer Vision and Pattern Recognition, 2022: 13608-13618.

[34] Wu H, Li W, Li W and G. Liu. A Real-time Robust Approach for Tracking UAVs in Infrared Videos [C]// 2020 IEEE/CVF Conference on Computer Vision and Pattern Recognition Workshops (CVPRW), Seattle, WA, USA, 2020: 4448-4455.

[35] Russakovsky O, Deng J, Su H, et al. Imagenet Large Scale Visual Recognition Challenge[J]. International Journal of Computer Vision, 2015, 115 (3): 211-252.

[36] He K, Zhang X, Ren S, et al. Deep Residual Learning for Image Recognition [C]// Conference on Computer Vision and Pattern Recognition, 2016: 770-778.

[37] Nam H, Han B. Learning Multi-domain Convolutional Neural Networks for Visual Tracking [C]// Conference on Computer Vision and Pattern Recognition, 2016: 4293-4302.

[38] Ioffe S, Szegedy C. Batch Normalization: Accelerating Deep Network Training by Reducing Internal Covariate Shift[C]// International Conference on Machine Learning, 2015: 448-456.

[39] Krizhevsky A, Sutskever I, Hinton G E. Imagenet Classification with Deep Convolutional Neural Networks [C]// In Advances in Neural Information Processing Systems, 2012: 1097-1105.

[40] Hu J, Shen L, Sun G. Squeeze-and-Excitation Networks [C]// Conference on Computer Vision and Pattern Recognition, 2018: 7132-7141.

[41] Woo S, Park J, Lee J Y, et al. CBAM: Convolutional Block Attention Module [C]// European Conference on Computer Vision, 2018: 3-19.

［42］Zhao J，Zhang X，Zhang P，A Unified Approach for Tracking UAVs in Infrared［C］// 2021 IEEE/CVF International Conference on Computer Vision Workshops（ICCVW），Montreal，BC，Canada，2021：1213-1222.

［43］David G L. Distinctive Image Features from Scale-Invariant Keypoints［J］. IJCV，2004，60（2）：91-110.

［44］Bhat G，Danelljan M，Gool L N，et al. Learning Discriminative Model Prediction for Tracking［J］.ICCV，2019：6181-6190.

［45］Danelljan M，Gool L V，Timofte R. Probabilistic regression for visual tracking［J］. CVPR，2020：7181-7190.

［46］Yan B，Zhang X Y，Wang D，et al. Alpha-Refine： Boosting Tracking Performance by Precise Bounding Box Estimation［J］. CVPR，2021：5289-5298.

［47］Dai K N，Zhang Y H，Wang D，et al. High-Performance Long-Term Tracking with Meta-Updater［J］. CVPR，2020：6297-6306，2020.

［48］Huang B，Chen J，Xu T，et al. SiamSTA： Spatio-Temporal Attention based Siamese Tracker for Tracking UAVs［C］// 2021 IEEE/CVF International Conference on Computer Vision Workshops（ICCVW），Montreal，BC，Canada，2021：1204-1212.

［49］Jianbo J，Tomasi C. Good Features to Track［C］// In CVPR. IEEE，1994.

［50］Kalal Z，Mikolajczyk K Matas J. Tracking-Learning-Detection［J］. IEEE Transactions on Pattern Analysis and Machine Intelligence，2011,34（7）：1409-1422.

［51］Li Y，Yuan D，Sun M，Wang，et al. A Global-Local Tracking Framework Driven by Both Motion and Appearance for Infrared Anti-UAV［C］// 2023 IEEE/CVF Conference on Computer Vision and Pattern Recognition Workshops（CVPRW），2023：3026-3035.

［52］Wang C Y，Bochkovskiy A，Liao H Y M. YOLOv7： Trainable Bag-of-Freebies Sets New State-of-the-Art for Real-Time Object Detectors［J］. ArXiv Preprint ArXiv：2207.02696，2022.

［53］Redmon J，Divvala S，Girshick R，et al. You Only Look Once： Unified，Real-Time Object Detection［C］//Proceedings of the IEEE Conference on Computer Vision and Pattern Recognition. 2016： 779-788.

［54］Redmon J,Farhadi A. Yolo9000： Better，Faster，Stronger［J］. IEEE，2017.

［55］Gunnar F. Two-Frame Motion Estimation Based on Polynomial Expansion［C］// In Image Analysis：13th Scandinavian Conference，SCIA 2003 Halmstad，Sweden，June 29-July 2，2003 Proceedings 13，pages 363-370. Springer，2003.

［56］张天路，张强. 基于深度学习的 RGB-T 目标跟踪技术综述［J］. 模式识别与人工智能. 2023：327-353.

［57］Jung I，Son J，Baek M，et al. Real-Time MDNet［C］// European Conference on Computer Vision. 2018.

［58］Chen X，Yan B，Zhu J，et al. Transformer Tracking［C］// Conference on Computer Vision and Pattern Recognition. 2021： 8122-8131.

［59］Yan B，Peng H，Fu J，et al. Learning Spatio-Temporal Transformer for Visual Tracking［C］//

International Conference on Computer Vision. 2021：10428-10437.

［60］ Zhang X，Ye P，Peng S，et al. DSiamMFT：An RGB-T Fusion Tracking Method via Dynamic Siamese Networks Using Multi-layer Feature Fusion ［J］. Signal Process. Image Commun. 2020，84：115756

［61］ Guo Q，Feng W，Zhou C，et al. Learning Dynamic Siamese Network for Visual Object Tracking ［C］// IEEE International Conference on Computer Vision. 2017：1781-1789.

［62］ Zhang T，Liu X，Zhang Q，et al. SiamCDA：Complementarity- and Distractor Aware RGB-T Tracking Based on Siamese Network ［J］. IEEE Transactions on Circuits and Systems for Video Technology. 2022，32：1403-1417

［63］ Vaswani A，Shazeer N M，Parmar N，et al. Attention is All you Need ［C］// Conference on Neural Information Processing Systems. 2017.

［64］ Mayer C，Danelljan M，Bhat G，et al. Transforming Model Prediction for Tracking ［C］// Conference on Computer Vision and Pattern Recognition. 2022：8721-8730.

［65］ Wang N，Zhou W，Wang J，et al. Transformer Meets Tracker：Exploiting Temporal Context for Robust Visual Tracking ［C］// Conference on Computer Vision and Pattern Recognition. 2021：1571-1580

［66］ Chen B，Li P，Bai L，et al. Backbone is All Your Need：A Simplified Architecture for Visual Object Tracking ［C］// European Conference on Computer Vision. 2022.

［67］ Zhu J，Lai S，Chen X，et al. Visual Prompt Multi-Modal Tracking ［C］// Conference on Computer Vision and Pattern Recognition. 2023：9516-9526.

［68］ Hui T，Xun Z，Peng F，et al. Bridging Search Region Interaction with Template for RGB-T Tracking ［C］// Conference on Computer Vision and Pattern Recognition. 2023：13630-13639.

［69］ Liu Z，Lin Y，Cao Y，et al. Swin Transformer：Hierarchical Vision Transformer using Shifted Windows［C］// Proceedings of the IEEE/CVF International Conference on Computer Vision. 2021：10012-10022.

［70］ Zhang Z H，Lei J，Li S J. Modality Meets Long-Term Tracker：A Siamese Dual Fusion Framework for Tracking UAV［C］// 2023 IEEE International Conference on Image Processing （ICIP），2023：1975-1979.

［71］ Zhang X，Zhang X，Du X，et al. Learning Multi-Domain Convolutional Network for RGB-T Visual Tracking ［C］// International Congress on Image and Signal Processing，BioMedical Engineering and Informatics. 2018：1-6.

［72］ Zhu Y，Li C，Luo B，et al. Dense Feature Aggregation and Pruning for RGBT Tracking ［C］// ACM International Conference on Multimedia. 2019.

［73］ Zhang H，Zhang L，Zhuo L，et al. Object Tracking in RGB-T Videos Using Modal-Aware Attention Network and Competitive Learning ［J］. IEEE Sensors Journal. 2020，20.

［74］ Mei J，Zhou D，Cao J，et al. HDINet：Hierarchical Dual-Sensor Interaction Network for RGBT Tracking ［J］. IEEE Sensors Journal. 2021，21：16915-16926.

［75］ Wang X，Shu X，Zhang S，et al. MFGNet：Dynamic Modality-Aware Filter Generation for

RGB-T Tracking [J]. IEEE Transactions on Multimedia. 2021, 25: 4335-4348.

[76] Li C, Lu A, Zheng A, et al. Multi-Adapter RGBT Tracking [C]// International Conference on Computer Vision Workshop. 2019: 2262-2270.

[77] Lu A, Li C, Yan Y, et al. RGBT Tracking via Multi-Adapter Network with Hierarchical Divergence Loss [J]. IEEE Transactions on Image Processing. 2020, 30: 5613-5625.

[78] Xu Q, Mei Y, Liu J, et al. Multimodal Cross-Layer Bilinear Pooling for RGBT Tracking [J]. IEEE Transactions on Multimedia. 2021, 24: 567-580.

[79] Gao Y, Li C, Zhu Y, et al. Deep Adaptive Fusion Network for High Performance RGBT Tracking [C]// International Conference on Computer Vision Workshop. 2019: 91-99.

[80] Zhu Y, Li C, Tang J, et al. RGBT Tracking by Trident Fusion Network [J]. IEEE Transactions on Circuits and Systems for Video Technology. 2022, 32: 579-592.

[81] Zhu Y, Li C, Tang J, et al. Quality-Aware Feature Aggregation Network for Robust RGBT Tracking [J]. IEEE Transactions on Intelligent Vehicles. 2020, 6: 121-130.

[82] Li C, Liu L, Lu A, et al. Challenge-Aware RGBT Tracking [C]// European Conference on Computer Vision. 2020.

[83] Zhang P, Wang D, Lu H, et al. Learning Adaptive Attribute-Driven Representation for Real-Time RGB-T Tracking [J]. International Journal of Computer Vision. 2021, 129: 2714-2729.

[84] Xiao Y, Yang M, Li C, et al. Attribute-Based Progressive Fusion Network for RGBT Tracking [C]// AAAI Conference on Artificial Intelligence. 2022.

[85] Zhang X, Ye P, Peng S, et al. SiamFT: An RGB-Infrared Fusion Tracking Method via Fully Convolutional Siamese Networks [J]. IEEE Access. 2019, 7: 122122-122133.

[86] Zhang L, Danelljan M, Gonzalez-Garcia A, et al. Multi-Modal Fusion for End-to-End RGB-T Tracking [C]// International Conference on Computer Vision Workshop. 2019: 2252-2261.

[87] Zhao L, Zhu M, Ren H, et al. Channel Exchanging for RGB-T Tracking [J]. IEEE Sensors Journal. 2021, 21.

[88] Mirza M, Osindero S. Conditional Generative Adversarial Nets [C]// ArXiv. 2014.

[89] Fan H, Lin L, Yang F, et al. LaSOT: A High-Quality Benchmark for Large-Scale Single Object Tracking [C]// Conference on Computer Vision and Pattern Recognition. 2018: 5369-5378.

[90] Zhang P, Zhao J, Wang D, et al. Visible-Thermal UAV Tracking: A Large-Scale Benchmark and New Baseline [C]// Conference on Computer Vision and Pattern Recognition. 2022: 8876-8885.

[91] Zhang P, Zhao J, Bo C, et al. Jointly Modeling Motion and Appearance Cues for Robust RGB-T Tracking [J]. IEEE Transactions on Image Processing. 2020, 30: 3335-3347.

[92] Feng M, Su J. Learning Reliable Modal Weight with Transformer for Robust RGBT Tracking [J]. Knowledge-Based System. 2022, 249: 108945.

第 7 章

反无人机数据集与评测标准

ANTI-UAV

Vision Intelligence-Based Techniques for Anti-UAV Target Perception

反无人机目标感知技术：基于视觉智能

近年来，随着深度学习技术的进步，计算机视觉的能力得到了显著提升。具体来说，深度学习在图像和视频处理中的表现优异，使其在反无人机检测和跟踪中的应用变得更加广泛和有效[1,2,4]。无人机技术的普及和应用领域的扩展，也对反无人机检测和跟踪技术提出了更高的要求。因此，建立和利用高质量的数据集来训练和评估深度学习模型，成为了提升反无人机检测和跟踪算法鲁棒性和精确度的关键[3,6]。

本章的内容将包括以下几个部分：首先，将介绍反无人机数据采集的具体过程，包括数据采集的设备、方法和环境设置；接下来，将对目前已有的无人机数据集进行综述，分析各数据集的特点、优缺点及其在实际应用中的表现；最后，将介绍反无人机算法的评测标准，讨论如何通过不同的指标来全面评估算法的性能，以期为未来的研究提供参考和指导。

7.1
反无人机数据采集

7.1.1 采集设备及无人机类型

数据采集过程中主要依赖于光电设备，如 HP-Z50 型多波段光电探测系统（图 7-1），其主要技术指标有：①光电镜头类型为制冷型碲镉汞 MCT 红外焦平面探测器；②有效像素分辨率 ≥ 640×512；③工作波段——范围介于 3.7 ~ 4.8μm；④接口与视频格式——Camlink/H.265/H.264。HP-Z50（BHF）远程双波段光电转台是和普威视自主研发设计的远距离光电探测系统，可集成远程可见光电视摄像机、远程非制冷红外热成像仪双频谱探测模块，从而实现全天候全时段全维度发现、跟踪、识别和追迹目标的功能，可广泛应用于边海防、军事基地、机场、港口、核生化设施等重点区域、重点目标的立体安全防范，作用距离可达 15km 以上。该设备既可作为独立的光电探测设备使用，实施手动搜索、自动巡航、手动或自动跟踪目标，也可与雷达联动，根据雷达发送

图 7-1 和普威视 HP-Z50 型多波段光电探测系统

的目标引导信息，实现对目标的快速捕获和特征识别。

为了构建系统且完善的反无人机数据，采集过程所使用的无人机类型和尺度需要呈现多样性和差异性，以满足现实场景的真实需求。采集过程使用的无人机如图 7-2 所示，大疆系列无人机的类型多样，且尺度的大小差异明显。

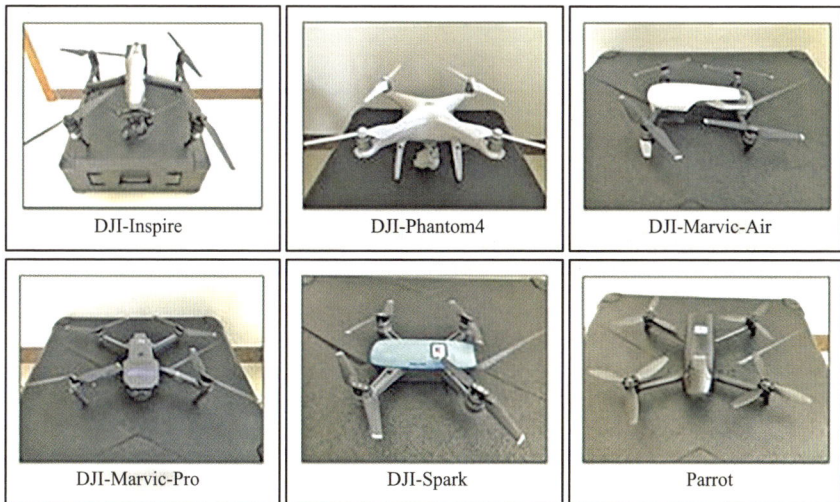

图 7-2　不同型号和尺度的无人机

7.1.2　采集过程

反无人机数据的采集需考虑面向现实场景复杂且多样性的需求，主要涉及的变量为空间环境、气候、不同光照程度、静止或运动的干扰物等，这些因素对无人机的准确识别影响较为明显。其中空间环境主要为高低起伏的楼宇、山地、道路、桥梁、公园等场景。气候状况一般根据空间环境的能见度来区分，例如高能见度的晴空、低能见度的雾霾等，不同光照度主要针对白天和黑夜，其中白天不同时段存在的光照强度以及夜晚形色各异分布不均的光源，该因素对无人机的识别也存在制约[2]（图 7-3）。现实场景下，对无人机在空域的飞行识别，常会遇到多种类型的干扰物，例如静止的塔吊、高楼或树木等，还有运动的气球或者鸟类等虚假目标会产生一定程度的遮挡或者误判，这些状况皆需要在数据采集时作为考虑的重要因素。同时无人机数据的采集仍需考虑其不同的飞行状态和飞行轨迹，例如悬停、忽然加速上升或者下降等等。采集时需要采用不同尺寸的无人机进行不同环境变量下的数据采集，且保存的数据格式为视频序列。特别地，采集的红外和可见光的视频数据在保存时需一一对应[2]。

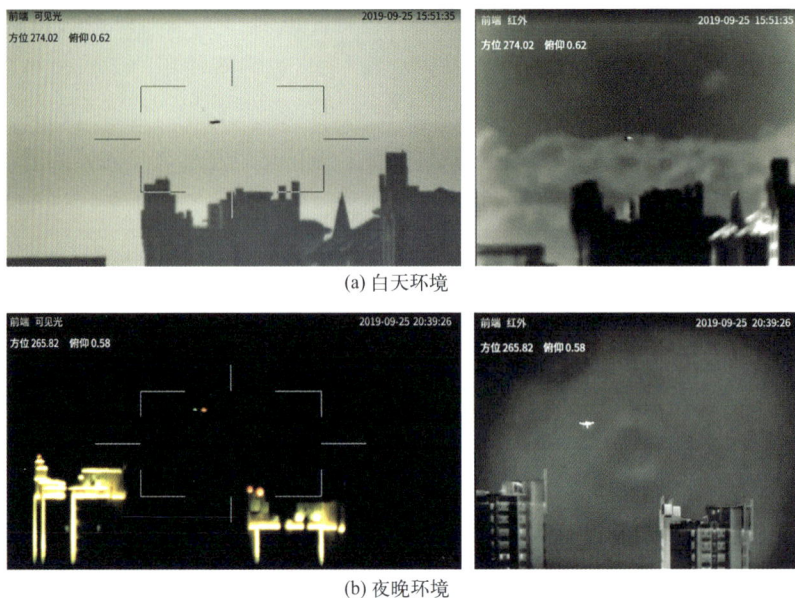

(a) 白天环境

(b) 夜晚环境

图 7-3　反无人机数据在白天和夜晚环境下可见光和红外传感器采集的效果

具体地，反无人机数据采集难点包括：

① 飞行时，风速会对无人机的操控有一定影响；

② 光电跟踪设备位置固定，视野有限；

③ 采集员与飞手的配合不默契可能会导致在采集视野中跟丢无人机；

④ 无人机的续航时间有限，短暂飞行后需要补充电源，导致采集效率下降；

⑤ 静止物体（房屋，塔架或者树木等）遮挡或者运动物体（鸟类等）的干扰，还有夜间色彩各异的光源以及白天无人机自身的高反光等因素，常引起无人机的跟踪数据采集失败。

反无人机数据采集时的飞行策略需考虑以下几点：

① 飞行速度：高速飞行、低速飞行、悬停；

② 视野：大部分时间在跟踪视野内，少数时间处于遮挡状态，遮挡状态分为完全遮挡、部分遮挡；

③ 干扰：鸟类、民航客机；

④ 背景：高低不同的楼宇、塔吊、树木、天空、云层、雾霾等复杂背景；

⑤ 尺度：飞行时忽远忽近，覆盖不同的尺度；

⑥ 飞行路线：采用直线、折线、曲线多种方式，多种飞行高度，多种飞行距离。

具体采集过程示例如下：

① 无人机走 S 形路线，距离拍摄者忽近忽远的视频序列；

② 无人机走倒八形（∞）路线，距离拍摄者忽近忽远的视频序列；

③ 无人机走 O 形路线，距离拍摄者忽近忽远的视频序列；

④ 无人机走 S 形路线，距离拍摄者忽近忽远、走走停停的视频序列；

⑤ 无人机走倒八形（∞）路线，距离拍摄者忽近忽远、走走停停的视频序列；

⑥ 无人机走倒八形（∞）路线，中途放飞风筝，无人机飞行经过风筝上方或下方的视频序列；

⑦ 无人机走 S 形路线，中途放飞风筝，无人机在风筝后方飞行（构成一种被遮挡的假象）的视频序列；

⑧ 无人机走倒八形（∞）路线，中途放飞气球，无人机在气球后方飞行（构成一种被遮挡的假象）的视频序列；

⑨ 无人机走 S 形路线，中途放飞气球，无人机经过气球上方或下方的视频序列；

⑩ 无人机走 S 形路线，中途放飞气球，无人机经过气球上方或下方，走走停停的视频序列。

7.1.3 数据标注和校正

（1）数据预处理

由于数据采集时，采集的视频时长不固定，差异较大。需要拆分为统一的长度，并保证红外和可见光传感器采集到的视频数据时间点对齐。同时，存在较多无人机长时目标丢失的图像帧数据，需要检查并删除，同时模糊、遮挡严重或质量不佳的图片帧也类似，确保后续标注的数据质量。

（2）粗标注

选择简洁高效的标注工具和标注平台，对每个视频每隔 25 帧标注一次，标注规则：有目标则标注为 1，反之为 0，并将无人机用矩形框框出（紧贴目标）。上述的标注文件显示结果为："目标是否存在" [1] or [0]，"标注框" $[x_1, y_1, x_2, y_2]$（为矩形框的左上角和右下角坐标），以及标注结果的保存规则和格式，方便后期的任务使用。

（3）精标注

对粗标注的数据结果需要进行数据清洗和筛选，然后根据视频中存在的不同场景属性以及干扰变量等，选出视频数据中每个场景复杂度较高的视频进行标注，根据粗标注的结果分别对每段视频每帧进行详细标注，标注规则相同。

（4）标注效果检查及调整

总的视频精标注结束，不过其中存在对目标标框过大，或者无目标及目标被大面积遮挡也进行"exist"标注，以及可见光夜间存在大量拉丝情况（由于数据采集时转台移动速度过快，得到的目标模糊呈现拉丝状），需要清除这类标注。同时还需要对标注的数据进行拆分，每 1000 帧拆分为一个视频段，对标注效果进行拉网式检查，保证标注的数据真实精准可信赖，能够进行很好的训练学习和测试，同时在未来的应用也具有高可靠性。

（5）视频数据对的校正

可见光传感器和红外传感器拍摄视频数据时存在分辨率以及拍摄角度和视场差异，使得采集到的视频数据对空间信息差异明显。针对标注好的红外和可见光视频数据，仍需要采用算法进行特征匹配和校正[7]。

7.2
反无人机数据集

本节将对已有的反无人机数据集进行介绍。

（1）USC drone

该数据集包含 30 段在美国南加州大学校园（USC）拍摄的视频。所有视频都是用同一款无人机拍摄的。为了拍摄这些视频，其考虑了广泛的背景场景、拍摄角度、无人机形状和天气条件。这些视频旨在捕捉无人机在现实世界中的特性，如快速运动、极端光照、遮挡等。每段视频的持续时间约为 1min，帧分辨率为 1920×1080，帧率为 15 帧 /s。

（2）Public-domain drone

该数据集包含 30 个在室内或室外环境中用不同无人机型号拍摄的 YouTube 视频序列。这些视频片段的帧分辨率为 1280×720，持续时间约为 1min。一些视频片段包含多架无人机。此外，一些视频不是连续的。

（3）Halmstad drone

该数据集在瑞典的三个机场采集：哈尔姆斯塔德机场（IATA/ICAO 代码：HAD/ESMT）、哥德堡城市机场（GSE/ESGP）和马尔默机场（MMX/ESMS）。使用了三种不同的无人机：Hubsan H107D+，这是一种小型第一人称视角（FPV）无人机；高性能 DJI Phantom 4 Pro 无人机；以及中等尺寸的 DJI Flame

Wheel 无人机。最后一种既可以作为四旋翼无人机（F450），也可以作为六旋翼无人机（F550）配置，这里使用的是 F450 四旋翼无人机。它们的大小略有不同，其中 Hubsan H107D+ 是最小的（电机到电机的侧边长度为 0.1m）。DJI Phantom 4 Pro 和 DJI Flame Wheel F450 的电机到电机的侧边长度分别为 0.3m 和 0.4m。飞行是在符合无人驾驶航空器的国家规则的情况下进行的。由于无人机必须在目视范围内飞行，因此数据集是在白天记录的，尽管系统可以在使用热红外和声学传感器的情况下在夜间使用。接收到的 ADS-B 信息自然也可以在夜间使用。数据集中的天气状况从晴朗无云到多云和完全阴天不等。视频和音频文件都被分割成 10s 的片段以便于标注。为了获得更全面的数据集，无论是在飞机类型还是传感器到目标的距离方面，还补充了来自 YouTube 频道"Virtual Airfield operated by SK6"背景声音类包含在系统典型的部署环境中录制的室外普通背景声音，还包括一些服务器移动云台时的声音片段。

（4）Drone-vs-Bird Challenge

该挑战赛旨在吸引研究者们，研究在不同条件下的海岸区域视频中如何区分出鸟类和无人机。挑战的目标是在包含鸟类的短视频序列中检测出无人机的出现：只有当无人机出现时，算法才应发出警报并提供位置估计，而对于鸟类则不应发出警报。然而，这两种物体的大小、颜色甚至形状可能相似，这给检测任务带来了挑战。该数据集除了海洋场景外，还增加了陆地场景，这些场景是由不同的摄像机拍摄的。该数据集的另一个特征是检测到的物体尺寸非常小。根据统计分析，检测到的无人机的平均尺寸为 34×23（占图像大小的 0.1%）。该数据集包含 77 个视频，近 10000 张图像，并提供了单独的文件用于标注目标，即以帧号和目标的矩形框坐标（[顶点 x，顶点 y，宽度，高度]）的形式，仅在无人机出现的时候标注。对于没有目标框的帧，使用边界框 [0, 0, 1, 1]，即位于原点，具有 1 像素面积。

（5）MAV-VID

Kaggle 发布的无人机检测数据集。该数据集包含 64 个视频（总共 40323 张图像），其中 53 个用于训练，11 个用于验证。在这个数据集中，无人机的位置相对集中，位置之间的差异主要是水平方向的。被检测到的物体较小，平均大小仅为整个图片的 0.66%。

（6）DUT-AntiUAV

该数据集包含检测和跟踪子集。检测数据集被分为训练、测试和验证集。跟踪数据集包含 20 个短时和长时序列。所有帧和图像都进行了精确的人工标注。具体来说，检测数据集总共包含 10000 张图像，其中训练、测试和验证集分别包含 5200、2200 和 2600 张图像。考虑到一张图像可能包含多个目标的情况，检测目标的总数为 10109，其中训练、测试和验证集分别包含 5243、2245 和 2621 个目标[5]。

（7）Anti-UAV

这是一个用可见光和红外双模信息标记的数据集，由 318 个完全标记的视频组成。其中 160 个视频作为训练集，91 个作为测试集，剩下的作为验证集，总共有 186494 张图像。该数据集中的无人机被分为七个属性，系统地总结了无人机检测任务中可能出现的几种特殊情况。记录的视频包含两种环境，即白天和夜晚。在两种环境中，两种模态的检测扮演着不同的角色。从位置分布的角度来看，Anti-UAV 的运动范围很广，但主要集中在中心区域，其方差比其他数据集要小。该数据集专注于解决基于视觉的检测器在夜间性能不佳的问题。

（8）Anti-UAV410

为了在现实环境中真实地模拟反无人机跟踪的挑战，该数据集捕捉了在多种复杂场景下的跟踪视频。这些场景包括两种不同的光照条件（白天和夜晚）、两个季节（秋季和冬季）以及各种各样的背景，如建筑物（30%）、山脉（20%）、森林（5%）、城市区域（30%）、云层（10%）、水体（3%）和其他。以 25 帧每秒（FPS）的帧率在中红外光谱中记录了所获取的视频序列。从这些序列中，选择了 100min 的视频进行细致地逐帧标注，总计超过 150000 帧。此外，为了丰富数据集的数据量，该数据集整合了来自 Anti-UAV 数据集[6]的视频，并进行了进一步清洗。最终，数据集被分为三组：训练集，包含 200 个序列；验证集，包含 90 个序列；测试集，包含 120 个序列。根据序列的属性将数据集仔细地分为三部分。训练集、验证集和测试集的属性分布，三个子集在每个挑战属性上的比例相对均衡，此时使用训练集可以更好地学习无人机跟踪在野外场景中面临的挑战。这一过程没有使用特殊的技术，仅仅通过手动调整使 Anti-UAV410 数据集具有这样的分布。

7.3
反无人机评测标准

在介绍了反无人机常用的数据集后，本节将对算法评测标准进行介绍。

在反无人机目标检测和目标跟踪中，评估算法性能时常用的几个重要指标包括精度、召回率、交并比、平均精度、均值平均精度、F-分数、成功率等。下面详细介绍这些指标的定义和公式。

（1）精度（Precision）

定义：在所有被检测到的目标中，正确检测到的目标的比例。

$$\text{Precision} = \frac{TP}{TP+FP} \tag{7-1}$$

式中，TP（true positives）为正确识别的目标数，即预测边界框和真实边界框有显著重叠的目标；FP（false positives）为错误跟踪的目标数，即预测边界框与真实边界框没有显著重叠的目标。在目标检测和目标跟踪中，Precision 用来衡量算法的准确性，特别是当目标被正确识别时。如果一个算法的 Precision 高，说明该算法较少误报，即较少将非目标误识别为目标。

（2）召回率（Recall）

定义：在所有真实存在的目标中，被正确检测到的目标的比例。

$$\text{Recall} = \frac{TP}{TP+FN} \tag{7-2}$$

式中，FN（false negatives）为漏检的目标数，即真实目标没有被预测边界框覆盖的目标。在目标检测和目标跟踪中，Recall 用来衡量算法的完备性，即算法能否找到所有真实存在的目标。如果一个算法的 Recall 高，说明该算法较少漏报，即较少遗漏真实目标。

（3）交并比（IoU）

定义：预测边界框和真实边界框的交集面积与并集面积之比。

$$\text{IoU} = \left| \frac{A_p \cap A_g}{A_p \cup A_g} \right| \tag{7-3}$$

式中，A_p 是预测边界框的面积；A_g 是真实边界框的面积；$\cap$ 表示交集；$\cup$ 表示并集。在目标检测和目标跟踪中，IoU 用来衡量预测边界框与真实边界框的重叠程度。高 IoU 值表示预测边界框与真实边界框高度重叠，跟踪精度高。常用的阈值是 0.5，即当 IoU $\geqslant$ 0.5 时，认为目标被正确识别。

（4）平均精度（AP）

AP 是一种衡量单个类别目标检测性能的指标。它通过计算精确度 - 召回率曲线（precision-recall curve）下的面积来得出。计算精确度 - 召回率曲线下的面积。AP 通常通过以下公式进行数值计算：

$$\text{AP} = \sum_n (R_n - R_{n-1}) P_n \tag{7-4}$$

式中，P_n 和 R_n 分别是第 n 个点的精确度和召回率。

（5）均值平均精度（mAP）

mAP 是对多个类别目标检测性能的综合评估指标。它是所有类别 AP 的均值。计算 mAP 的步骤如下：首先对每个类别计算 AP；然后将所有类别的 AP 取平均。计算公式如下：

$$\text{mAP} = \frac{1}{N} \sum_{i=1}^{N} \text{AP}_i \tag{7-5}$$

式中，N 为类别总数；AP_i 为第 i 个类别的平均精度。

（6）F- 分数（F-score）

F-score 是精确度和召回率的调和平均数，用于衡量检测模型在精确度和召回率之间的平衡。计算公式如下：

$$\text{F-score} = \frac{2 \times \text{Precision} \times \text{Recall}}{\text{Precision} + \text{Recall}} \tag{7-6}$$

在目标检测中，通常会在某个固定的阈值下计算 F-score，例如在特定的检测阈值或 IoU 阈值下。

（7）成功率（Success Rate）

定义：成功率是指成功追踪到目标的目标检测框与真实框的重叠率超过阈值的帧数占总帧数的比例。

计算方法：在所有帧中，重叠率超过阈值的帧数占总帧数的比例。计算公式如下：

$$\text{Success Rate} = \frac{\text{Number of frames with IoU} > \text{threshold}}{\text{Total number of frames}} \tag{7-7}$$

（8）多目标跟踪精度（multiple object tracking accuracy，MDTA）

定义：MOTA 是多目标跟踪中最常用的评价指标之一，综合考虑了目标位置、速度和 ID 准确性等多个方面。

计算方法：综合考虑错误检测、漏检和 ID 切换的影响。计算公式如下：

$$\text{MOTA} = 1 - \frac{\sum_t (FP_t + FN_t + IDSW_t)}{\sum_t GT_t} \tag{7-8}$$

式中，FP_t 是时间 t 的错误检测数；FN_t 是时间 t 的漏检数；$IDSW_t$ 是时间 t 的 ID 切换数；GT_t 是时间 t 的真实目标数。

（9）ID F1 Score（IDF1）

定义：IDF1 指标主要考虑了 ID 切换的问题，即同一目标在不同帧之间被错误识别为不同目标的情况。

计算方法：综合考虑 ID 的精确率和召回率的调和平均。计算公式如下：

$$IDF1 = 2 \times \frac{ID\ Precision \times ID\ Recall}{ID\ Precision + ID\ Recall} \qquad (7\text{-}9)$$

式中，ID Precision 和 ID Recall 分别表示 ID 精确率和 ID 召回率。

（10）**多目标跟踪精度**（multiple object tracking precision，MOTP）

定义：MOTP 是指多目标跟踪中，目标检测框与真实框的重叠率超过阈值的帧数占总帧数的比例。

计算方法：计算所有匹配目标的平均重叠率。计算公式如下：

$$MOTP = \frac{\sum\limits_{i,t} IoU_{i,t}}{\sum\limits_{t} c_t} \qquad (7\text{-}10)$$

式中，$IoU_{i,t}$ 是时间 t 第 i 个目标的交并比；c_t 是时间 t 匹配目标的总数。

（11）**整体目标跟踪精度**（holistic object tracking accuracy，HOTA）

定义：HOTA 是一个较新的评价指标，综合考虑了目标位置、速度、方向和 ID 准确性等多个方面，具有很强的综合评估能力。

计算方法：通过精确度和关联度来综合评价多目标跟踪性能。计算公式如下：

$$HOTA = \sqrt{Detection\ Accuracy \times Association\ Accuracy} \qquad (7\text{-}11)$$

式中，Detection Accuracy 表示检测的准确性；Association Accuracy 表示关联的准确性。

在反无人机目标检测和目标跟踪任务中，这些指标可被用来评估不同识别算法的性能。例如，在评估一段视频的目标识别性能时，可以通过计算每一帧的 IoU 来判断每一帧的识别是否成功，从而进一步计算精度和召回率。使用这些指标，研究人员和工程师可以定量地评估目标检测和目标跟踪算法的性能，并针对性地进行改进和优化。例如，如果算法的精度很高但召回率较低，说明算法能够正确识别目标，但可能漏掉了一些目标，需要提高检测的全面性。相反，如果召回率很高但精度较低，则说明算法容易误报，需要提高检测的准确性。

本章详细探讨了反无人机数据集的构建及其评测标准，重点在于数据采集设备、采集流程及相关挑战。通过对已有数据集的系统综述，揭示了各类数据集在不同场景下的优劣势，并分析了影响模型训练与性能评估的关键因素。为了更有效地提升反无人机检测算法的鲁棒性与精度，标准化的数据标注和校正流程至关重要。此外，全面的评测标准能够更好地反映算法在复杂环境中的实际表现，为未来的反无人机技术研究与应用提供了重要的借鉴和指导。

本章参考文献

［1］ Chen Y R，Aggarwal P，Choi J，et al. A Deep Learning Approach to Drone Monitoring［C］// In APSIPA ASC，2017：686-691.

［2］ Svanström F，Englund C，Fernandez F A. Real-Time Drone Detection and Tracking with Visible，Thermal and Acoustic Sensors［C］// ICPR，2021：7265-7272.

［3］ Coluccia A，Fascista A，Schumann A，et al. Drone-vs-Bird Detection Challenge at IEEE Avss2021［C］// In AVSS，2021：1-8.

［4］ Rodriguez-Ramos A，Rodriguez-Vazquez J，Sampedro C，et al. Adaptive Inattentional Framework for Video Object Detection with Reward-Conditional Training［J］. IEEE Access，2020，8：124451-124466.

［5］ Zhao J，Zhang J S，Li D D，et al. Vision-Based Anti-UAV Detection and Tracking［J］. IEEE T-ITS，2022，23(12)：25323-25334.

［6］ Jiang N，Wang K，Peng X K，et al. Anti-UAV：A Large-Scale Benchmark for Vision-Based UAV Tracking［J］. IEEE T-MM，2021，25：486-500.

［7］ Huang B，Li J，Chen J，et al. Anti-UAV410：A Thermal Infrared Benchmark and Customized Scheme for Tracking Drones in the Wild［J］. IEEE TPAMI，2024，46（5）：2852-2865.